“十三五”职业教育系列教材

建筑力学

主　编　鲍东杰　杨江波
副主编　时瑞国　赵杰峰　崔立杰
编　写　张书娜　毕　伟　王少鹏　赵园园
主　审　刘　峰

中国电力出版社
CHINA ELECTRIC POWER PRESS

内 容 提 要

本书为“十三五”职业教育系列教材。

本书在理论力学静力学、材料力学及结构力学内容的基础上进行了精选，全书共分11章，主要内容有平面力系的平衡、平面图形的几何性质、平面体系的几何组成分析、静定结构的内力分析、杆件的应力与强度计算、超静定结构的内力计算、影响线和压杆稳定等。教材涉及的知识面宽，内容介绍深入浅出，在保证教学体系完整的前提下，力求简明通俗，符合技术技能型人才培养的要求。

本书可作为应用型技术类院校的建筑工程技术、建筑钢结构工程技术、工程监理、建筑设备工程技术、工程造价、建筑装饰等相关专业的教材，也可供从事建筑施工、设计及管理等工作的人员学习参考。

图书在版编目（CIP）数据

建筑力学/鲍东杰，杨江波主编. —北京：中国电力出版社，2016.6（2023.6重印）

“十三五”职业教育规划教材

ISBN 978-7-5123-9257-1

Ⅰ. ①建… Ⅱ. ①鲍…②杨… Ⅲ. ①建筑力学－高等职业教育－教材 Ⅳ. ①TU311

中国版本图书馆CIP数据核字（2016）第085051号

中国电力出版社出版、发行

（北京市东城区北京站西街19号 100005 http：//www.cepp.sgcc.com.cn）

北京雁林吉兆印刷有限公司印刷

各地新华书店经售

*

2016年6月第一版 2023年6月北京第六次印刷

787毫米×1092毫米 16开本 14.25印张 343千字

定价 **39.80**元

前言

建筑力学是土木建筑工程、交通工程、城市规划等专业的重要专业技术基础课程。随着应用型技术院校教育教学改革的不断深入发展，建筑力学的课程内容、课程体系、教学学时等各种因素也在变化中，教材编写组根据教学的实际变化和需要编写了本教材。该教材从力学知识的统一性和连贯性出发，对知识体系做了必要有效的调整，淡化了理论力学、材料力学和结构力学三者之间的明显分界，使多门力学内容融为一体；重在杆件和结构的力学计算与分析，目的是使学生掌握结构分析的基本概念和方法，为后续课程的深入学习奠定良好的力学基础。另外，在内容上注意删繁就简，突出重点，便于学生对于基本内容的掌握。

本书由鲍东杰、杨江波任主编，时瑞国、赵杰峰、崔立杰任副主编，由鲍东杰统编定稿。具体编写分工如下：王少鹏编写第 1 章，杨江波编写第 2、3 章，鲍东杰编写第 4 章，时瑞国编写第 5、6 章，赵园园编写第 7 章 7.1～7.3，崔立杰编写第 7 章 7.4～7.6 和第 8 章，张书娜编写第 9 章，毕伟编写第 10 章，赵杰峰编写第 11 章。

本书由燕山大学刘峰教授担任主审。

本书在编写过程中得到了河北科技工程职业技术大学等单位的大力支持，在此一并表示由衷的感谢。

由于编者水平及实践经验所限，加上时间仓促，不妥之处在所难免，恳请广大读者批评指正。

编者

2016 年 3 月

目　　录

第1章　建筑力学的研究对象

【要点提示】在本章将学到建筑力学的研究对象、任务及结构强度、刚度、稳定性的概念。

1.1　建筑力学的研究对象和任务

1.1.1　建筑力学的研究对象

建筑力学的研究对象是建筑结构与建筑构件。

在建筑物或构筑物中起骨架（承受和传递荷载）作用的主要物体称为建筑结构，如框架、桁架、钢架等。组成建筑结构的基本部件称为构件，如框架结构中的梁、板、柱等。

结构按其几何特征可分为以下三类：

(1) 杆系结构。其中一个方向的尺寸远大于横截面上其他两个方向尺寸的构件称为杆件，见图1-1 (a)、(b) 中的直杆与曲杆。由若干杆件通过适当方式相互连接而组成的结构体系称为杆件体系结构，如刚架、桁架等。本书研究的对象主要是杆件及杆件体系结构。

(2) 板壳结构也称薄壁结构，是指其中一个方向上的尺寸远小于其他两个方向上尺寸的结构。其中，表面为平面形状者称为板，为曲面形状者称为壳，如图1-1 (c)、(d) 所示的构件。现实生活中一般的钢筋混凝土楼板均为平板结构，一些特殊形体的建筑，如悉尼歌剧院的屋面及一些弯形屋顶就是壳体结构。

(3) 实体结构也称块体结构，是指长、宽、高3个方向尺寸大致相差不多的结构，见图1-1 (e)。现实生活中的重力式挡土、堤坝等均为实体结构。

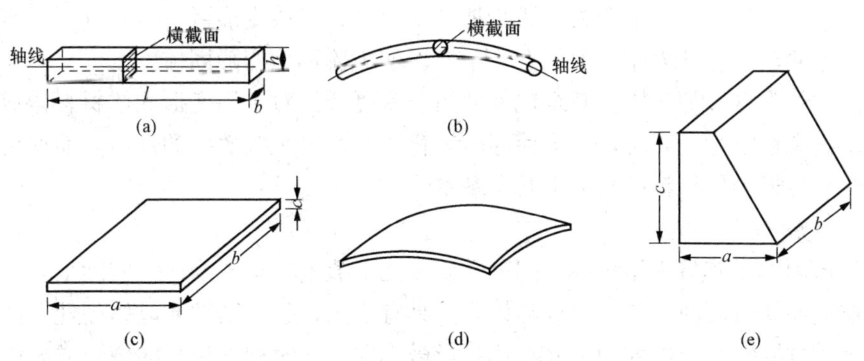

图1-1　构件示意图

(a) 直杆；(b) 曲杆；(c) 板；(d) 壳；(e) 实体

1.1.2　建筑力学的任务

(1) 杆件体系必须以合理的方式进行组合，才能保持稳定的骨架而承受各种外部作用。结构各构件之间及结构整体与支承结构的基础之间不发生相对运动，使结构能承受荷载，并维持平衡。

(2) 构件必须具有足够的强度。所谓强度，是指构件抵抗破坏的能力。任何构件在正常工作情况下都不允许被破坏，这就要求构件必须具有足够的强度。例如厂房中的吊车梁，在吊车起吊重物时，可能因强度不足而发生弯曲断裂。因此，在设计梁时就要保证它在正常工作情况下不会发生破坏。

(3) 构件必须具有足够的刚度。所谓刚度，是指构件抵抗变形的能力。构件仅仅满足强度要求是不够的，如果变形太大，也会影响其正常工作和使用。例如，混凝土楼板变形过大时，就会引起混凝土楼板漏水，影响其正常使用。因此构件在外力作用下所发生的变形需要限制在正常工作所容许的范围内，即构件必须具有足够的刚度。

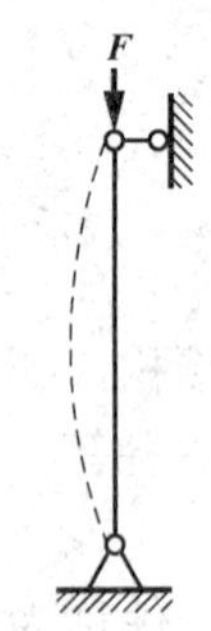

图 1-2 细长杆件受压

(4) 构件必须具有足够的稳定性。所谓稳定性，是指构件保持原有平衡形态的能力。有些构件在荷载作用下，其原有的平衡形态不能保持，可能丧失稳定性。如图 1-2 所示的中心受压杆件，当压力 F 较小时，它可以保持原有直线形态的平衡，这时杆件的平衡是稳定的。当压力超过一定限度时，它就不能继续保持原有直线形态的平衡，而突然从原来的直线形状变成弯曲形状，从而改变它原来中心受压下的工作性质，导致构件丧失正常工作能力，这种现象称为丧失稳定（简称失稳）。显然，构件在外力作用下，必须能够始终保持原有的受力平衡形态，即具有足够的稳定性。

建筑力学的任务就是通过研究结构的强度、刚度、稳定性，材料的力学性能和结构的几何组成规则，在保证结构既安全可靠又经济节约的前提下，为构件选择合适的材料，确定合理的截面形状和尺寸，提供计算理论及计算方法。

1.2 刚体与变形固体及其基本假设

在受力作用后而不产生变形的物体称为刚体，刚体是对实际物体经过科学的抽象和简化而得到的一种理想模型。而工程上所用的构件都是由固体材料制成的，如钢、铸铁、木材、混凝土等，它们在外力作用下会或多或少地产生变形，有些变形可直接观察到，有些变形则需要通过仪器测出。在外力作用下，会产生变形的固体称为变形固体。

变形固体的类型多种多样，其组成和性质非常复杂。对于用变形固体材料做成的构件进行强度、刚度和稳定性计算时，为了使问题简化，常略去一些次要的性质，而保留其主要的性质，因此对变形固体材料做出以下几个基本假设。

1. 均匀连续假设

假设变形固体在其整个体积内用同种介质毫无空隙地充满了物体。实际上，变形固体是由很多微粒或晶体组成的，各微粒或晶体之间具有空隙，且各微粒或晶体的性质并不完全相同。但是由于这些空隙与构件的尺寸相比是极微小的，同时构件包含的微粒或晶体的数量极多，排列也不规则，因此物体的力学性能并不反映其某一个组成部分的性能，而是反映所有组成部分性能的统计平均值。因而可以认为固体的结构是密实的，力学性能是均匀的。

2. 各向同性假设

假设变形固体沿各个方向的力学性能均相同。实际上，组成固体的各个微粒或晶体在不同方向上有着不同的性质，但由于构件所包含的微粒或晶体数量极多，且排列也完全没有规则，因此变形固体的性质是反映这些微粒或晶体性质的统计平均值。这样，在以构件为对象的问题研究中，就可以认为材料是各向同性的。工程使用的大多数材料，如钢材、玻璃、铜和高标号的混凝土，可以认为是各向同性的材料。根据这个假设，当获得了材料在任何一个方向的力学性能后，就可将其结果用于其他方向。

3. 小变形假设

在实际工程中，构件在荷载作用下，其变形与构件的原尺寸相比通常很小，可以忽略不计，称这一类变形为小变形。所以在研究构件的平衡和运动时，可按变形前的原始尺寸和形状进行计算，在研究和计算变形时，变形的高次幂项也可忽略不计，这样即可使计算工作大为简化，而又不影响计算结果的实用精度。

综上所述，建筑力学中所研究的构件是由均匀连续、各向同性的变形固体材料制成的，且限于小变形范围。

建筑力学是一门土建类专业的专业基础课程，具有承上启下的作用。在学习掌握知识的同时，应当重视力学分析和工程实际相联系，重视分析能力、计算能力、自学能力、表达能力、创新能力的培养。

要想学好这门课程，应注意建筑力学的以下特点：

(1) 内容的系统性较强——由于内容的系统性较强，后面的内容总是以前面的为基础，因此在学习过程中要及时掌握所学的概念、原理和方法。

(2) 与工程实际的联系较密切——建筑力学必然会涉及如何将工程实际问题上升到理论高度进行研究，在理论分析时又如何考虑实际问题的情况等。

(3) 概念和公式较多——建筑力学中的基本概念，对于理解内容、分析问题及正确运用基本公式，以至于对今后从事工作时如何分析实际问题都是很重要的，必须引起足够的重视，学习时，应在完成任务的过程中掌握概念与公式应用。

本章小结

(1) 建筑力学的任务就是通过研究结构的强度、刚度、稳定性，材料的力学性能和结构的几何组成规则，在保证结构既安全可靠又经济节约的前提下，为构件选择合适的材料，确定合理的截面形状和尺寸，提供计算理论及计算方法。

(2) 构件必须具有足够的强度。所谓强度，是指构件抵抗破坏的能力。

(3) 构件必须具有足够的刚度。所谓刚度，是指构件抵抗变形的能力。

(4) 构件必须具有足够的稳定胜。所谓稳定性，是指构件保持原有平衡形态的能力。

课后习题

1. 建筑力学的研究对象是什么？
2. 建筑力学中变形固体的三个基本假设是什么？
3. 建筑力学中构件的几何特征是什么？
4. 建筑力学的任务是什么？
5. 什么是建筑结构的强度、刚度、稳定性？

第 2 章　结构的计算简图

【要点提示】在本章将学到力的性质、静力学基本公理、工程中常见的几种约束类型及其支座反力的画法，在掌握前面基本概念和基本方法的基础上，要求能正确画出单个物体和物体系统的受力图。

2.1　力　与　力　偶

2.1.1　静力学的基本概念

1. 力的概念

力是物体之间的相互机械作用，其作用效应包括两个方面：一方面是使物体空间位置发生变化（称为外效应）；另一方面是使物体形状、尺寸发生变化（称为内效应）。力的作用效果取决于力的三要素，即力的大小、方向、作用点。如图 2 - 1（a）所示，可用一带箭头的有向线段表示，有向线段的长短、箭头方向、起点（或终端）分别依次代表其三要素。力的国际单位是 N（牛顿）。力是矢量，它不仅有大小，而且有方向。

2. 力系的概念

力系是指两个或两个以上力的统称。若力系中所有力的作用线位于同一平面，则该力系称为平面力系。平面力系按照力系中各力作用线分布的不同，又可分为以下几种：

（1）平面汇交力系——平面力系中各力作用线汇交于一点。

（2）平面平行力系——平面力系中各力作用线相互平行，如图 2 - 1（b）所示。

（3）平面力偶系——平面力系中各力可以组成若干力偶或力系由若干力偶组成。

（4）平面一般力系——平面力系中各力作用线既不完全交于一点，也不完全相互平行。

3. 平衡的概念

物体相对地面静止的状态称为平衡状态。如图 2 - 1（c）所示，放置在地面上的物体受重力和地面反力的共同作用而相对地面静止，因此该物体处于平衡状态。

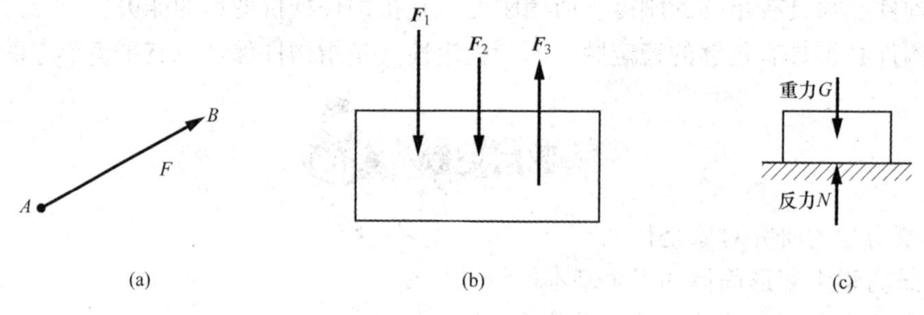

图 2 - 1　力的基本形式

4. 平衡力系的概念

作用在物体上且使该物体处于平衡状态的力系称为平衡力系。如图 2 - 1（c）所示，放置在地面上的物体受重力和地面反力的共同作用，显然该物体处于平衡状态，此时由重力与反力组成的力系称为平衡力系。

5. 等效力系的概念

两个力系分别作用在同一物体上，如果可以互相替换而不改变其外效应，则该两个力系互为等效力系。值得注意的是："等效"是指外效应相同，而内效应则可能发生变化。

6. 合力与分力的概念

作用在物体上的力系，其作用效果若等效于一个力的作用效果（指外效应），则该力称为原力系的合力，原力系中的每一个力称为该合力的分力。

7. 刚体的概念

所谓刚体，是指在外力作用下形状及尺寸均不发生改变的物体。理想的刚体是不存在的，通常把在外力作用下形状及大小发生很小改变，或不计在外力作用下形状及尺寸发生改变的物体视为刚体。这样，不仅使计算过程得到大大的简化，而且也具有足够的精度。当然，在研究物体内效应时，刚体模型就不适宜了。

8. 变形体的概念

变形体是指在外力作用下形状及尺寸均发生改变的物体。

2.1.2　静力学基本公理

静力学公理是人们从长期的观察和实践中总结出来的，并经过实践的检验，证明它们是符合客观实际的普遍规律，是研究力系简化和平衡问题的基础。

公理1　二力平衡公理

作用在刚体上的两个力，使物体保持平衡的充要条件是：这两个力大小相等、方向相反且共线。

上述的二力平衡公理对于刚体是充要的，而对于变形体只是必要的，而不是充分的。例如绳索的两端若受到一对大小相等、方向相反的拉力作用可以平衡，但若是压力就不能平衡。受两个力作用处于平衡的杆件称为二力杆件（简称二力杆）。如图2-2（a）所示简单吊车中的拉杆 BC，如果不考虑它的重量，杆就只在 B 和 C 处分别受到力 F_B 和 F_C 的作用；因杆 BC 处于平衡，根据二力平衡条件，力 F_B 和 F_C 必须等值、反向、共线，即力 F_B 和 F_C 的作用线都一定沿着 B、C 两点的连线，如图2-2（b）所示，所以杆 BC 是二力杆件。实际结构中，只要构件的两端是铰链连接，中间无其他外力作用，则这一构件必为二力构件。

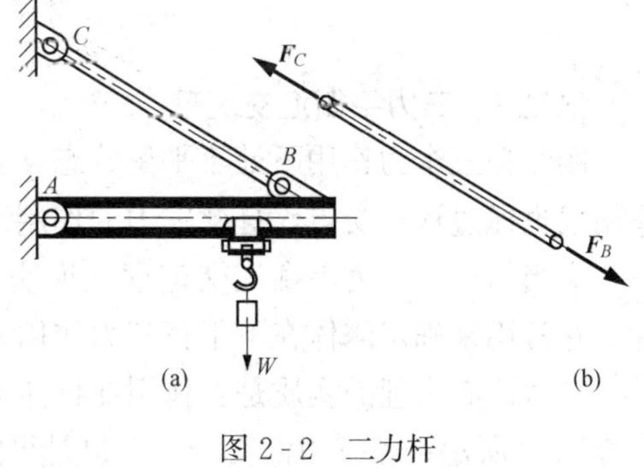

图2-2　二力杆

公理2　加减平衡力系公理

在作用于刚体上的任意力系中，加上或减去任一平衡力系，不会改变原力系对刚体的作用效应。也就是说相差一个平衡力系的两个力系作用效果相同，可以互换。这个公理的正确性是显而易见的：因为平衡力系不会改变刚体原来的运动状态（静止或做匀速直线运动），也就是说，平衡力系对刚体的作用效果为零。

推论 1　力的可传性原理

作用于刚体上的力可沿其作用线移动到刚体内任意一点，而不会改变该力对刚体的作用效应。

力的可传性原理告诉人们，力对刚体的作用效应与力的作用点在作用线上的位置无关。换句话说，力在同一刚体上可沿其作用线任意移动。这样，对于刚体来说，力的作用点在作用线上的位置已不是决定其作用效应的要素，而力的作用线对物体的作用效应起决定性的作用。所以对于刚体，力的三要素应表示为力的大小、方向和作用线。

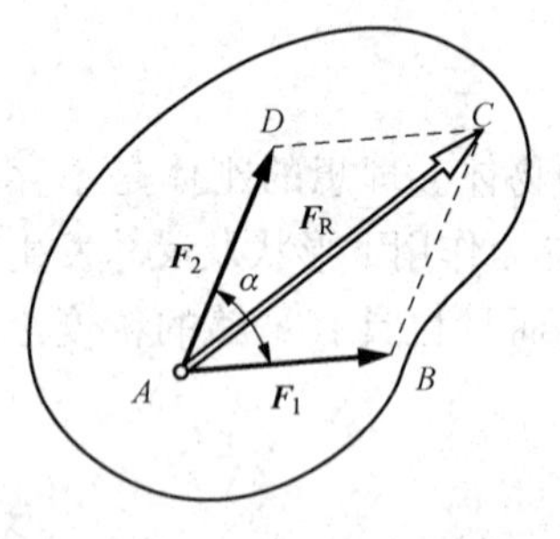

图 2-3　力的平行四边形法则

公理 3　力的平行四边形法则

作用在物体同一点上的两个力可以合成为一个作用线经过该点的合力，该合力的大小及方向由以原二力为相邻边所确定的平行四边形的对角线来表示（或确定）。如图 2-3 所示，矢量力 F_R 是力 F_1 与 F_2 的合力。

力的分解是合成的逆运算，在图 2-4（a）中，力 F_1 与 F_2 是力 F 的分力；力 F_3 与 F_4 也是力 F 的分力。显然，分解的方法是无数的，但正交分解最为常见，如图 2-4（b）所示显示了力的正交分解。

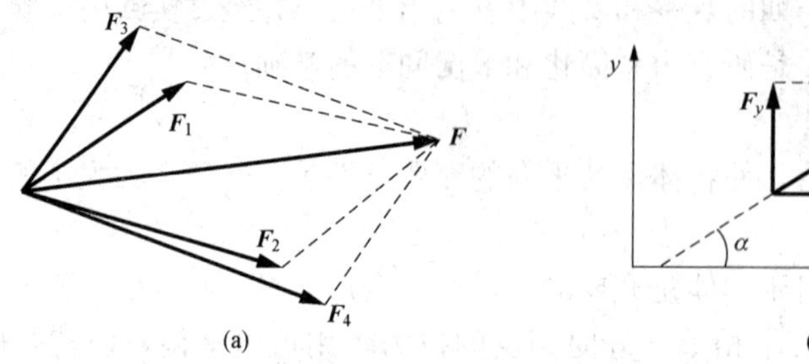

图 2-4　力的分解

推论 2　三力平衡汇交定理

刚体在三个力作用下处于平衡状态，若其中两个力的作用线汇交于一点，则第三个力的作用线也通过该汇交点，且此三力的作用线在同一平面内。

应当指出，三力平衡汇交定理只说明了不平行的三力平衡的必要条件，而不是充分条件。它常用来确定刚体在不平行三力作用下平衡时，其中某一未知力的作用线。

三力汇交定理的实质是：作用在物体上的三个力，若三力互相平行是可能平衡的，如图 2-5（a）所示；若三力汇交于一点也是可能平衡的，如图 2-5（b）所示；但三力若既不互相平行也不汇交，则一定不能平衡，如图 2-5（c）所示。

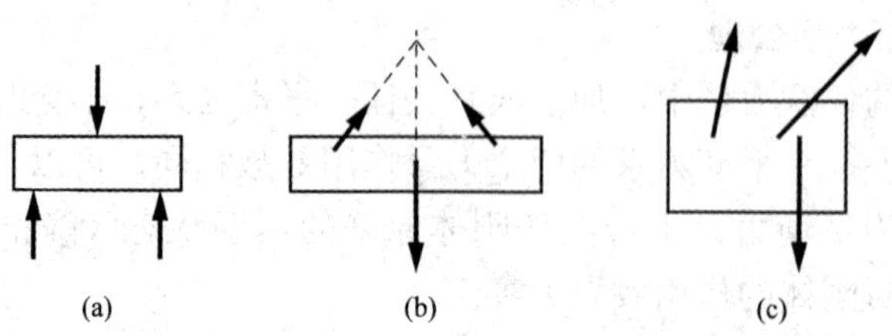

图 2-5　三力平衡汇交定理

公理4 作用与反作用定律

两个物体之间的作用力与反作用力总是同时存在，而且大小相等、方向相反，沿同一直线且分别作用在这两个物体上。

这个定律说明了两物体间相互作用力的关系。力总是成对出现的，有作用力必有一反作用力，且总是同时存在又同时消失。要特别注意，不能把作用与反作用定律和二力平衡公理混淆起来，作用力与反作用力是分别作用在相互作用的两个物体上，所以它们不能互相平衡。

2.1.3 力对点之矩

1. 力矩的概念

力使物体移动的效应取决于它的大小和方向，而力使物体转动的效应取决于力矩的大小。生活中的杠杆、剪刀、扳手铁锹等工具都包含力矩的概念。

力对点的矩通常称为力矩，用乘积 Fd 再配上适当的正负号来表示力 F 使物体绕某点（如 O 点）转动的效应，并称为力 F 对点 O 的矩，记为 $M_O(F)$，表示如下：

$$M_O(F)=\pm Fd \tag{2-1}$$

式中 O——矩心；

d——矩心到力作用线的垂直距离，称为力臂。

符号规定：力 F 使物体绕矩心作逆时针转动时为正，顺时针转动时为负。

常用单位：kN·m 或 N·m。

【例2-1】 如图2-6所示，杆件两端作用力 $F_1=10\text{kN}$ 与 $F_2=20\text{kN}$，试计算 F_1 与 F_2 对 O 点的矩。

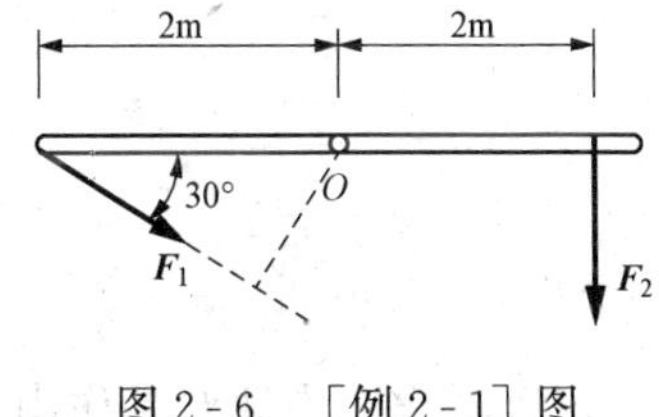

图2-6 ［例2-1］图

解 由式（2-1）可知：

$$M_O(F_1)=F_1d_1=10\times2\times\sin30°=10\text{kN}\cdot\text{m}$$

$$M_O(F_2)=-F_2d_2=20\times2=40\text{kN}\cdot\text{m}$$

2. 合力矩定理

平面力系的合力（F_R）对平面内任一点的矩等于各分力（F_i）对同点矩的代数和，即

$$M_O(F_R)=M_O(F_1)+M_O(F_2)+\cdots+M_O(F_n)=\sum M_O(F_i) \tag{2-2}$$

这就是平面力系的合力矩定理。应用这一定理，可以很方便地求出合力对一点的矩。

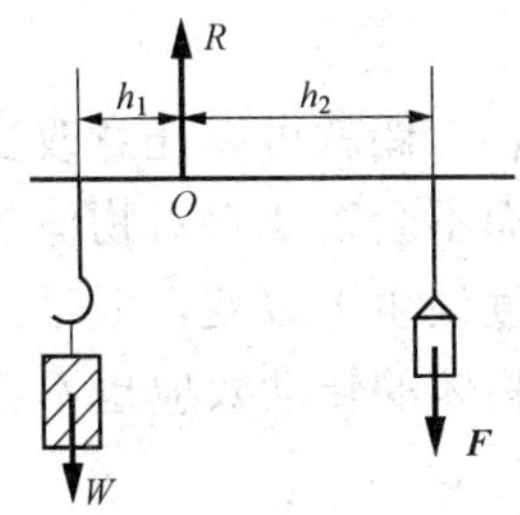

图2-7 力矩的平衡

3. 力矩的平衡

在日常生活中常常用秤杆来称物体的重量（见图2-7）。物体的重量 W 随着不同的重量而改变，但物体至 O 点的距离 h_1 是不变的，另一边秤砣的重量 F 是改变的，而 F 至 O 点的距离 h_2 会随着 W 的改变而改变。当秤杆保持水平不发生转动时，秤杆处于平衡状态。因此秤杆力矩平衡的条件为

$$Wh_1=Fh_2$$

当考虑正负号时上式改写为

$$Wh_1+(-)Fh_2=0$$

推广到物体受到很多力作用要保持物体的平衡也应有

$$M_O(F_1)+M_O(F_2)+\cdots+M_O(F_n)=\sum M_O(F_i)=0$$

简写为

$$\sum M_O=0 \tag{2-3}$$

2.1.4 力偶

1. 力偶的概念

由大小相等、方向相反、作用线平行的二力组成的力系称为力偶，如图 2-8（a）所示。力偶所在的平面称为力偶作用面，力偶中二力间的垂直距离 h 称为力偶臂。生活中司机转动驾驶汽车时两手作用在方向盘上的力、用两根手指拧动水龙头或拧开水杯盖子所用的力等都是力偶。力偶用符号 $M(F, F')$ 表示，正负号规定与力矩相同，其力偶矩的大小为 $M=Fh$。

力偶对其作用面内任一点的矩恒等于它的力偶矩，与矩心位置无关。力偶的作用是使物体产生转动效应，所以力偶对物体的转动效应可以用组成力偶的两个力对其作用面某一点的代数和来度量。图 2-8（b）所示力偶 $M(F, F_1)$，力偶臂为 d，逆时针转向，其力偶矩 $M=Fh$，在该力偶作用面内任选一点 O 为矩心，设矩心与 F' 的垂直距离为 x，则力偶对 O 点的矩为

$$M_O=F\times(h+x)-F_1x=Fh+Fx-F_1x=Fh=M$$

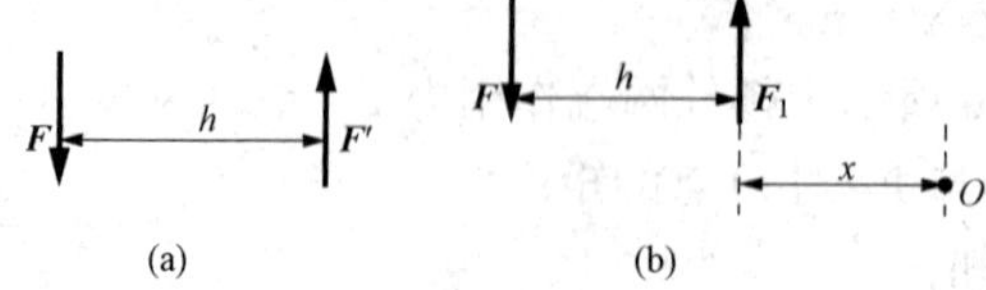

图 2-8 力偶的概念

可以看出，力偶对其作用面内任一点的矩恒等于力偶矩，而与矩心的位置无关。

2. 力偶的性质

在同一个平面内的两个力偶，如果它们的力偶矩大小相等、转向相同，则这两个力偶等效，称为力偶的等效性。

（1）在保持力偶矩大小和转向不变的条件下，力偶可在其作用平面内任意移动而不会改变它对物体的转动效应。由于力偶移动或转动后，虽然在作用面内的位置发生了改变，但力偶的大小和转向仍不改变，因此它对物体的转动效应就保持不变。

（2）只要力偶矩的大小和转向不变，力偶就可以任意改变组成力偶的力的大小和力偶臂的长度，而不会改变它对物体的转动效应。虽然力的大小和力偶臂的长度发生了改变，但是力偶矩的大小和转向并没有改变，力偶对物体的转动效应也不会改变。

由以上分析可知，力偶对物体的转动效应完全取决于力偶矩的大小、转向及作用面，即力偶三要素。因此，在力学计算中，有时也用一带箭头的弧线表示力偶，如图 2-9 所示，其中箭头表示力偶的转向，M 表示力偶矩的大小。

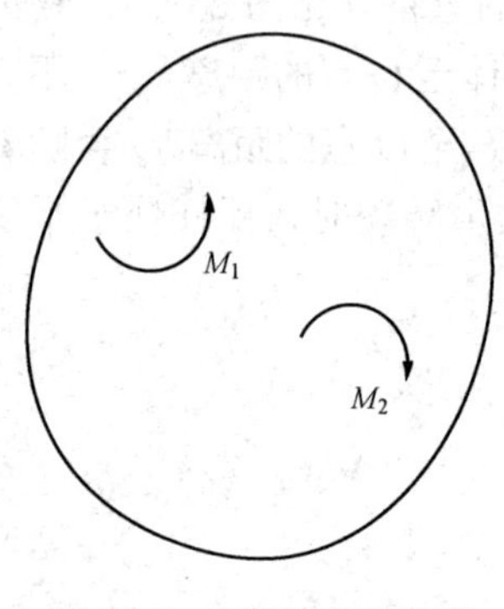

图 2-9 力偶的表示方式

2.2 外　　力

外力分为荷载和约束反力两种。

2.2.1 荷载

工程上将作用在结构或构件上的主动力称为荷载。

结构所承受的荷载往往比较复杂。为了便于计算，参照有关结构设计规范，根据不同特点加以分类如下：

(1) 按作用时间，荷载可分为恒载、活载及偶然荷载。恒载是指长时间作用在结构上的不变荷载，如结构的自重、安装在结构上的设备的重量等，其荷载的大小、方向和作用位置是不变的。活载是指结构所承受的可变荷载，如人群、风、雪等荷载。偶然荷载是指使用时不一定出现，一旦出现其值很大、持续时间短的荷载，如爆炸荷载。

(2) 按作用范围，荷载可分为集中荷载和分布荷载。集中荷载是指荷载作用的面积相对于总面积而言很小，可近似认为荷载是作用在一点上的，如检修荷载等。分布荷载是指荷载分布在一定面积或长度上，如风、雪、结构自重等。分布荷载还可分为均布荷载及非均布荷载等。

(3) 按作用性质，荷载可分为静力荷载和动力荷载。静力荷载是指缓慢施加而不引起结构振动，因而可忽略其惯性力影响的荷载。动力荷载是指能引起明显的振动或冲击，因而必须考虑其惯性力影响的荷载。

(4) 按作用位置，荷载可分为固定荷载和移动荷载。固定荷载是指荷载作用的位置不变的荷载，如结构的自重等。移动荷载是指可以在结构上自由移动的荷载，如车辆轮压等。

2.2.2 约束类型与约束反力

(1) 约束。自然界运动的物体一般分为两类：可在空间自由运动而不受任何限制的物体称为自由体，如空中飘浮物。在空间某些方向的运动受到一定限制的物体，称为非自由体。在建筑工程中所研究的物体一般都受到其他物体的限制、阻碍而不能自由运动。例如，基础受到地基的限制、墙受到基础的限制、梁受到柱子或墙的限制等均属于非自由体。将限制阻碍非自由体运动的物体称为约束物体，简称约束。例如，上面提到的地基是基础的约束，基础是墙的约束，墙或柱子是梁的约束。而非自由体称为被约束物体。

(2) 约束反力。由于约束限制了被约束物体的运动，在被约束物体沿着约束所限制的方向有运动或运动趋势时，约束必然对被约束物体有力的作用，以阻碍被约束物体的运动或运动趋势。这种力称为约束反力，简称反力。

在受力物体上，那些使物体有运动或运动趋势的力叫主动力，如重力、水压力、土压力等，也就是所讲的荷载。在一般情况下，物体总是同时受到主动力和约束反力的作用。主动力常常是已知的，约束反力是未知的。如何求约束反力，关键在于正确分析整个力系。

(3) 基本类型的约束及其约束反力有以下几种：

1) 柔索约束。用柔软的胶带、绳索、链条阻碍物体运动时，叫柔索约束。由于柔索约束只能受拉力，不能受压力，因此约束反力一定通过接触点，沿着柔索中心线背离物体的方向，且只能是拉力。如图 2-10 中的 F_T 所示。

2）光滑接触面约束。当物体在接触处的摩擦力很小而略去不计时，就是光滑接触面，这种约束无论接触面的形状如何，都不能限制物体沿光滑接触面的公切线方向运动或离开光滑面，只能限制物体沿着接触面的公法线指向光滑面内的运动。所以，光滑接触面约束反力是通过接触点沿着接触面的公法线指向被约束的物体，如图 2-11 中的 F_N 所示。

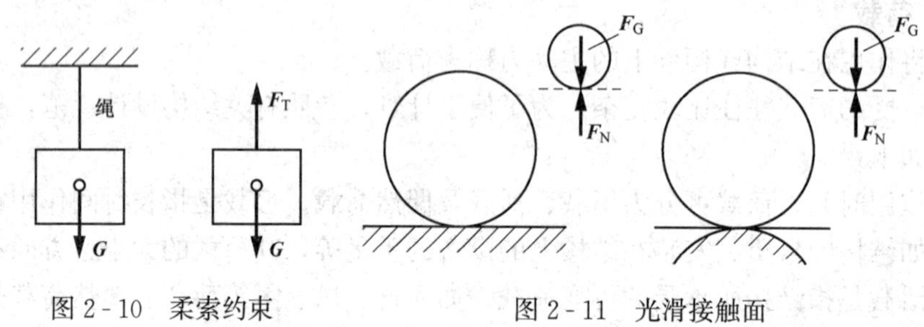

图 2-10 柔索约束

图 2-11 光滑接触面

3）光滑铰链约束。如图 2-12（a）所示在两个物体上各穿一个直径相同的圆孔，用直径略小的圆柱体（称为销）将两个物体连接，形成的装置称为圆柱形铰链，若圆孔间的摩擦忽略不计，则为光滑圆柱形铰链，简称光滑铰链或铰。光滑铰链简图如图 2-12（b）所示。其约束特点是不能阻止物体绕圆孔的转动，但能阻止物体沿圆孔径向的运动，约束力作用点（作用线穿过接触点和圆孔中心，但由于圆孔较小，可忽略其半径）在圆孔中心，指向不定，它取决于主动力的状态。如图 2-12（b）中的 F_R，通常用两个相互垂直且通过铰链中心的分力 F_x 和 F_y 来代替合力 F_R，两个分力的指向可任意假定，反力的真实方向可由计算结果而定。

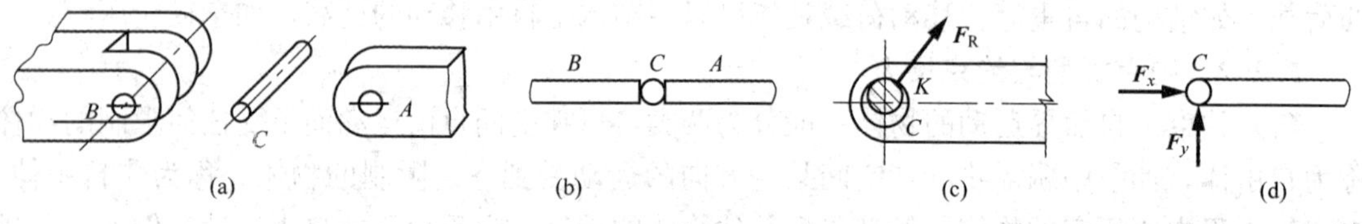

图 2-12 光滑铰链

4）固定铰支座。图 2-13（a）所示是固定铰支座的示意图，构件与支座用光滑铰链连接，构件不能产生沿任何方向的移动，但可以绕销钉转动。可见，固定铰支座的约束反力与光滑铰链相同，即约束反力一定作用于接触点且垂直于销钉轴线，并通过销钉中心而方向未定。通常用两个相互垂直且通过铰链中心的分力 F_x 和 F_y 来代替合力 F_R。固定铰支座简图如图 2-13（b）～（e）所示。

5）滑动铰支座。如果在支座与支承面之间装上几个辊轴，使支座可以沿着支承面运动，就成为滑动铰支座，如图 2-14（a）所示。这种约束只能限制构件沿垂直于支承面方向的移动，而不能限制构件绕销钉的转动和沿支承面方向的移动。所以，它的约束反力的作用点就是约束与被约束物体的接触点，约束反力通过销钉的中心，垂直于支承面，方向可能指向构件，也可能背离构件，要视主动力情况而定。这种支座的简图如图 2-14（b）～（d）所示。约束反力 F_R 如图 2-14（e）所示，指向待定。

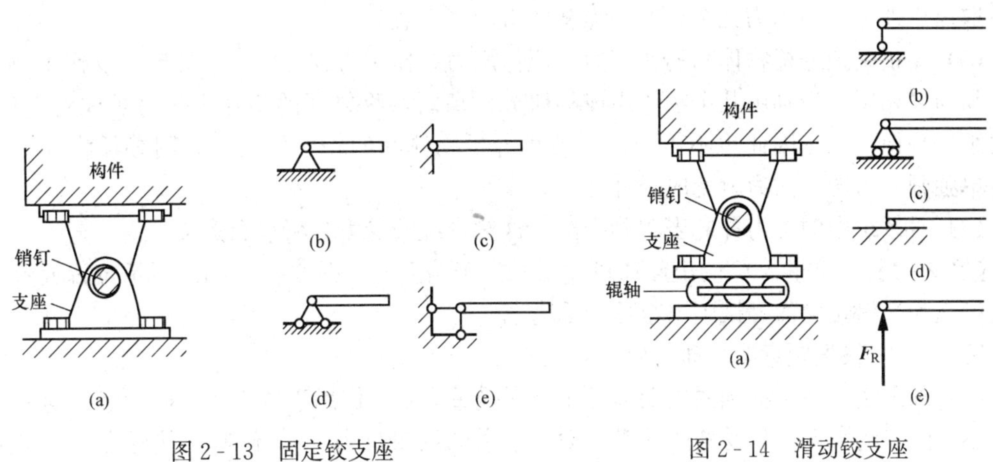

图 2-13 固定铰支座　　图 2-14 滑动铰支座

6）固定端支座。整体浇筑的钢筋混凝土雨篷，其一端完全嵌固在墙中，另一端悬空，如图 2-15（a）所示，这样的支座称为固定端支座。在嵌固端，雨篷既不能沿任何方向移动，也不能转动，所以固定端支座除产生水平和竖直方向的约束反力外，还有一外约束反力偶，这种支座简图如图 2-15（b）所示，其支座反力 F_{Ax}、F_{Ay} 与 M_A 如图 2-15（c）所示，指向待定。

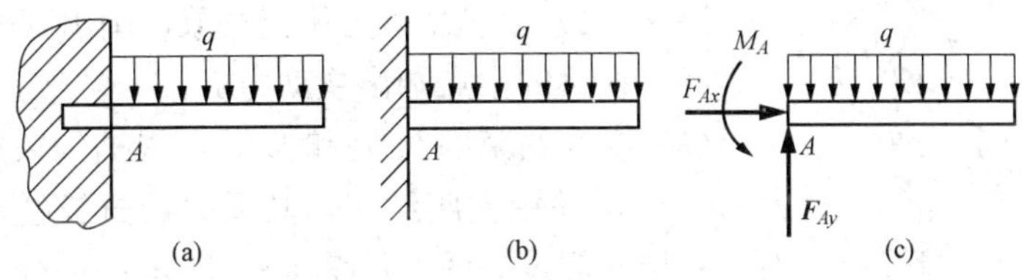

图 2-15 固定端支座

2.3 物体与物体系的受力分析

在力学计算中，首先要分析物体受到哪些力的作用，每个力的作用位置如何，力的方向如何，这个过程称为对物体进行受力分析，将所分析的全部外力和约束反力用图形表示出来，这种图形称为受力图。

正确地对物体进行受力分析和画受力图是力学计算的前提和关键，其步骤如下：

（1）明确研究对象。

（2）取隔离体。将研究对象从周围物体中分离出来，并画出其简图，称为画分离体图。研究对象可以是一个，也可以由几个物体组成，但必须将它们的约束全部解除。

（3）画出全部的主动力和约束力。主动力一般是已知的，故必须画出，不能遗漏。约束力一般是未知的，要从解除约束处分析，不能凭空捏造。

（4）不画内力，只画外力。内力是研究对象内部各物体之间的相互作用力，对研究对象的整体运动效应没有影响，因此不画。但外力必须画出，一个也不能少，外力是研究对象以外的物体对该物体的作用，包括作用在研究对象上的全部主动力和约束力。研究对象的运动效应取决于外力，与内力无关，这一点初学者应当注意。

（5）要正确地分析物体间的作用力与反作用力，作用力的方向一经假定，反作用力的方向必须与之相反。当画由几个物体组成的研究对象时，物体间的相互作用力是成对出现的，从而组成平衡力系，因此也不需要画。若想分析物体间的相互作用力，则必须将其分离出来，单独画受力图，内力就变成了外力。

（6）对系统中的二力杆应当明确指出，这对系统的受力分析很有意义。

【例 2-2】 重量为 G 的小球通过绳子悬挂于墙上，按图 2-16（a）所示位置放置。所有接触面为光滑接触面，试画出小球的受力图。

解 （1）根据题意取小球为研究对象。

（2）画出主动力。受到的主动力为小球所受重力 G，作用于球心，方向为竖直向下。

（3）画出约束反力。受到的约束反力为柔索的约束反力 F_T，作用于接触点 A，沿绳子的方向背离小球；光滑面的约束反力 F_N 作用于球面和支点的接触点 B，沿着接触点的公法线（沿半径，过球心）指向小球。把 G、F_T、F_N 画在小球上，就得到了小球的受力图，如图 2-16（b）所示。

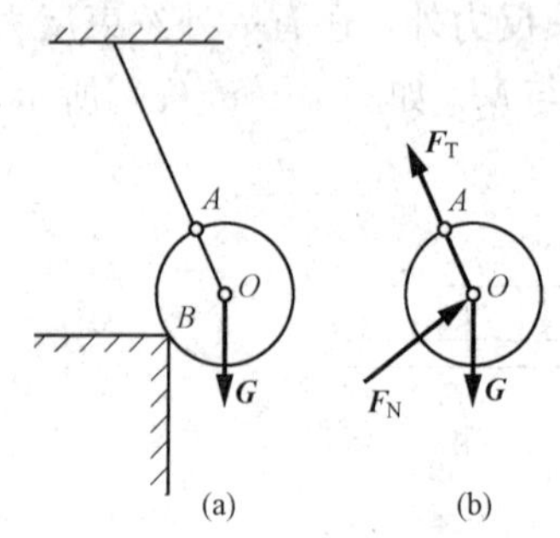

图 2-16 ［例 2-2］图

【例 2-3】 如图 2-17（a）所示，简支梁 AB 跨中受到集中力 F 作用，A 端为固定铰支座，B 端为滑动铰支座，试画出梁 AB 的受力图。

解 （1）取 AB 梁为研究对象，画出其隔离体图。

（2）在梁的中点画出主动力 F。

（3）在受约束的 A 处和 B 处，根据约束类型画出约束反力 B 处为滑动铰支座约束，其反力通过铰链中心垂直于支承面，其指向假定如图 2-17（b）所示；A 处为固定铰支座约束，其反力可用通过铰链中心的相互垂直的分力 F_{Ax} 与 F_{Ay} 表示，受力图如图 2-17（b）所示。

（4）另外，注意到梁只在 A、B、C 三点受到互不平行的三个力作用而处于平衡，因此根据三力汇交定理可知 F_B 与 F 交与 D 点，则 A 处的约束反力 F_A 也一定通过 D 点，从而可确定 F_A 的方向，如图 2-17（c）所示的受力图。

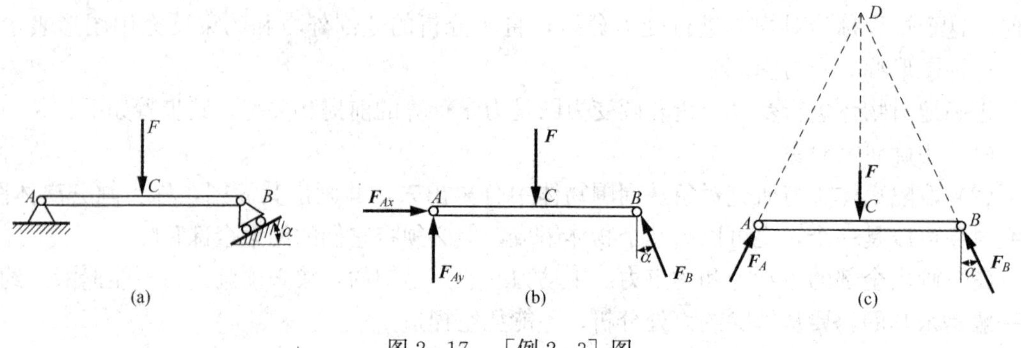

图 2-17 ［例 2-3］图

本章小结

（1）力是物体间的相互机械作用。力对物体的作用效应有两种：运动效应（外效应）和变形效应（内效应）。力的效应取决于力的三要素，即力的大小、方向、作用点。

（2）静力学基本公理。

1）二力平衡公理，它是刚体平衡最基本的规律，是推证力系平衡条件的理论依据。所谓平衡，是指物体相对于地球处于静止或匀速直线运动状态。使刚体处于平衡状态的力系对刚体的效应等于零。

2）加减平衡力系公理是力系简化的重要理论依据。加减平衡力系公理和力的可传性原理只适用于刚体。

3）力的平行四边形法则表明，作用在物体上同一点的两个力可以用平行四边形法则合成。反过来，一个力也可以用平行四边形法则分解为两个分力。平行四边形法则是所有用矢量表示的物理量相加的法则。三力平衡汇交定理阐明了物体在不平行的三个力作用下平衡的必要条件。

4）作用与反作用定律反映了力是物体间相互机械作用的这一最基本的性质，说明了力总是成对出现且作用在两个不同的物体上。

（3）阻碍物体自由运动的物体称为约束。约束反力即约束作用于被约束物体上的力。正是这种力阻碍被约束物体沿某些方向的运动，因而约束反力的方向总是与约束所能阻碍的被约束物体的运动（运动趋势）方向相反。约束反力一定要根据各类约束的性质画出，有时还要根据二力平衡条件和作用与反作用定律及三力平衡汇交定理来判定约束反力的方向。约束反力的方向能够预先确定的，在受力图上应正确画出；如果指向不能预先确定，可以先假定，但力的作用线方位不能画错；指向假定是否正确，可以由以后计算得到的结果来判断。在一般情况下，圆柱铰链和固定铰支座的约束反力方向不能预先确定，可用两个相互垂直的分力表示。

画受力图时还应该注意：

1）只画研究对象所受到的力，不画研究对象施加给其他物体的力。

2）只画外力，不画内力。

3）画作用力与反作用力时，二力必须满足大小相等、作用在一条直线上、指向相反、作用在两个物体上。

课后习题

1. 为什么说二力平衡条件、加减平衡力系公理和力的可传性等都只适用于刚体？
2. 什么是二力杆？分析二力杆受力时与构件的形状是否有关系。
3. 受力分析对于土木工程结构计算有何意义？
4. 对物体进行受力分析、绘制受力图时，应注意哪些问题？
5. 画出图 2-18 所示 AB 构件的受力分析图。

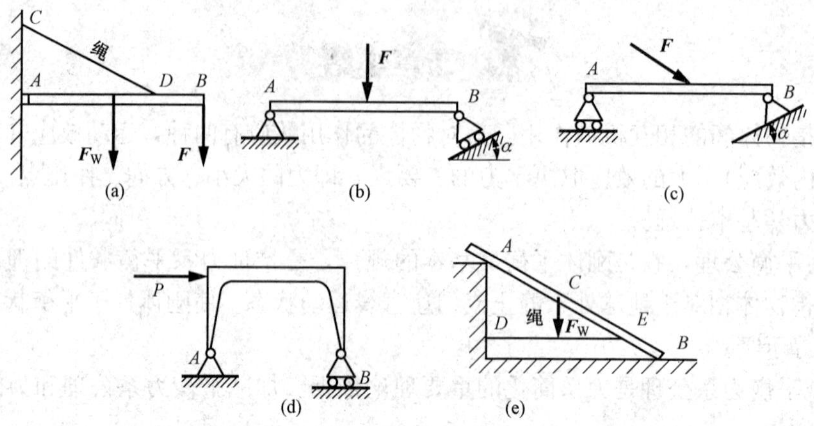

图 2-18 习题 5 图

6. 画出图 2-19 所示 AB 杆和 AC 杆的受力分析图。

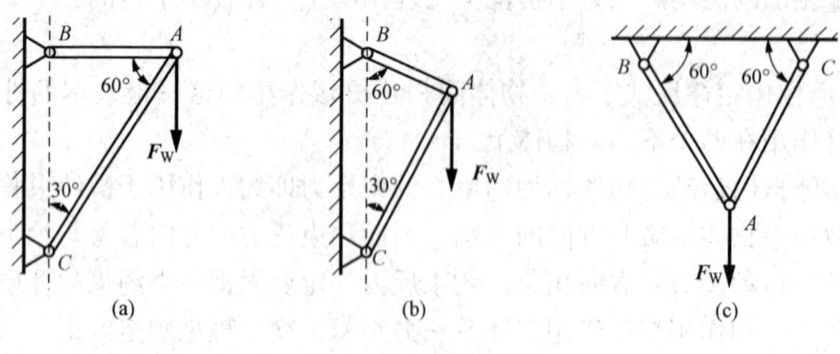

图 2-19 习题 6 图

7. 画出图 2-20 所示整体结构的受力图。

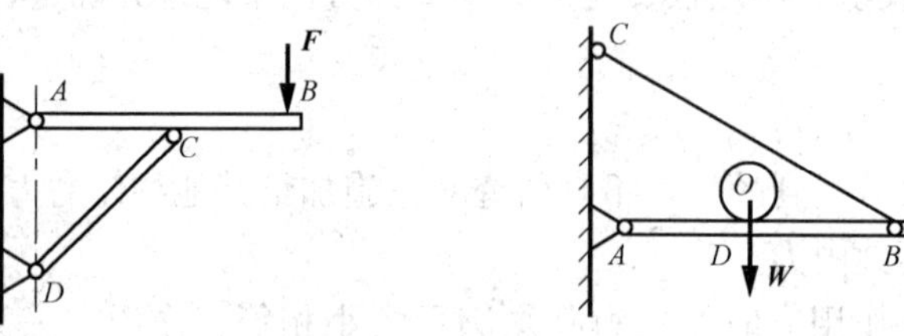

图 2-20 习题 7 图

第3章　平面力系的平衡

【要点提示】 在本章将学到平面力系的平衡，包括平面一般力系和特殊力系的平衡条件，熟悉它们的计算方法，以便准确计算构件的约束反力。

力系是指作用在同一物体上的一组力。力系有不同的类型，其简化结果和平衡条件也各不相同。我们常以力系中各力的作用线是否在同一平面内为标准将力系分为平面力系和空间力系两类。在工程实践中，经常会遇到所有的外力都作用在一个平面内的情况，这样的力系为平面力系。平面力系力的位置关系可划分为以下4种类型：

(1) 平面汇交力系力的作用线汇交于一点。如图3-1 (a) 所示吊装机构，被吊装的构件所受到的所有外力汇交于吊点，所以该吊装构件受到的力系属于平面汇交力系，如图3-1 (b) 所示。

(2) 平面平行力系中所有力的作用线互相平行，如图3-2 (a) 所示。

(3) 平面力偶系平面力系中，只有力偶构成的力系，如图3-2 (b) 所示。

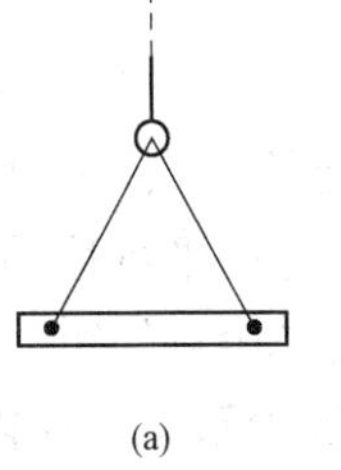

(a)

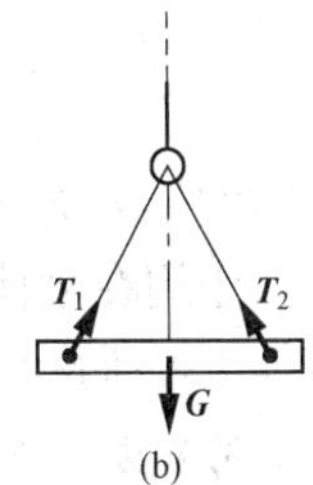

(b)

图3-1　平面汇交力系

(4) 平面一般力系平面力系中，力的作用线任意分布，如图3-2 (c) 所示。

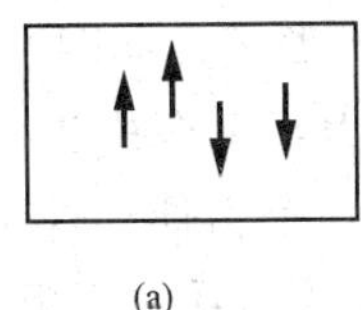

(a)

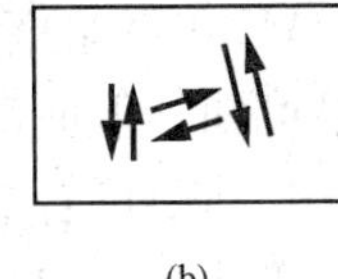

(b)

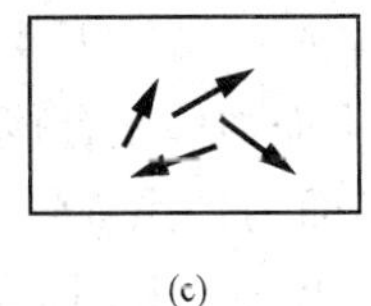

(c)

图3-2　平面力系

3.1　平面力系向一点简化

3.1.1　力的平移定理

平面力系中力不能随意地平行移动，但平面力系向一点简化必然涉及到力的平行移动，因此力的平移定理就成为平面力系向一点简化的基础。

假设在物体质心O点处作用力F [见图3-3 (a)]，将力F平移到同一物体的C点 [见图3-3 (b)]，其作用效果如何呢？作用效果显然发生了变化。在图3-3 (a) 中，在力F的作用下，物体将向上做平动；而在图3-3 (b) 中，力F'相当于是力F向C点进行了平移，由力学常识可知，在力F'作用下，物体向上做平动的同时还将绕质心O点做逆时针转动。两者相比较，相差一转动效果。为了证明力的平移定理，我们在物体上的C点作用一对平衡力F_1与F_2，力的大小关系满足$F=F_1=F_2$，如图3-3 (d) 所示。根据加减平衡力系原理，图3-3 (c) 与图3-3 (d) 中力的作用效果不变；在图3-3 (d) 中，可将力F与力F_2

视为一个力偶，该力偶的矩用m表示，则图3-3（d）又等效于图3-3（e）。力偶矩m满足的条件为

$$m = -Fh = M_C\mathrm{F}$$

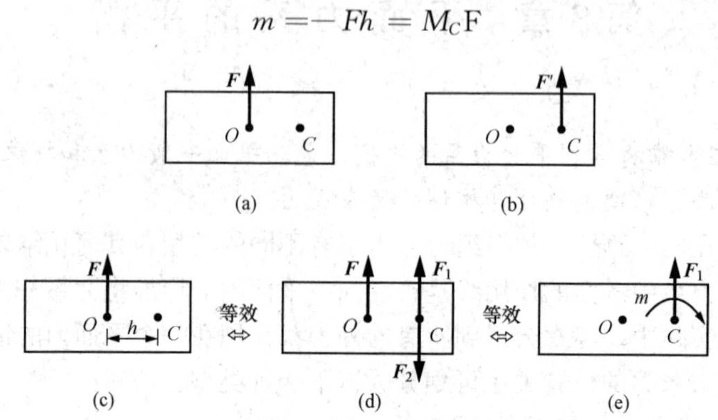

图3-3 力的平移定理

这样就把力F平移到了C点，但必须附加一个力偶，称为附加力偶。因此得到力的平移定理：作用在刚体上的力可平行移动到刚体内的任一点，但必须同时附加一个力偶，该力偶的矩等于原来的力对新作用点的矩。

3.1.2 平面一般力系向平面内任一点简化

设在某物体上作用有平面一般力系F_1、F_2、…、F_n，分别作用于A_1、A_2、…、A_n上，如图3-4（a）所示，在平面内任选一点O作为简化中心，根据力的平移定理，将所有各力全部平移至O点，则原力系变换为作用在O点的平面汇交力系F'_1、F'_2、…、F'_n及力偶矩分别为$M_1=M_O(F_1)$、$M_2=M_O(F_2)$、$M_n=M_O(F_n)$的附加力偶系，如图3-4（b）所示。根据平面汇交力系和平面力偶系合成的结果可知，平面汇交力系可合成为作用于O点的一个力合力F_R，附加平面力偶系M_1、M_2、…、M_n可合成为一个力偶，这个力偶的力偶矩为M_O，如图3-4（c）所示。F_R称为该力系的主矢，M_O称为该力系的主矩。

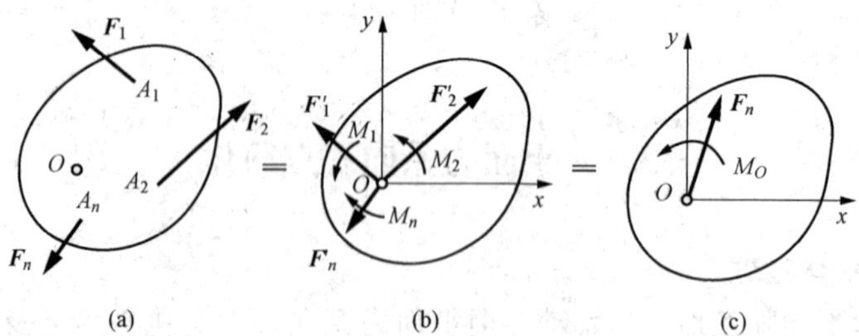

图3-4 力系向平面内任一点简化

3.1.3 力在坐标轴上的投影

设力F作用在物体的A点上，在力F作用线所在的平面内取直角坐标系，如图3-5（a）所示，从力F的起点A及终点B分别向x轴作垂线，得垂足a和b，即为力F在x轴上的投影，记为X_F。用同样的方法可得到力F在y轴上的投影，即线段$a'b'$，记为Y_F。

力的投影是代数量，其正负号规定如下：投影的起点指向终点的方向如果和坐标轴的正向一致，该投影为正；反之为负。

设力 F 与 x 轴所夹锐角为 α，则有

$$\begin{cases} F_x = X_F = F\cos\alpha \\ F_y = Y_F = F\sin\alpha \end{cases}$$

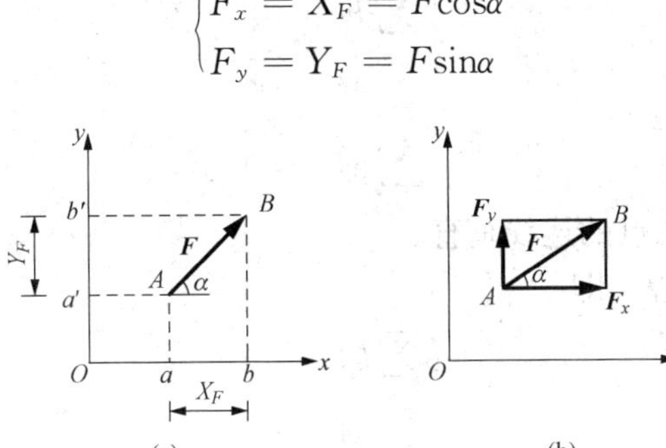

图 3-5　力的投影

3.2　平面力系的平衡方程及其应用

从运动、平衡与约束的宏观关系上看，平面上构件（视为刚片）的基本运动形式表现在 3 个方面，即水平运动、竖直运动和绕平面内某点转动。平面内其他运动形式都是这 3 种基本运动的组合形式。例如，平面内的倾斜运动是水平运动与竖直运动的组合。当处于平衡状态时，则表明：构件的水平运动、竖直运动和绕平面内任意一点的转动均不发生，即是上述 3 种基本运动形式被约束（此处省略了平面力系平衡条件的严密推导和分析）。

构件无水平运动的充分必要条件是构件受到的水平分力达到平衡，具体表现形式为各力在水平方向上的投影代数和为零，即

$$F_{1x} + F_{2x} + \cdots + F_{nx} = \sum F_x = 0 \tag{3-1}$$

构件无竖直方向运动的充分必要条件是构件受到的竖直方向分力达到平衡，具体表现形式为各力在竖直方向上的投影代数和为零，即

$$F_{1y} + F_{2y} + \cdots + F_{ny} = \sum F_y = 0 \tag{3-2}$$

构件不发生转动的充分必要条件是构件受到外力（对平面内任一点）所产生的力矩达到平衡，具体表现形式为各力对平面内任一点 O 之矩的代数和为零，即

$$M_O(F_1) + M_O(F_2) + \cdots + M_O(F_n) = \sum M_O(F) = \sum M_O = 0 \tag{3-3}$$

综合式（3-1）～式（3-3），平面力系平衡的充要条件为

$$\begin{cases} \sum F_x = 0 \\ \sum F_y = 0 \\ \sum M_O = 0 \end{cases} \tag{3-4}$$

因此，平面一般力系平衡的充分必要条件可表述为：力系中所有各力在两直角坐标轴上投影的代数和都为零，且力系中所有各力对平面内任一点的力矩的代数和也为零。

式（3-4）称为平面一般力系平衡方程的基本形式，其中，前两个称为投影方程，后一个称为力矩方程。除基本形式外，平面一般力系的平衡方程还有以下两种表达形式：

（1）二力矩式平衡方程，即

$$\begin{cases}\sum F_x = 0 \\ \sum M_A = 0 \\ \sum M_B = 0\end{cases} \tag{3-5}$$

其中，x 轴不可与 A、B 两点的连线垂直。

（2）三力矩式平衡方程，即

$$\begin{cases}\sum M_A = 0 \\ \sum M_B = 0 \\ \sum M_C = 0\end{cases} \tag{3-6}$$

其中，A、B、C 三点不在同一直线上。

平面一般力系的平衡方程虽有三种形式，但无论采用哪种形式，都只能写出三个独立的平衡方程。因为当力系满足这三种形式中任一形式的三个平衡方程时，力系必定平衡，任何第四个平衡方程都是力系平衡的必然结果，不是独立方程。所以应用平面一般力系的平衡方程只能求解三个未知量。在实际应用中，采用哪种形式的平衡方程，完全取决于计算是否简便。通常力求在一个平衡方程中只包含一个未知量。另外，列力矩方程时，矩心通常选在两个未知力的交点或一个未知力的作用点处。

【例 3-1】 求如图 3-6（a）所示悬臂梁的支座反力。已知 $F=10\text{kN}$，$q=2\text{kN/m}$，$M=4\text{kN}\cdot\text{m}$，梁自重不计。

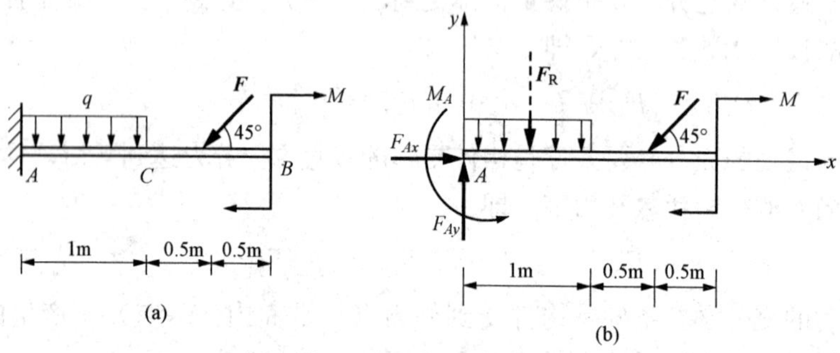

图 3-6 ［例 3-1］图

解 取梁 AB 为研究对象，画其受力图，如图 3-6（b）所示，支座反力的方向均为假设，梁 AB 上所受的力系为平面一般力系。列平衡方程时，将均布线荷载 q 用其合力 F_R 表示，$F_R=ql=2\times1=2\text{kN}$，方向与均布线荷载方向相同，作用于 AC 段的中点。由式（3-4）列平面一般力系平衡方程的基本形式为

$$\begin{cases}\sum F_x = F_{Ax} - F\cos45° = 0 \\ \sum F_y = F_{Ay} - F\sin45° - F_R = 0 \\ \sum M_A = M_A - F_R \times 0.5 - F\sin45° \times 1.5 - M = 0\end{cases}$$

解方程得

$$\begin{cases}F_{Ax}=7.07\text{kN}\\F_{Ay}=9.07\text{kN}\\M_A=15.61\text{kN}\cdot\text{m}\end{cases}$$

3.3 平面力系的几个特殊情况

3.3.1 平面汇交力系平衡的几何条件

前面已经介绍了用几何法进行平面汇交力系的合成，即用力的多边形法则将平面汇交力系合成为一个合力。显然，平面汇交力系平衡的充要条件是：该力系的合力等于零，合力在水平与竖直方向的投影也必为零，即

$$\begin{cases}\sum F_x=0\\\sum F_y=0\end{cases}\tag{3-7}$$

即平面汇交力系平衡的解析条件是：该力系中各力在两个坐标轴上投影的代数和分别等于零，式（3-7）称为平面汇交力系的平衡方程。它们互相独立，只能求解两个未知量。当力的指向不能事先判定时，可先假定一个方向，然后通过平衡方程计算，若计算结果为正值，表示假设力的指向就是实际的指向；若计算结果为负值，表示假设力的指向与实际指向相反。在实际计算中，可适当地选取投影轴，使计算简化。

下面举例说明平面汇交力系平衡方程的应用。

【例3-2】 如图3-7所示，重为G=40kN的圆球放在AB与墙壁之间，图中接触面均光滑接触面，AB的重量不计，求圆球受到约束的大小。

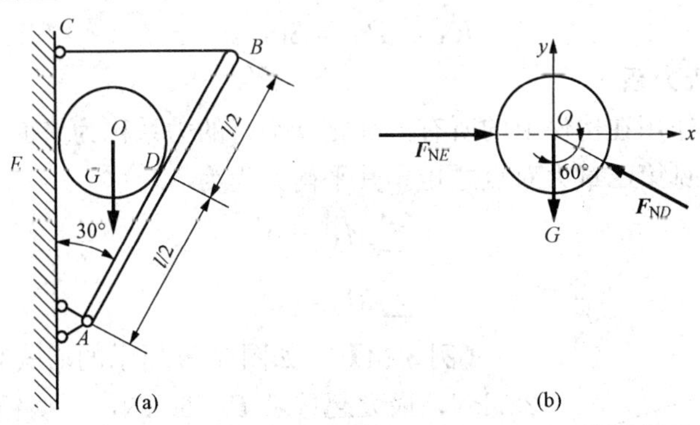

图3-7 ［例3-2］图

解 选取圆球为研究对象，进行受力分析，其受力图如图3-1（b）所示，由图可知圆球受到的力系为汇交力系，根据式（3-7）列平衡方程为

$$\begin{cases}\sum F_x=F_{NE}-F_{ND}\cos30^\circ=0\\\sum F_y=-G+F_{ND}\sin30^\circ=0\end{cases}$$

解方程得

$$\begin{cases}F_{NE}=40\sqrt{3}\text{kN}\\F_{ND}=80\text{kN}\end{cases}$$

3.3.2 平面力偶系

作用在同一平面内的一群力偶，称为平面力偶系。平面力偶系的合成可以根据力偶等效性来进行，合成的结果是平面力偶系可以合成为一个合力偶，其力偶矩等于各分力偶矩的代数和。平面力偶系可以合成为一个合力偶，当合力偶等于零时则力偶系中的各力偶对物体的转动效应相互抵消，物体处于平衡状态。因此，平面力偶系平衡的必要和充分条件是：力偶系中所有各力偶的代数和等于零。用式子表示为

$$M = M_1 + M_2 + \cdots + M_n = \sum M_i = 0 \tag{3-8}$$

平面力偶系只有一个独立方程，只能求解一个未知量。

【例 3-3】 在梁 AB 的两端各作用一力偶，其力偶矩的大小分别为 $M_1 = 120\text{kN}\cdot\text{m}$、$M_2 = 220\text{kN}\cdot\text{m}$ 转向如图 3-8 所示，梁长 2m，重量不计，求 AB 的支座反力。

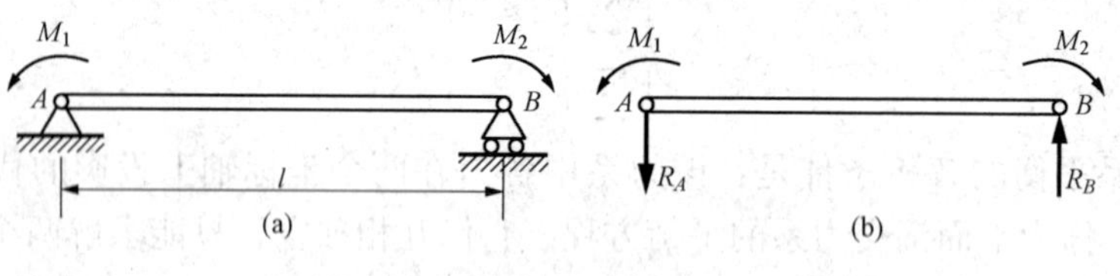

图 3-8 ［例 3-3］图

解 取梁 AB 作为研究对象，作用在梁上的力有两个力偶，所以支座反力也必须组成力偶与两力偶平衡。受力分析图如图 3-8（b）所示，根据式（3-8）列平衡方程得

$$\sum M_i = M_1 - M_2 + R_A \times 2 = 0$$

解方程得

$$R_A = R_B = 50\text{kN}$$

3.3.3 平面平行力系

在一个平面内，作用在构件上的所有力都相互平行的力系称为平面平行力系，该力系平衡的条件与证明过程见第二章力对点之矩。其平衡方程为

$$\begin{cases} \sum M_A = 0 \\ \sum M_B = 0 \end{cases} \tag{3-9}$$

【例 3-4】 如图 3-9 所示的塔式起重机，机身重 $W=220\text{kN}$，最大起重量 $P=50\text{kN}$，平衡锤重 $Q=30\text{kN}$，试求空载和满载时，轨道 A、B 的约束反力，并分析此起重机在空载和满载时是否会翻倒。

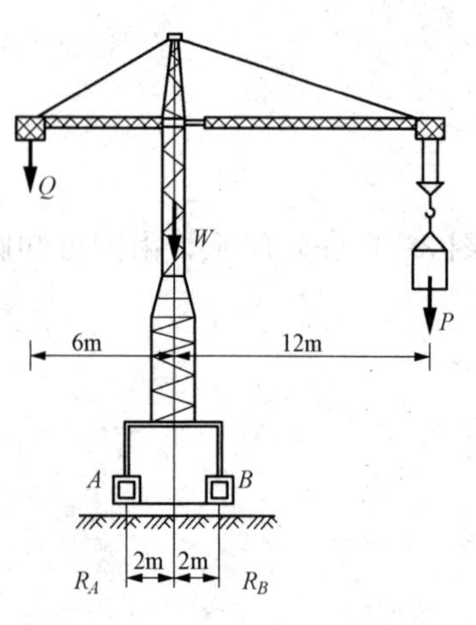

图 3-9 ［例 3-4］图

解 取起重机为研究对象，画其受力图。A、B 支座均为可动铰支座，其约束反力 F_A、F_B 与 W、P、Q 构成了平面平行力系，由式（3-9）列平衡方程得

$$\begin{cases} \sum M_A = 4F_B - 2W - (12+2)P + (6-2)Q = 0 \\ \sum M_B = (6+2)Q + 2W - (12-2)P - 4F_A = 0 \end{cases}$$

当空载时 $P=0$，代入方程得

$$\begin{cases} F_A = 170\text{kN} \\ F_B = 80\text{kN} \end{cases}$$

因为支座反力均大于零，所以起重机不会翻倒。

当满载时 $P=50\text{kN}$，代入方程得

$$\begin{cases} F_A = 45\text{kN} \\ F_B = 255\text{kN} \end{cases}$$

因为支座反力均大于零，所以起重机不会翻倒。

本章小结

本章主要介绍力的平移定理，平面一般力系向某点的简化，平面一般力系和特殊力系的平衡条件及其应用，平面一般力系的平衡条件及利用平衡条件进行未知力的求解。

在进行未知力的求解过程中，首先应正确画出受力图，然后针对所要求的未知量列相应的平衡方程，使每个方程中的未知数最少。在物体系统的平衡分析中，应将整体与局部综合考虑，选择未知数最少，或者能够直接求出某一未知量的部分为研究对象。

课后习题

1. 将图 3-10 所示的力系向 A 点简化，求其主矢与主矩，已知 $F_1=100\text{kN}$，$F_2=1000\text{kN}$，$H=200\text{mm}$，$e=20\text{mm}$。

2. 图 3-11 中杆 AB 与绳 BC 的重量不计，杆 AB 上放一重 500N 的重物，求 A、C 处的约束反力。

3. 如图 3-12 所示，起重架由杆 AB 和钢绳所组成。杆的一端用铰链固定在一端用钢绳 BC 悬挂重量为 $G=20\text{kN}$ 的重物。设杆 AB 的重量不计，并忽略摩擦，求 BC 的拉力和 AB 所受的压力。

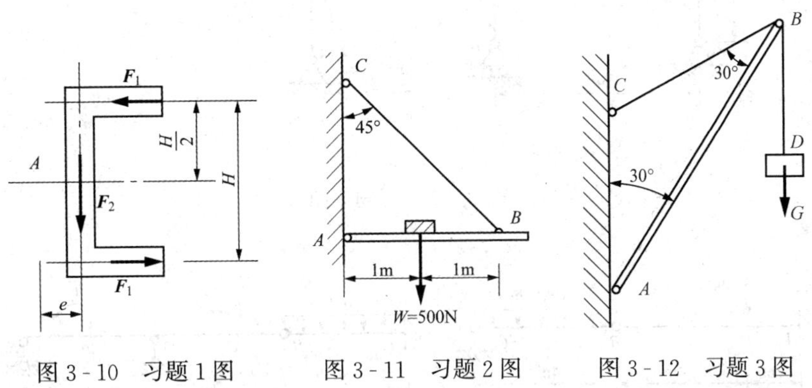

图 3-10　习题 1 图　　图 3-11　习题 2 图　　图 3-12　习题 3 图

4. 求图 3-13 所示各梁的支座反力。

5. 求图 3-14 所示刚架的支座 A 和 B 的约束反力。

6. 求图 3-15 所示多跨梁支座的约束反力。

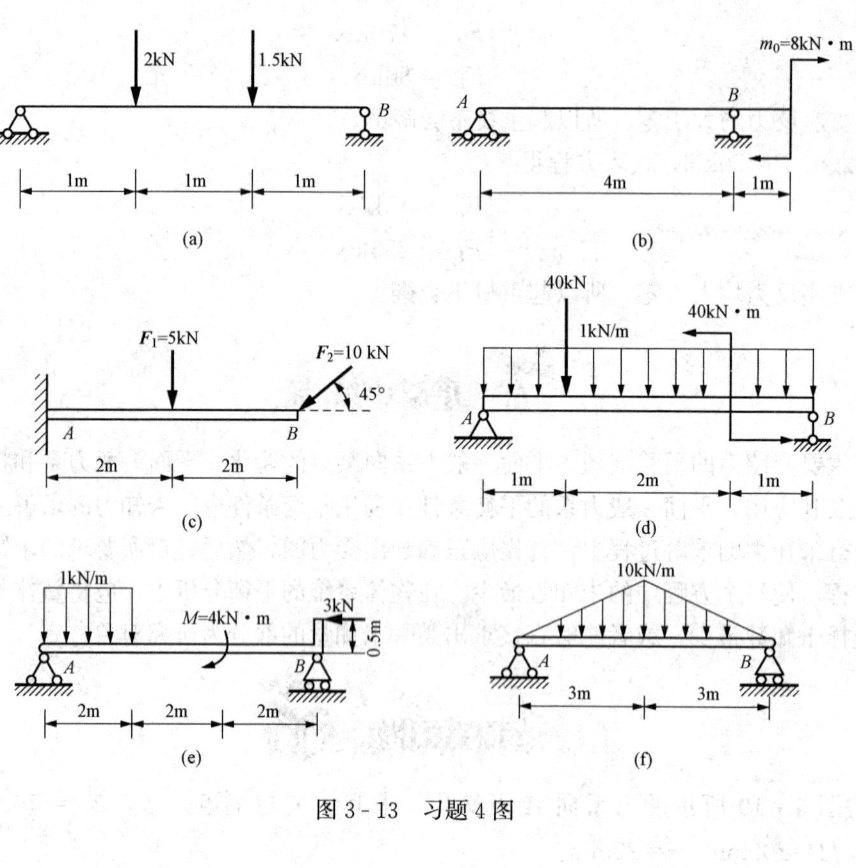

图 3-13 习题 4 图

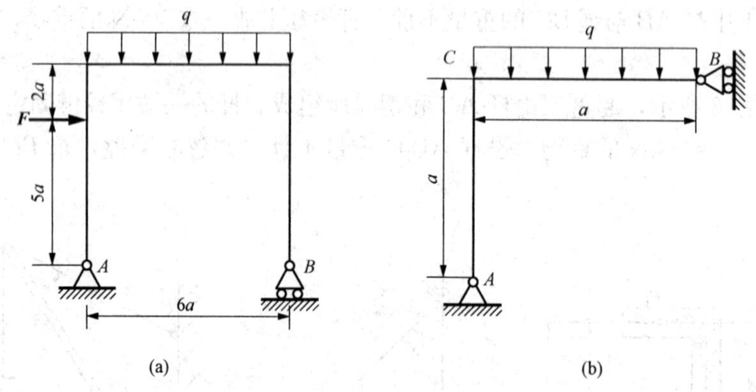

图 3-14 习题 5 图

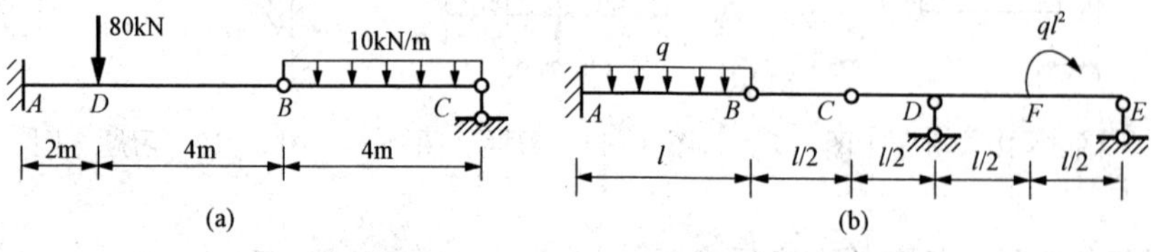

图 3-15 习题 6 图

7. 求图 3-16 所示支座的约束反力。

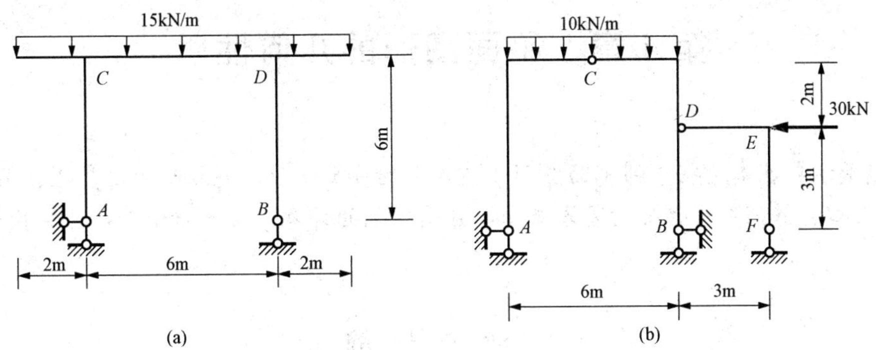

图 3-16　习题 7 图

第 4 章　平面图形的几何性质

【要点提示】在本章将学到平面图形几何性质的基本知识，包括形心、静矩、惯性矩等。要求掌握形心、静矩及惯性矩的基本概念，熟悉它们的计算方法，以便准确计算构件的应力和变形。

4.1　形 心 与 静 矩

构件在外力作用下产生的应力和变形，都与构件的截面形状和尺寸有关。反映截面形状和尺寸的某些性质的量，如拉伸时遇到的截面面积，梁的弯曲计算中所用的横截面的静矩、惯性矩，以及扭转时遇到的极惯性矩等，统称为截面的几何性质。现在来讨论截面的主要几何性质。

4.1.1　形心

形心是指截面图形的几何中心。在 Oxy 坐标系中（见图 4-1），若截面形心的坐标为 x_C 和 y_C（C 为截面形心），将面积的每一部分看成平行力系，即看成等厚、均质薄板的重力，根据合力矩定理可得形心坐标公式为

$$x_C = \frac{\int_A x\,\mathrm{d}A}{A},\ y_C = \frac{\int_A y\,\mathrm{d}A}{A} \tag{4-1}$$

4.1.2　静矩

静矩又称面积矩。其定义如下，在图 4-1 中任意截面内取一点 $M(x,\ y)$，围绕 M 点取一微面积 $\mathrm{d}A$，微面积对 x 轴的静矩为 $y\mathrm{d}A$，对 y 轴的静矩为 $x\mathrm{d}A$，则整个截面对 x 和 y 轴的静矩分别为

$$S_x = \int_A y\,\mathrm{d}A$$
$$S_y = \int_A x\,\mathrm{d}A \tag{4-2}$$

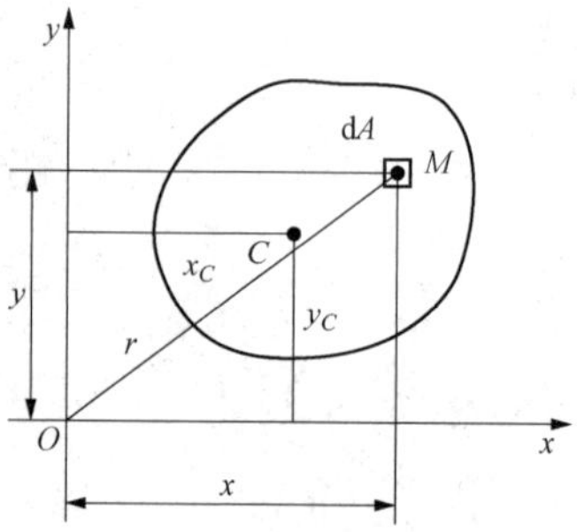

图 4-1　截面图形的形心

由形心坐标公式

$$\int_A y\,\mathrm{d}A = y_C A$$
$$\int_A x\,\mathrm{d}A = x_C A \tag{4-3}$$

知

$$S_x = \int_A y\,\mathrm{d}A = y_C A$$
$$S_y = \int_A x\,\mathrm{d}A = x_C A \tag{4-4}$$

式中　y_C、x_C——截面形心 C 的坐标；

A——截面面积。

当截面形心的位置已知时可以用上式来计算截面的静矩。

由上述可知，同一截面对不同轴的静矩不同，静矩可以是正、负值或是零；静矩的单位用 m^3 或 cm^3、mm^3 等表示；当坐标轴过形心时，截面对该轴的静矩为零。

当截面由几个规则图形组合而成时，截面对某轴的静矩应等于各个图形对该轴静矩的代数和，其表达式为

$$S_x = \sum_{i=1}^{n} A_i y_i$$

$$S_y = \sum_{i=1}^{n} A_i x_i \tag{4-5}$$

而截面形心坐标公式也可以写成

$$x_C = \frac{\sum A_i x_i}{A}$$

$$y_C = \frac{\sum A_i y_i}{A} \tag{4-6}$$

【例 4-1】　试计算图 4-2 所示三角形截面对与其底边重合的 x 轴的静矩。

解　取平行于 x 轴的狭长条作为面积元素，即 $dA=b(y)dy$。由相似三角形关系，可知 $b(y)=\frac{b}{h}(h-y)$，因此有 $dA=\frac{b}{h}(h-y)dy$。将其代入式（4-2）第一式，即得

$$S_x = \int_A y dA = \int_0^h \frac{b}{h}(h-y)y dy = b\int_0^h y dy - \frac{b}{h}\int_0^h y^2 dy = \frac{bh^2}{6}$$

【例 4-2】　求图 4-3 所示 T 形截面的形心位置。

解　建立坐标系 Oxy，由于截面关于 y 轴对称，形心 C 必在 y 轴上，故 $x_C=0$。为了求出 y_C，将 T 形截面分割为Ⅰ、Ⅱ两个矩形，它们的面积和形心坐标分别为

矩形Ⅰ：$A_1=13500mm^2$，$y_1=165mm$

矩形Ⅱ：$A_2=9000mm^2$，$y_2=15mm$

由式（4-6）的第二式得

$$y_C = \frac{\sum A_i y_i}{A} = \frac{y_1 A_1 + y_2 A_2}{A_1 + A_2} = \frac{165 \times 13500 + 15 \times 9000}{13500 + 9000} = 105mm$$

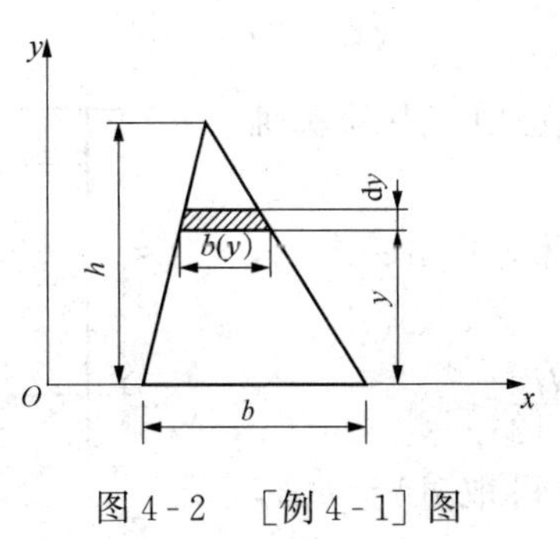

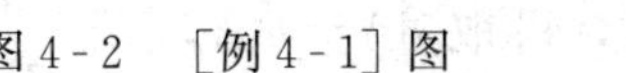

图 4-2　[例 4-1] 图

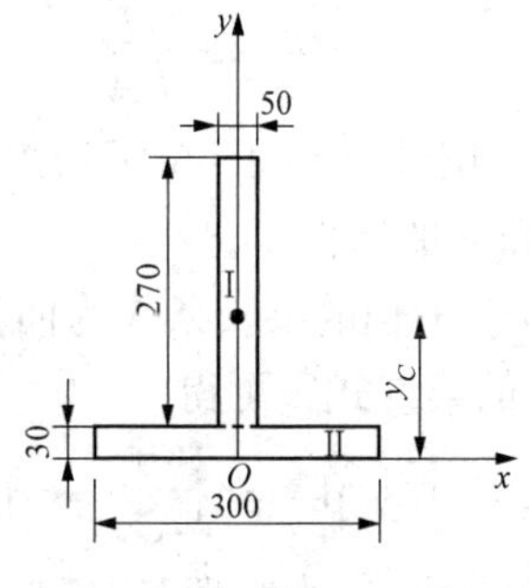

图 4-3　[例 4-2] 图

4.2 惯 性 矩

4.2.1 极惯性矩

设一面积为 A 的任意形状截面，如图 4-4 所示，从截面中坐标为（x，y）处取一面积元素 dA，则 dA 与其至坐标原点距离平方的乘积 ρ^2dA，称为面积元素对 O 点的极惯性矩。而以下积分

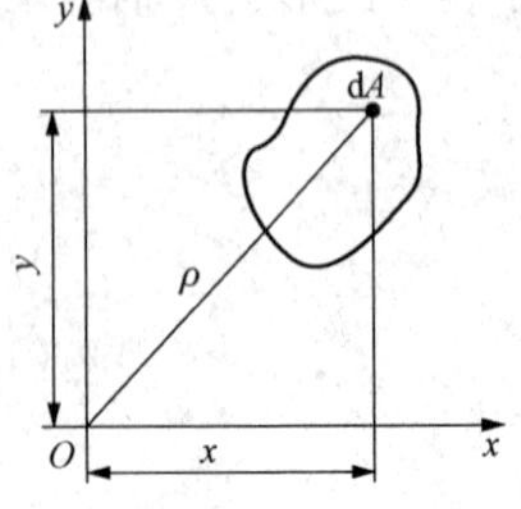

图 4-4 截面的极惯性矩

$$I_p = \int_A \rho^2 dA \tag{4-7}$$

定义为整个截面对于 O 点的极惯性矩。

4.2.2 惯性矩

在图 4-4 中任意截面上选取一微面积 dA，则微面积 dA 与其至 y 轴或 x 轴距离平方的乘积 x^2dA 或 y^2dA 分别称为该微面积对于 y 轴或 x 轴的惯性矩。而以下两积分

$$I_y = \int_A x^2 dA$$

$$I_x = \int_A y^2 dA \tag{4-8}$$

则分别定义为整个截面对于 y 轴或 x 轴的惯性矩。

由图可见，$\rho^2 = x^2 + y^2$，故有

$$I_p = \int_A \rho^2 dA = \int_A (x^2 + y^2) dA = I_y + I_x \tag{4-9}$$

即任意截面对一点的极惯性矩的数值，等于截面对以该点为原点的任意两正交坐标轴的惯性矩之和。

在某些应用中，将惯性矩表示为截面图形面积 A 与某一长度平方的乘积，即

$$I_x = i_x^2 A \tag{4-10}$$

$$I_y = i_y^2 A \tag{4-11}$$

式中 i_x、i_y——截面图形对 x 轴和 y 轴的惯性半径，m 或 mm。

当已知截面面积 A 和惯性矩 I_x、I_y 时，惯性半径即可由下式求得：

$$i_x = \sqrt{\frac{I_x}{A}} \tag{4-12}$$

$$i_y = \sqrt{\frac{I_y}{A}} \tag{4-13}$$

【例 4-3】 试计算图 4-5 所示矩形截面对于其对称轴（即形心轴）x 和 y 的惯性矩。

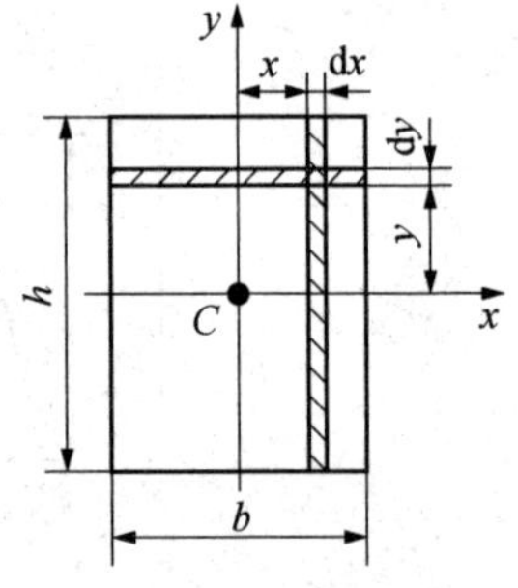

图 4-5 ［例 4-3］图

解 取平行于 x 轴的狭长条作为面积元素，即 dA=bdy，根据式（4-8）的第二式，可得

$$I_x = \int_A y^2 dA = \int_{-0.5h}^{0.5h} by^2 dy = \frac{bh^3}{12}$$

同理，在计算对 y 轴的惯性矩 I_y 时，可取 dA=hdx，即得

$$I_y = \int_A x^2 \mathrm{d}A = \int_{-0.5b}^{0.5b} h x^2 \mathrm{d}x = \frac{b^3 h}{12}$$

4.2.3　惯性积

面积元素 $\mathrm{d}A$ 与其分别至 y 轴和 x 轴距离的乘积 $xy\mathrm{d}A$，称为该面积元素对于两坐标轴的惯性积，而式（4-14）

$$I_{xy} = \int_A xy \mathrm{d}A \tag{4-14}$$

定义为整个截面对于 x、y 两坐标轴的惯性积。

从上述定义可见，惯性矩总是大于零，因为坐标的平方总是正数，惯性积可以是正、负值和零；惯性矩、极惯性矩和惯性积的单位都是长度的四次方，用 m^4 或 mm^4 表示。

4.3　组合图形的惯性矩

4.3.1　惯性矩的平行移轴公式

同一截面对于不同的平行轴，其惯性矩是不同的。同一截面对两根平行轴的惯性矩虽然不同，但它们之间存在一定的关系，下面讨论两根平行轴的惯性矩之间的关系。

设一面积为 A 的任意形状的截面如图 4-6 所示，截面对任意的 x、y 两坐标轴的惯性矩分别为 I_x、I_y。另外，通过截面的形心 C 有分别与 x、y 轴平行的 x_C、y_C 轴，称为形心轴。截面对于形心轴的惯性矩分别为 I_{x_C}、I_{y_C}。

由图 4-6 可见，截面上任一面积元素 $\mathrm{d}A$ 在两坐标系内的坐标（x，y）和（x_C，y_C）之间的关系为

$$\begin{aligned} x &= x_C + a \\ y &= y_C + b \end{aligned} \tag{4-15}$$

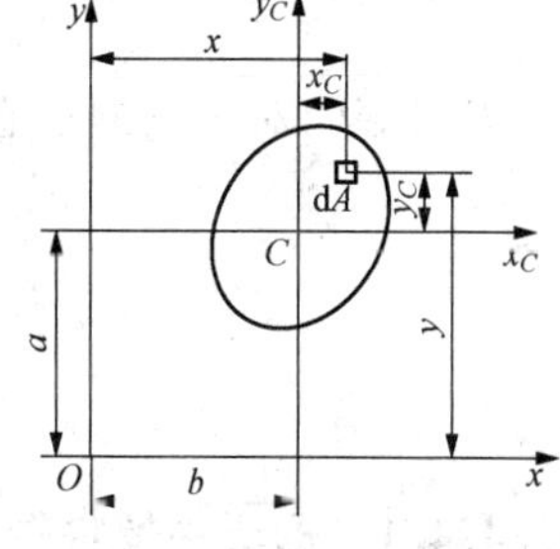

图 4-6　截面图形的惯性矩

按照惯性矩的定义有

$$\begin{aligned} I_x &= \int_A y^2 \mathrm{d}A = \int_A (y_C + a)^2 \mathrm{d}A \\ &= \int_A y_C^2 \mathrm{d}A + 2a\int_A y_C \mathrm{d}A + a^2 \int_A \mathrm{d}A \end{aligned} \tag{4-16}$$

式（4-16）中第一项为截面对过形心坐标轴 x_C 轴的惯性矩；第三项为面积的 a^2 倍；而第二项为截面过形心坐标轴 x_C 轴静矩乘以 $2a$，根据静矩的性质，对过形心轴的静矩为零，所以第二项为零，这样式（4-16）可以写为

$$I_x = I_{x_C} + a^2 A \tag{4-17}$$

同理可得

$$I_y = I_{y_C} + b^2 A \tag{4-18}$$

式（4-17）、式（4-18）为惯性矩的平行移轴公式，也就是说，截面对于平行于形心轴的惯性矩，等于该截面对形心轴的惯性矩再加上其面积乘以两轴间距离的平方。

4.3.2　组合图形的惯性矩

在工程中常遇到组合截面，根据惯性矩的定义可知，组合截面对于某坐标轴的惯性矩就等于其各组成部分对于同一坐标轴的惯性矩之和。若截面是由 n 个部分组成，则组合截面对于 x、y 两轴的惯性矩分别为

$$I_x = \sum_{i=1}^{n} I_{xi}$$

$$I_y = \sum_{i=1}^{n} I_{yi} \tag{4-19}$$

式中　I_{xi}、I_{yi}——组合截面中组成部分 i 对于 x、y 两轴的惯性矩。

【例 4-4】　计算图 4-7 所示 T 形截面的形心和过它的形心 x_C 轴的惯性矩。

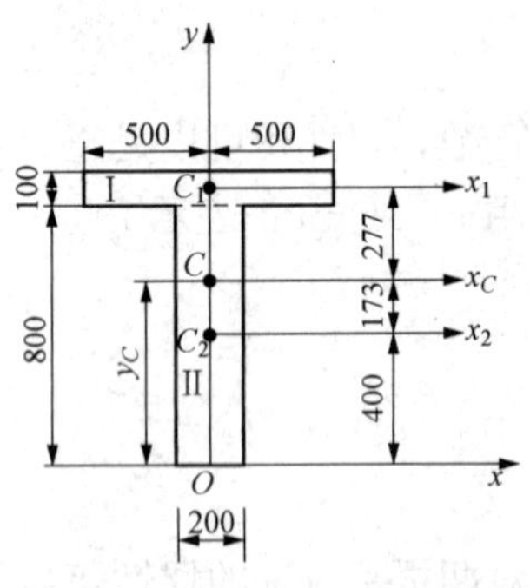

图 4-7　[例 4-4] 图

解　(1) 确定截面形心位置。

选参考坐标系 Oxy，将截面分割为Ⅰ、Ⅱ两个矩形，截面形心 C 的纵坐标为

$$y_C = \frac{\sum A_i y_i}{A} = \frac{y_1 A_1 + y_2 A_2}{A_1 + A_2}$$

$$= \frac{850 \times 100000 + 400 \times 160000}{100000 + 160000} = 573\text{mm}$$

$$x_C = 0$$

(2) 计算截面惯性矩。

矩形Ⅰ对 x_C 轴的惯性矩为

$$I_{x1} = \frac{1}{12} \times 1000 \times 100^3 + 100000 \times 277^2 = 7.75 \times 10^9 \text{mm}^4$$

矩形Ⅱ对 x_C 轴的惯性矩为

$$I_{x2} = \frac{1}{12} \times 200 \times 800^3 + 160000 \times 173^2 = 13.32 \times 10^9 \text{mm}^4$$

T 形截面对过它的形心 x_C 轴的惯性矩为

$$I_x = I_{x1} + I_{x2} = 21.1 \times 10^9 \text{mm}^4$$

4.4　形心主惯性矩的概念

4.4.1　形心主惯性轴和形心主惯性矩

对于任何形状的截面，通过图形平面内任意一点，总可以找到一对特殊的直角坐标轴（例如，图 4-8 中的 $O'x'$ 与 $O'y'$），使截面对于这一对坐标轴的惯性积等于零。惯性积等于零的一对坐标轴就称为该截面的主惯性轴，而截面对于主惯性轴的惯性矩称为主惯性矩。

当一对主惯性轴的交点与截面的形心重合时，它们就被称为该截面的形心主惯性轴，简称形心主轴。而截面对于形心主惯性轴的惯性矩就称为形心主惯性矩。

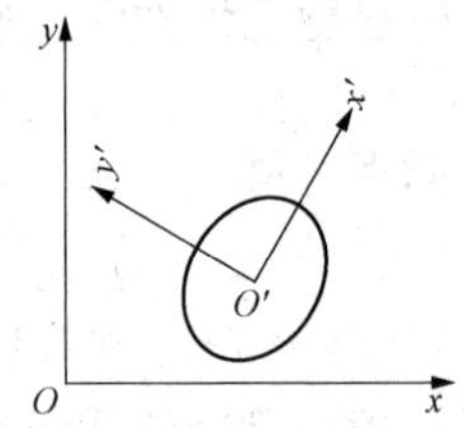

图 4-8　截面的主惯性轴

4.4.2　形心主惯性轴的确定

由于任何平面图形对于包括其形心对称轴在内的一对正交坐标轴的惯性积恒等于零，因此可根据截面有对称轴的情况，用观察法帮助我们确定平面图形的形心主惯性轴的位置。

(1) 如果平面图形有一根对称轴，则此对称轴必定是形心主惯性轴（如图 4-9 中所示各轴），而另一根形心主惯性轴通过形心，并与此轴垂直。

(2) 如果平面图形有两根对称轴，则此两轴都为形心主惯性轴 [见图 4-10 (a)、(b)]。

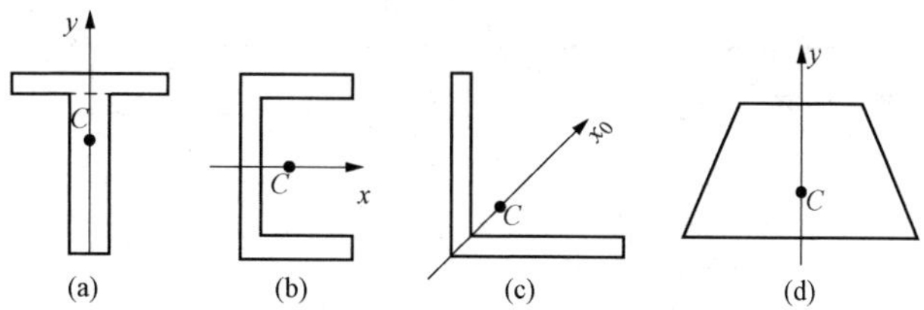

图 4-9　不同图形的主惯性轴

(3) 如果平面图形有三根或更多对称轴［见图 4-10 (c)、(d)］，那么过该图形形心的任何轴都是形心主惯性轴，而且该平面图形对于其任一形心主惯性轴的惯性矩都相等。

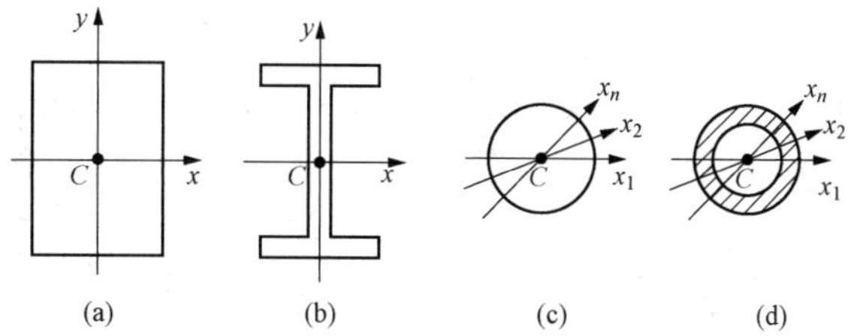

图 4-10　有多个主惯性轴的图形

(4) 对于没有对称轴的截面，其形心主惯性轴的位置也可以通过计算来确定，有关这方面的问题，可以参考其他材料。

4.4.3　形心主惯性矩的计算

常见截面的形心主惯性矩见表 4-1。

表 4-1　**常见截面的形心主惯性矩**

截面形状和形心轴的位置	面积 A	惯性矩	
		I_x	I_y
	bh	$\frac{bh^3}{12}$	$\frac{b^3h}{12}$
	$\frac{\pi d^2}{4}$	$\frac{\pi d^4}{64}$	$\frac{\pi d^4}{64}$

续表

截面形状和形心轴的位置	面积 A	惯性矩	
		I_x	I_y
$\alpha=\frac{d}{D}$	$\frac{\pi D^2}{4}(1-\alpha^2)$	$\frac{\pi D^4}{64}(1-\alpha^4)$	$\frac{\pi D^4}{64}(1-\alpha^4)$
$y_C=\frac{4d}{3\pi}$	$\frac{\pi d^2}{2}$	$\left(\frac{\pi}{8}-\frac{8}{9\pi}\right)d^4\approx 0.1098d^4$	$\frac{\pi d^4}{8}$
	πab	$\frac{\pi}{4}ab^3$	$\frac{\pi}{4}a^3b$

本章小结

（1）形心是指截面图形的几何中心，根据合力矩定理可得形心坐标的计算公式为：$x_C=\frac{\int_A x\,\mathrm{d}A}{A}$，$y_C=\frac{\int_A y\,\mathrm{d}A}{A}$。静矩又称面积矩，是指平面图形的面积与其形心到某一坐标轴距离的乘积，其计算公式为：$S_x=\int_A y\,\mathrm{d}A$，$S_y=\int_A x\,\mathrm{d}A$。

（2）同一截面对不同轴的静矩不同，静矩可以是正、负值或是零；当坐标轴过形心时，截面对该轴的静矩为零。

（3）惯性矩是指截面微元面积与其至截面某一指定轴线距离二次方乘积的积分，计算公式为：$I_y=\int_A x^2\,\mathrm{d}A$，$I_x=\int_A y^2\,\mathrm{d}A$。

（4）截面对于平行于形心轴的惯性矩，等于该截面对形心轴的惯性矩再加上其面积乘以两轴间距离的平方。

（5）惯性积等于零的一对坐标轴称为该截面的主惯性轴，而截面对于主惯性轴的惯性矩称为主惯性矩。当一对主惯性轴的交点与截面的形心重合时，它们就被称为该截面的形心主惯性轴，简称形心主轴。而截面对于形心主惯性轴的惯性矩就称为形心主惯性矩。

1. 求图 4 - 11 所示各平面图形的形心位置，设 O 点为坐标原点。

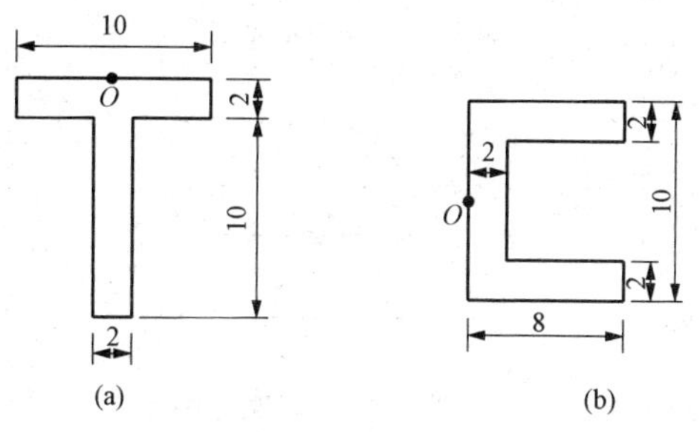

图 4 - 11　习题 1 图

2. 求图 4 - 12 所示各截面的阴影线面积对 x 轴的静矩，设 C 点为形心。

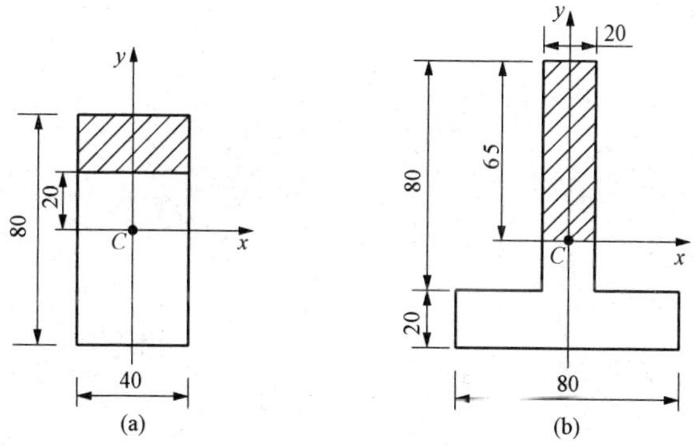

图 4 - 12　习题 2 图

3. 求图 4 - 13 所示各截面对其形心轴 x 的惯性矩。

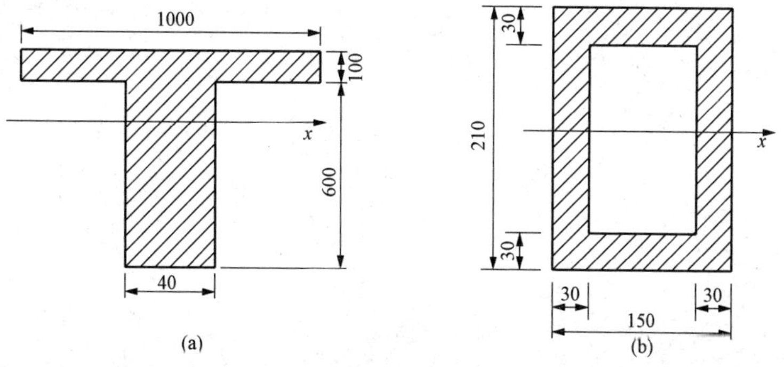

图 4 - 13　习题 3 图

4. 图 4 - 14 所示三角形截面对底边 BD 的惯性矩为 $bh^3/12$，已知三角形形心轴 x_C 距 BD 边的距离为 $h/3$，试求该截面对通过顶点 A 并平行于底边 BD 的 x 轴的惯性矩。

5. 试求图 4-15 所示 $r=1\text{m}$ 的半圆形截面对于 x 轴的惯性矩，其中 x 轴与半圆形的底边平行，相距 1m。

6. 在直径 $D=8a$ 的圆截面中，开了一个 $2a\times4a$ 的矩形孔，如图 4-16 所示。试求截面对其水平形心轴和竖直形心轴的惯性矩 I_x 和 I_y。

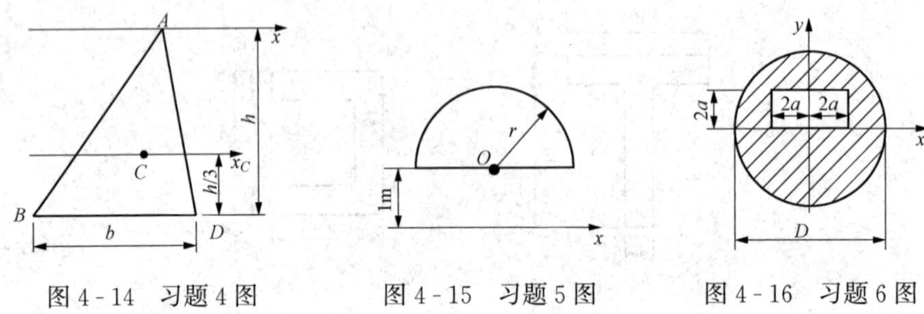

图 4-14 习题 4 图　　图 4-15 习题 5 图　　图 4-16 习题 6 图

第 5 章　平面体系的几何组成分析

【要点提示】在本章将学习平面杆件体系的几何组成分析，内容包括平面体系的自由度和约束、几何不变体系的组成规则、判别体系是否几何不变、正确区分静定结构和超静定结构等。要求大家掌握平面体系自由度和约束的概念，熟悉几何不变体系的组成规则，能够正确判别体系的几何组成。

5.1　几何组成分析的目的

5.1.1　几何不变体系和几何可变体系

杆系结构是由若干杆件用铰结点或刚结点连接而成的杆件体系，是一种常用的受力体系。如果一个杆件体系本身为几何不稳固，不能使其几何形状保持不变，则它是不能承受任意荷载的。因此，从几何构造的角度看，一个结构应是一个几何形状不变的体系。

1. 几何不变体系

几何不变体系是指在不考虑材料应变的条件下，任意荷载作用后体系的形状和位置均能保持不变的体系［见图 5-1（a）～（c）］。

2. 几何可变体系

几何可变体系是指在不考虑材料应变的条件下，任意荷载作用后体系的形状和位置发生变化的体系［见图 5-1（d）～（f）］。

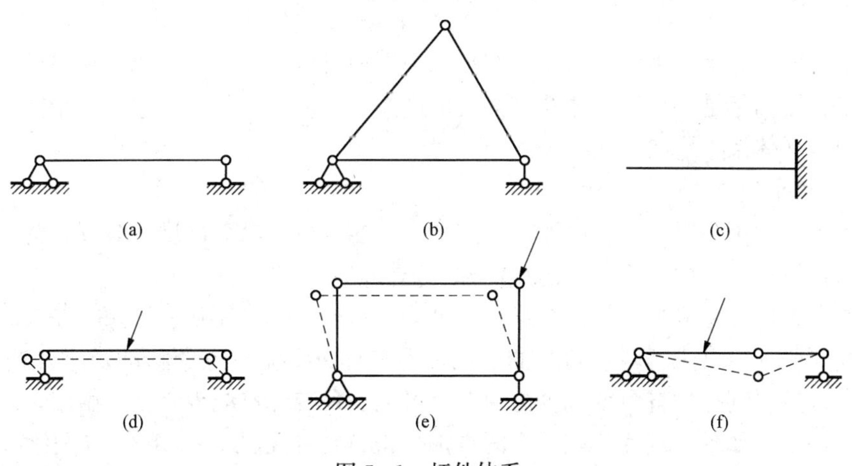

图 5-1　杆件体系

5.1.2　平面几何组成分析的目的

土建中的结构必须是几何不变体系，通过对体系进行几何组成分析，可以达到以下目的：

（1）判别某体系是否为几何不变体系，以决定其能否作为工程结构使用。

(2) 研究并掌握几何不变体系的组成规则，以便合理布置构件，使所设计的结构在荷载作用下能够维持平衡。

(3) 根据体系的几何组成状态，确定结构是静定的还是超静定的，以便选择相应的计算方法。

在本章中，只讨论平面杆件体系的几何组成分析。

5.2 平面体系的自由度和约束

5.2.1 刚片

对体系进行几何组成分析时，由于不考虑材料的应变，因此可认为各个构件没有变形。于是，可以把一根梁、一根链杆或体系中已经肯定为几何不变的某个部分看作一个平面刚体，简称刚片。同样，支撑体系的基础也可看成是一个刚片。

5.2.2 自由度

为了便于对体系进行几何组成分析，先讨论平面体系自由度的概念。一个体系的自由度是指该体系在运动时，确定其位置所需的独立坐标的数目。

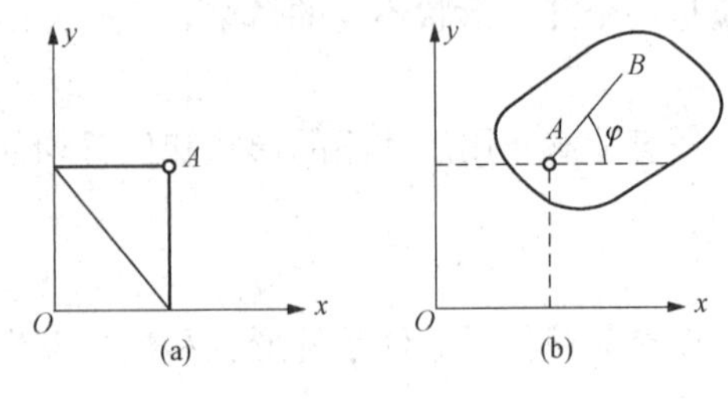

图 5-2 点和刚片的自由度

在平面内的某一动点 A，其位置要由两个坐标 x 和 y 来确定［见图 5-2（a)］，所以一个点的自由度等于 2，即点在平面内可以作两种相互独立的运动，通常用平行于坐标轴的两种移动来描述。

一个刚片在平面内运动时，其位置将由它上面的任一点 A 的坐标 x、y 和过 A 点的任一直线 AB 的倾角 φ 来确定［见图 5-2（b)］。因此，一个刚片在平面内有 3 个自由度，即刚片在平面内不但可以自由移动，而且还可以自由转动。

一般工程结构都是几何不变体系，其自由度的个数为零。凡是自由度的个数大于零的体系都是几何可变体系。

5.2.3 约束

对刚片加入约束装置，其自由度将会减少，凡能减少一个自由度的装置称为一个约束。

两端是铰链连接，中间不受力的直杆称为链杆。

如果用一根链杆将刚片与基础相连接［见图 5-3（a)］，则刚片在链杆方向的运动将被限制。但此时刚片仍可进行两种独立的运动，即链杆 AC 绕 C 点的移动及刚片绕 A 点的转动。加入链杆后，刚片的自由度减少为两个。可见一根链杆可减少一个自由度，故一根链杆相当于一个约束。如果在刚片与基础之间再加一根链杆［见图 5-3（b)］，则刚片又减少了一个自由度。此时它只能绕 A 点作转动而丧失了自由移动的可能，即减少了两个自由度。

在图 5-3（c）中，两个刚片Ⅰ和Ⅱ通过铰 A 连接在一起，这种连接两个刚片的圆柱铰称为单铰。两个孤立的刚片在平面内共有 6 个自由度，用铰连接以后，自由度便由 6 减为 4。因为用三个坐标即可确定刚片Ⅰ的位置，然后刚片Ⅱ只能绕 A 点转动，只需用一个转角就可以确定刚片Ⅱ的位置。由此可见，一个单铰相当于两个约束，也相当于两根相交链杆的约束作用。

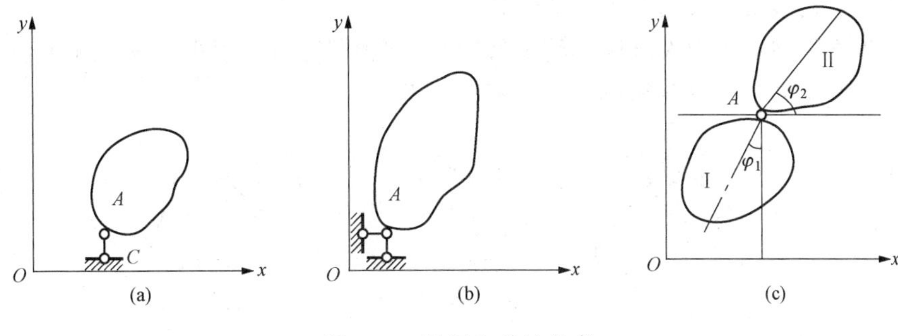

图 5-3　链杆和单铰约束

图 5-4 所示为两根杆件 AB 和 BC 在 B 点连接成一个整体，其中的结点 B 为刚结点。原来的两根杆件在平面内共有 6 个自由度，刚性连接成整体后，只有 3 个自由度，所以一个刚性结点相当于三个约束。

5.2.4　多余约束

如果在一个体系中增加一个约束，而体系的自由度并不因此而减少，则此约束称为多余约束。

例如平面内一个点 A 有两个自由度，如果用两根不共线的链杆将点 A 与基础相连接[见图 5-5 (a)]，则点 A 减少两个自由度，即被固定。如果用三根不共线的链杆将点 A 与基础相连接 [见图 5-5 (b)]，实际上仍只减少两个自由度。故这三根链杆中有一根是多余约束。多余约束对体系的自由度没有影响。

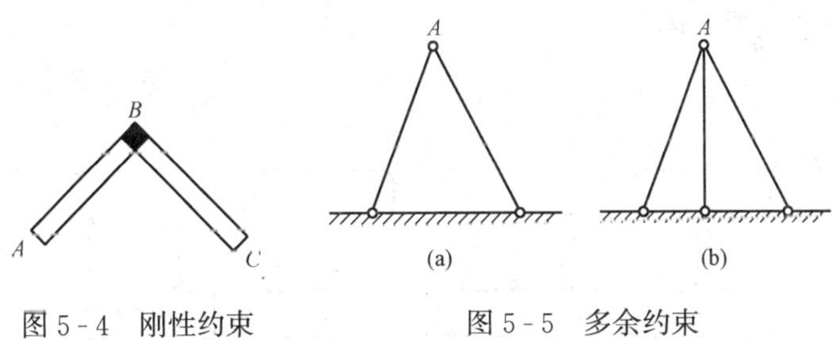

图 5-4　刚性约束　　图 5-5　多余约束

5.3　平面几何不变体系的组成规则

本节在平面杆件体系范围内，讨论无多余约束的几何不变体系的基本组成规则。所谓无多余约束，是指体系内的约束数目恰好使该体系成为几何不变体系，只要去掉任意一个约束就会变成几何可变体系。

5.3.1　基本组成规则

1. 两刚片的组成规则

设有刚片Ⅰ和刚片Ⅱ，它们共有 6 个自由度，两者之间至少应该用三个约束连接，才有可能成为一个几何不变体系。首先在两刚片之间加一个铰 [见图 5-6 (a)]，则刚片Ⅰ、Ⅱ之间的相对移动就被限制住了，但它们仍可围绕铰作相对转动。如果再在它们之间加一根不过铰心的链杆 [见图 5-6 (b)]，则两刚片之间就不可能有相对运动了，于是刚片Ⅰ和刚片

Ⅱ就组成了一个无多余约束的几何不变体系。

由于一个单铰相当于两根链杆的约束作用，故两刚片之间用图 5-6（c）所示三根链杆连接，同样也组成一个无多余约束的几何不变体系。

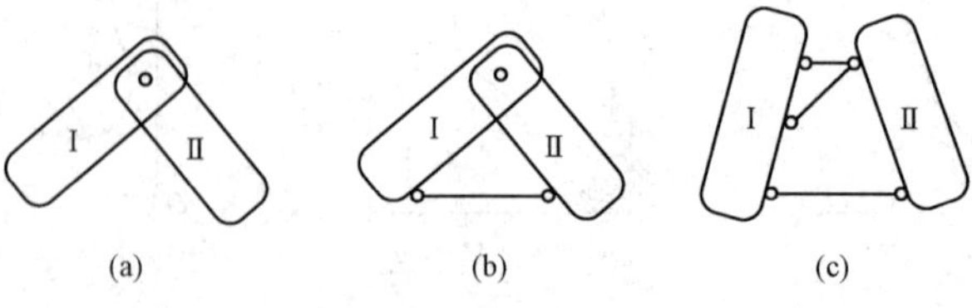

图 5-6 两刚片连接

当两刚片之间用三根链杆连接时，若三根链杆同时汇交于一点 A［见图 5-7（a）］，则刚片Ⅰ、Ⅱ可以绕点 A 转动，体系是几何可变的。

如图 5-7（b）所示的两个刚片用三根链杆相连，链杆的延长线交于一点 O，这种由链杆的延长线交点而形成的铰称为虚铰。当体系运动时，虚铰的位置也随之改变，所以通常又称它为瞬铰。两个刚片可以绕 O 点作相对转动，但在发生一微小转动后，三根链杆就不全交于一点，从而将不再继续发生相对运动。这种发生微小位移后不再运动的体系称为瞬变体系。瞬变体系是几何可变体系的一种特殊情况。

当两个刚片用三根相互平行且等长的链杆相连时［见图 5-7（c）］，刚片Ⅰ、Ⅱ可以沿着链杆垂直的方向发生相对平动，体系是几何可变的；若三根链杆相互平行但不等长［见图 5-7（d）］，则刚片Ⅰ、Ⅱ在发生一微小的相对位移后，三根链杆不再全平行，因而不再发生相对运动，故体系是瞬变体系。

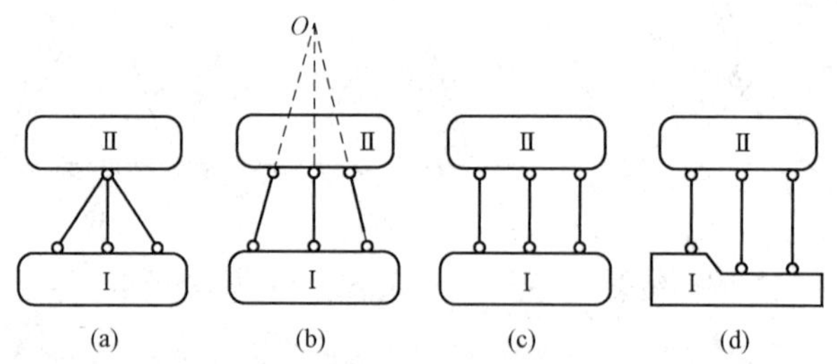

图 5-7 由三根链杆连接的两刚片

当两刚片之间用一个单铰及链杆连接时，若链杆通过铰心，则体系是几何可变或瞬变的。

由上面的分析可得两刚片的组成规则：两刚片用不全交于一点也不全平行的三根链杆相互连接，或用一个铰及一根不通过铰心的链杆相连接，组成无多余约束的几何不变体系。

2. 三刚片的组成规则

平面内三个独立的刚片，共有 9 个自由度，三个刚片之间至少应该用六个约束连接，才有可能组成一个几何不变的体系。

现将刚片Ⅰ、Ⅱ、Ⅲ用不在同一直线上的 A、B、C 三个铰两两相连［见图 5-8（a）］，把刚片Ⅰ看作一根链杆，应用两刚片的组成规则，图 5-8（a）所示体系是几何不变的，且无多余约束。

将图 5-8（a）中任意一个铰用两根链杆代替，只要这些由两根链杆所组成的实铰或虚铰不在同一直线上，这样组成的体系就是无多余约束的几何不变体系［见图 5-8（b）］。

若三个刚片用位于同一直线上的三个铰两两相连［见图 5-8（c）］，设刚片Ⅰ不动，则铰 B 可沿以 AB 和 CB 为半径的圆弧的公切线作微小的移动。但在发生微小移动后，三个铰就不在同一直线上了，体系不会继续发生相对移动，故此体系是瞬变体系。

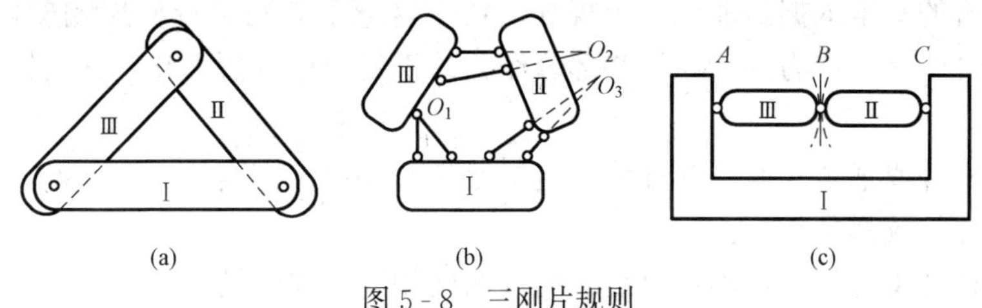

图 5-8　三刚片规则

由上可得三刚片的组成规则：三刚片用不在同一直线上的三个铰两两相连，组成无多余约束的几何不变体系。

3. 二元体的组成规则

如果将图 5-8（a）中的刚片Ⅱ与Ⅲ看作链杆，就得到如图 5-9 所示体系。显然，它是几何不变的。这个体系可看成是在刚片上通过两根不共线的链杆连接一个结点 A 组成的。这种用两根不共线的链杆连接一个结点的装置称为二元体。由于一个结点的自由度等于 2，而两个不共线的链杆相当于两个约束，因此增加一个二元体对体系的自由度没有影响。同理，在一个体系上撤去一个二元体，也不会改变体系的几何组成性质。于是得到二元体的组成规则：在一个体系上增加或减少二元体，不改变体系的几何可变或不变性。

图 5-9　二元体

5.3.2　对瞬变体系的进一步分析

虽然瞬变体系在发生一微小相对运动后成为几何不变体系，但它不能作为工程结构使用。这是由于瞬变体系受力时会产生很大的内力而导致结构破坏。

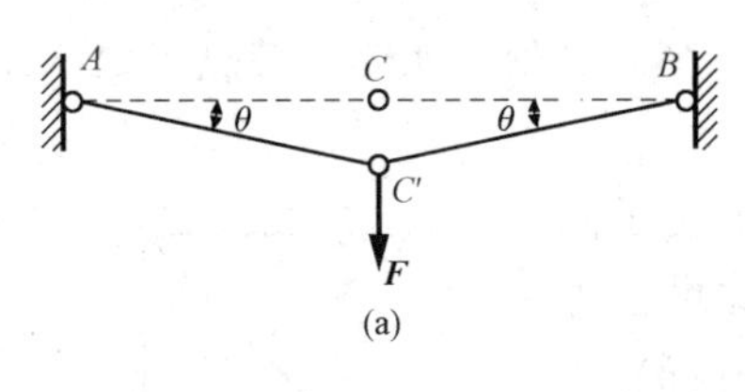

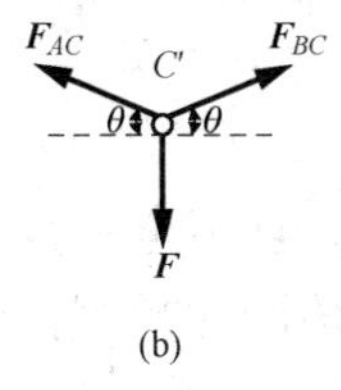

图 5-10　瞬变体系

在图 5-10 所示体系中，在荷载 F 作用下，铰 C 向下发生一微小位移而到达 C' 位置。由图 5-10（b）列出平衡方程为

$$\sum X = 0，F_{BC}\cos\theta - F_{AC}\cos\theta = 0$$

得

$$F_{BC} = F_{AC} = F_{\mathrm{N}}$$

$$\sum Y = 0，2F_{\mathrm{N}}\sin\theta - F = 0$$

得

$$F_{\mathrm{N}} = \frac{F}{2\sin\theta}$$

当 $\theta \to 0$ 时，无论 F 有多小，$F_{\mathrm{N}} \to \infty$，这将造成杆件破坏。因此，工程结构不能采用瞬变体系。

5.4 平面体系的几何组成分析方法

5.4.1 几何组成分析原则

几何组成分析能判断体系是否为几何不变，并确定几何不变体系中多余约束的个数。进行几何组成分析的基本依据是前述三个规则，要用这三个规则去分析形式多样的平面杆系，关键在于选择哪些部分作为刚片，哪些部分作为约束。为使分析简化，几何组成分析通常遵循以下原则：

(1) 一根杆件或某个几何不变部分（包括基础）都可选作刚片。

(2) 体系中的铰都是约束。

(3) 三根杆件用三个不在同一直线上的铰两两相连形成的铰接三角形可以看作刚片。

(4) 两端为铰的非直线形杆，可用一连接两铰的直线链杆代替（如图 5 - 11 中虚线所示）。

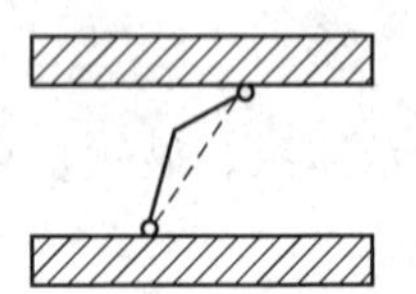

图 5 - 11 非直线杆

(5) 在选择刚片时，要联想到组成规则的约束要求（铰或链杆的数目和布置），同时考虑哪些是连接这些刚片的约束。

5.4.2 几何组成分析方法

进行体系几何组成分析的方法虽然灵活多样，但也有一定的规律可循。对于比较简单的体系，可以选择两个或三个刚片，直接按规则分析其几何组成。对于复杂体系，可以采用以下方法：

(1) 当体系上有二元体时，应去掉二元体使体系简化，以便于应用规则。但须注意，每次只能去掉体系外围的二元体，而不能从中间任意抽取。例如，图 5 - 12 中结点 1 处有一个二元体，拆除后，结点 2 处暴露出二元体，再拆除后，又可在结点 3 处拆除二元体，剩下为三角形 $AB4$，它是几何不变的，故原体系为几何不变体系。也可以继续在结点 4 处拆除二元体，剩下的只是基础了，这说明原体系相对于基础是不能动的，即为几何不变。

(2) 从一个刚片（例如地基或铰接三角形等）开始，依次增加二元体，尽量扩大刚片范围。仍以图 5 - 12 为例，将基础视为一个刚片，依次增加二元体，结点 4 处有一个二元体，增加在基础上，基础刚片扩大，以此扩充结点 3 处二元体、结点 2 处二元体、结点 1 处二元体，即体系为几何不变。

(3) 如果体系的支座链杆只有三根，且不全平行也不交于同一点，则基础与体系本身的连接已符合两刚片规则，因此可去掉支座链杆和基础而只对体系本身进行分析。例如，图 5 - 13 (a) 所示体系，除去支座的三根链杆，只需对图 5 - 13 (b) 所示体系进行分析，按两刚片规则组成无多余约束的几何不变体系。

(4) 当体系的支座链杆多于三根时，应将基础作为刚片与体系本身整体考虑，连续几次使用两刚片或三刚片规则，逐步扩大到整个体系。如图 5 - 14 所示，从下往上看，下层是按三刚片规则组成的几何不变的三铰刚架 ABH，上层两个刚片 CDE 与 EFG 和下层（刚片）按三刚片规则组成为几何不变体系。

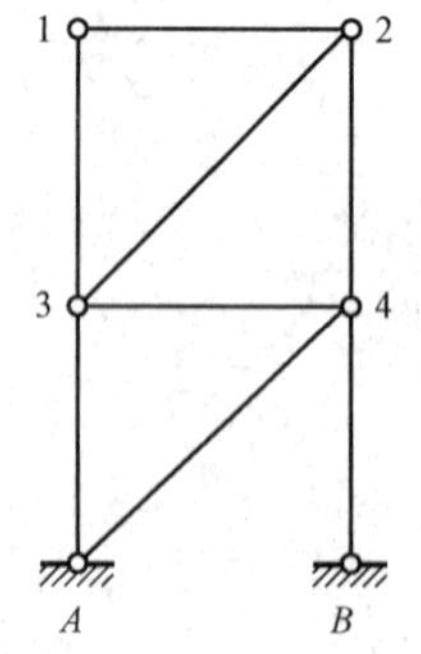

图 5 - 12 几何不变体系

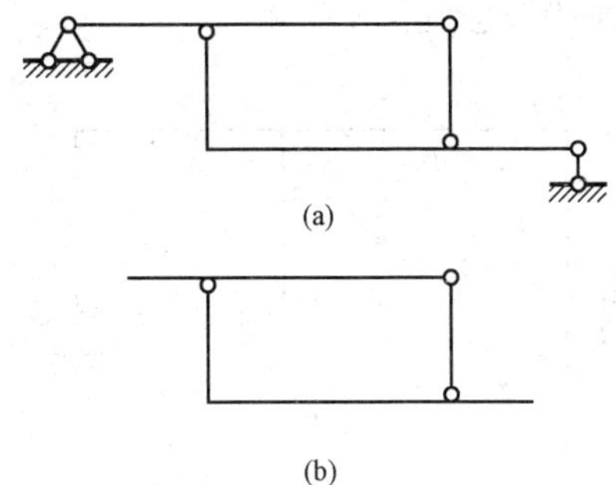

图 5-13　平面杆件体系

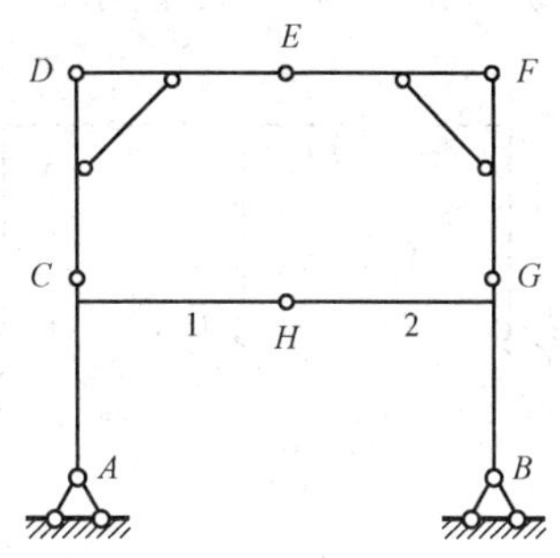

图 5-14　杆件体系

在进行体系几何组成分析时，体系中的每根杆件和约束都不能遗漏，也不可重复使用。

当分析进行不下去时，一般是所选择的刚片或约束不恰当，应重新选择刚片或约束再试。对于某一体系，可能有多种分析途径，但结论是唯一的。

【例 5-1】　试对图 5-15 所示体系进行几何组成分析。

解　体系与地基用不全交于一点也不全平行的三根链杆相连，符合两刚片规则，先撤去这些支座链杆，只分析体系内部的几何组成。任选铰接三角形，例如 ABC 作为刚片，依次增加二元体 B-D-C、B-E-D、D-F-E 和 E-G-F，根据加减二元体规则，可见体系是几何不变的，且无多余约束。

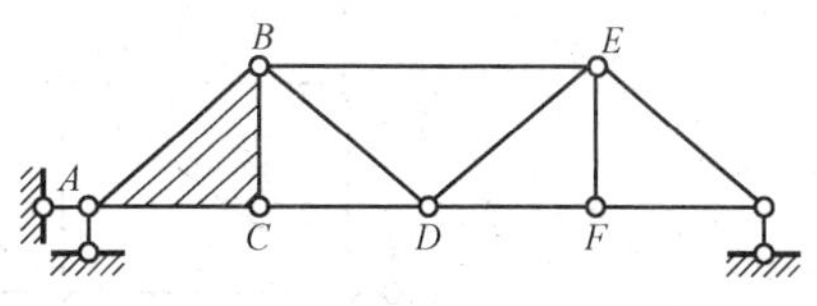

图 5-15　[例 5-1] 图

【例 5-2】　试对图 5-16 所示体系进行几何组成分析。

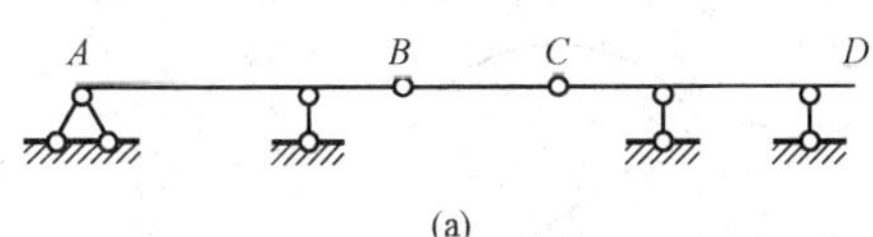

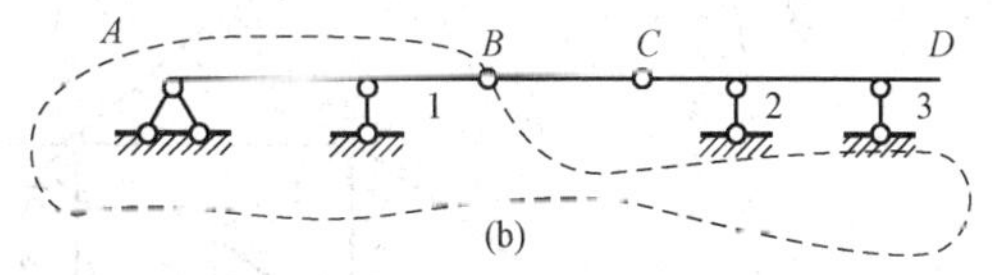

图 5-16　[例 5-2] 图

解　本题有四根支座链杆，应将基础作为一个刚片参与分析。首先以基础及杆 AB 为两刚片，由铰 A 和链杆 1 连接，链杆 1 延长线不通过铰 A，组成几何不变部分，见图 5-16(b)。以此部分作为一刚片，杆 CD 作为另一刚片，用链杆 2、3 及 BC 链杆连接。三链杆不交于一点也不全平行，符合两刚片规则，故整个体系是无多余约束的几何不变体系。

【例 5-3】　试对图 5-17 所示体系进行几何组成分析。

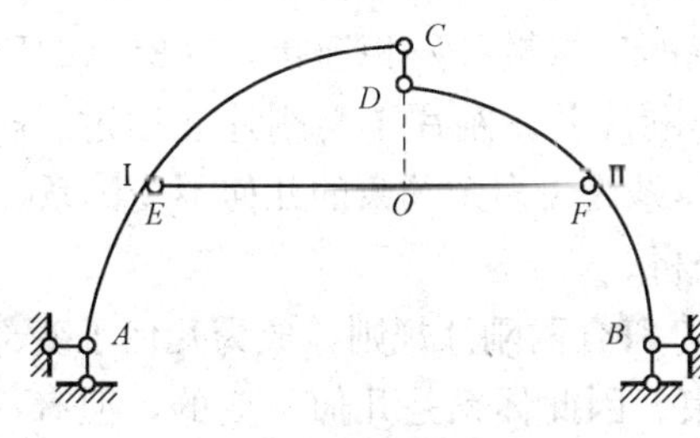

图 5-17　[例 5-3] 图

解　本题有四根支座链杆，应将地基作为一个刚片参与分析。将图 5-17 中的 AC、BD、地基分别视为刚片Ⅰ、Ⅱ、Ⅲ，刚片Ⅰ和Ⅲ以铰 A 相连，B 铰是连接刚片Ⅱ和Ⅲ的约束，刚片Ⅰ和刚片Ⅱ是用 CD、EF 两链杆相连，相当于一个虚铰 O。则连接三刚片的三个铰（A、B、O）不在同一直线上，符合三刚片连接规则，故体系为几何不变且无多余约束。

【例 5-4】 试对图 5-18 所示体系进行几何组成分析。

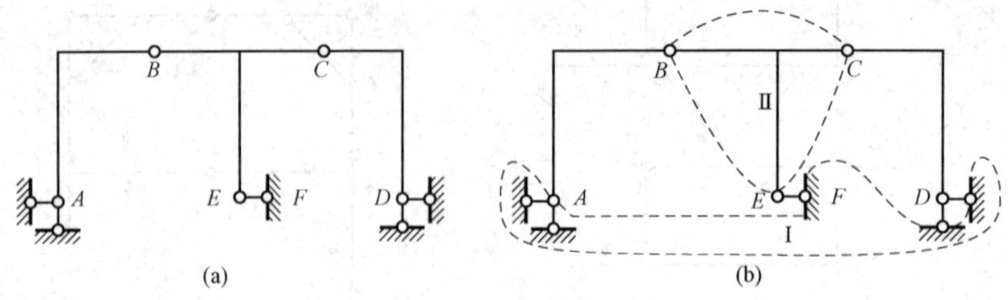

图 5-18 [例 5-4] 图

解 本题有五根支座链杆，应将基础作为一个刚片参与分析。首先把基础作为一个刚片Ⅰ，并把中间部分（BCE）Ⅱ也视为一刚片。再把 AB、CD 作为链杆，则刚片Ⅰ、Ⅱ由 AB、CD、EF 三根链杆相连组成几何不变且无多余约束的体系。注意：将 AB、CD 视为链杆而不作为刚片。

【例 5-5】 试对图 5-19 所示体系进行几何组成分析。

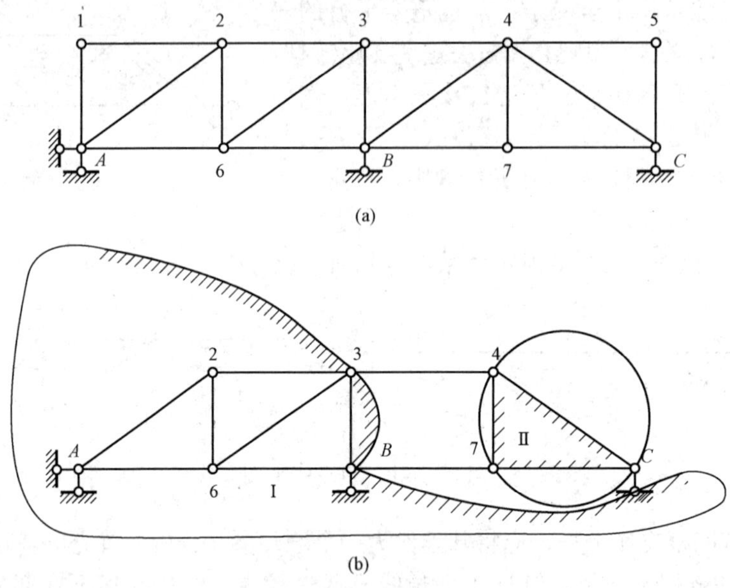

图 5-19 [例 5-5] 图

解 本题有四根支座链杆，应将基础作为一个刚片参与分析。在结点 1 与 5 处各有一个二元体，可先拆除。在图 5-19（b）中，先将 $A23B6$ 视作一刚片，它与基础之间通过 A 处的两根链杆和 B 处的一根链杆（既不平行又不交于一点的三根链杆）相连接，因此 $A23B6$ 可与基础合成一个大刚片Ⅰ，同时再将三角形 $C47$ 视作刚片Ⅱ。刚片Ⅰ与刚片Ⅱ通过三根链杆 34、$B7$ 与 C 相连，符合两刚片组成规则，故所给体系为无多余约束的几何不变体系。

【例 5-6】 试对图 5-20 所示体系进行几何组成分析。

解 将 AB 视为刚片Ⅰ与基础由 A 铰、B 链杆连接，符合两刚片规则，成为几何不变部分，在其上增加二元体 $1C2$、$3D4$，则 5 链杆是多余约束。因此体系是几何不变的，但有一个多余约束。

【例 5 - 7】　试对图 5 - 21 所示体系进行几何组成分析。

解　本题有四根支座链杆，应将地基作为一个刚片参与分析。应用二元体规则，将 ABD 作为刚片Ⅰ、BCE 作为刚片Ⅱ。另外，将地基作为刚片Ⅲ。刚片Ⅰ与刚片Ⅱ由铰 B 相连，刚片Ⅰ与刚片Ⅲ由两根链杆相连，其延长线交于虚铰 O_1，刚片之间由两根链杆相连，其延长线交于虚铰 O_2。因三个铰 B、O_1、O_2 恰在同一直线上，故体系为瞬变体系。

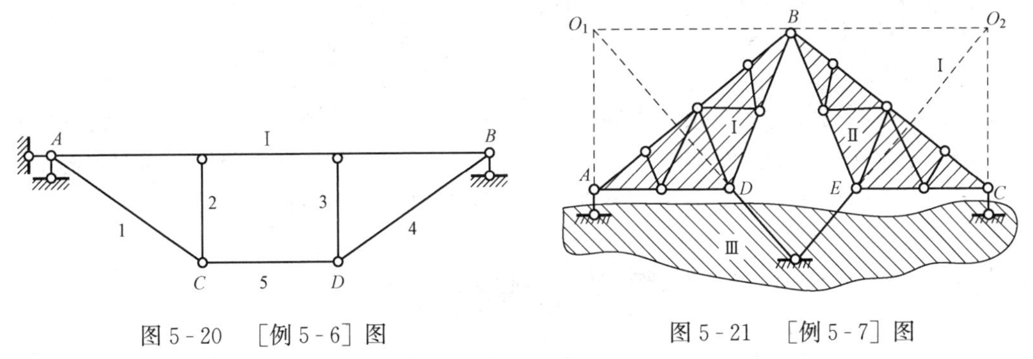

图 5 - 20　[例 5 - 6] 图　　图 5 - 21　[例 5 - 7] 图

5.5　体系的几何组成与静定性的关系

如前所述，用作结构的杆件体系必须是几何不变的，而几何不变体系又可分为无多余约束和有多余约束两类。后者的约束数目除满足几何不变性要求外还有多余。例如，图 5 - 22 (a) 所示连续梁，如果将 C、D 两支座链杆去掉 [见图 5 - 22 (b)]，剩下的支座链杆恰好满足两刚片连接的要求，所以它有两个多余约束。

又如图 5 - 23 (a) 所示加劲梁，若将链杆 AB 去掉 [见图 6 - 24 (b)]，则它就成为没有多余约束的几何不变体系，故此加劲梁具有一个多余约束。

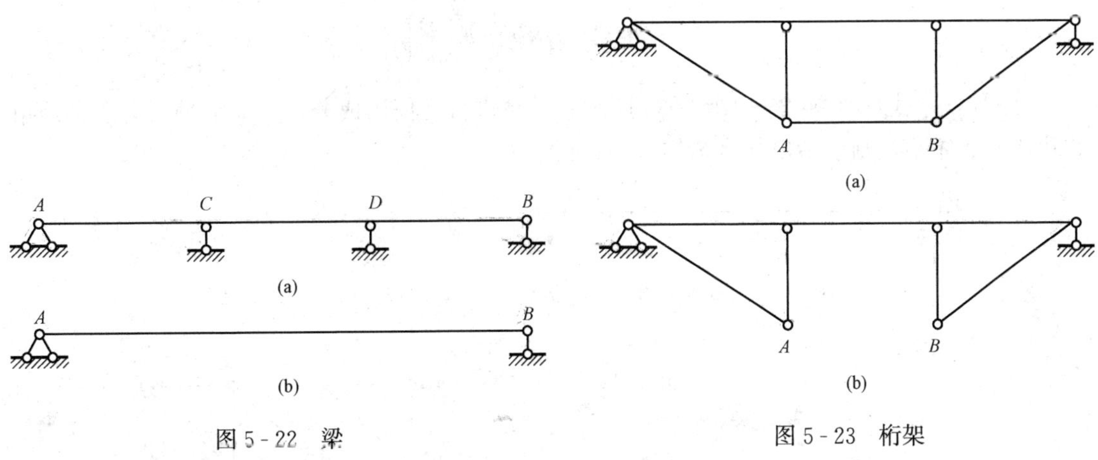

图 5 - 22　梁　　图 5 - 23　桁架

对于无多余约束的结构（如图 5 - 24 所示的简支梁），其全部反力和内力都可由静力平衡条件求得，这类结构称为静定结构。而对于具有多余约束的结构，却不能只依靠静力平衡条件求得其全部反力和内力。例如图 5 - 25 所示连续梁，其支座反力共有五个，而静力平衡条件只有三个，因而仅利用三个静力平衡条件无法求得其全部反力，从而也就不能求得它的内力，这类结构称为超静定结构。未知力总数与静力平衡方程总数的差值，即多余约束的数目，称为超静定次数。

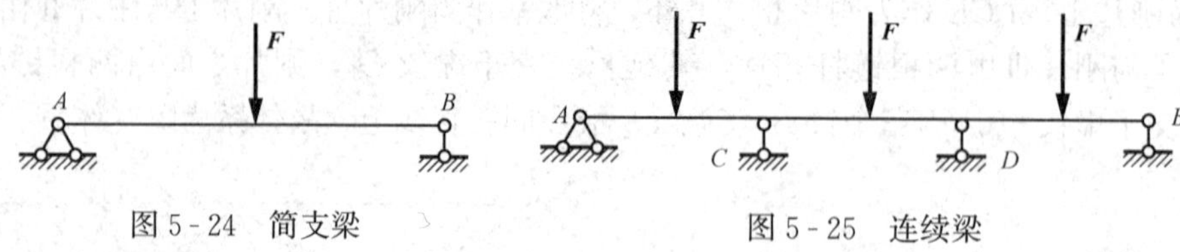

图 5-24　简支梁　　图 5-25　连续梁

由上面的分析可知，无多余约束的几何不变体系为静定结构，而有多余约束的几何不变体系为超静定结构。对静定结构进行内力分析时，只需考虑静力平衡条件；而对超静定结构进行内力分析时，除了考虑静力平衡条件外，还需考虑变形条件。

本章小结

(1) 体系可以分为几何可变体系、几何瞬变体系和几何不变体系。只有几何不变体系才可以作为结构使用，几何可变体系和几何瞬变体系不能用作结构。

(2) 自由度是指体系在运动时，确定其位置所需的独立坐标的数目。

(3) 几何不变体系组成规则有三个：两刚片规则、三刚片规则和二元体规则。满足这三条规则的体系是几何不变体系。

(4) 几何组成分析能判断体系是否几何不变，并确定几何不变体系中多余约束的个数。为使分析简化，几何组成分析应遵循一定的原则并采用相应的方法进行。

(5) 静定结构是无多余约束的几何不变体系；超静定结构是有多余约束的几何不变体系。

课后习题

1.～13.　试对图 5-26～图 5-38 所示各体系进行几何组成分析。如果是具有多余约束的几何不变体系，则须指出其多余约束的数目。

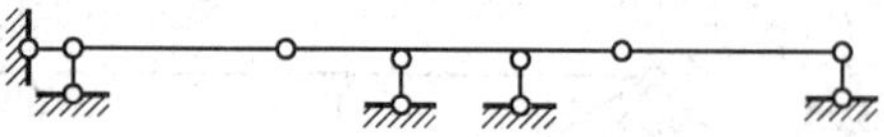

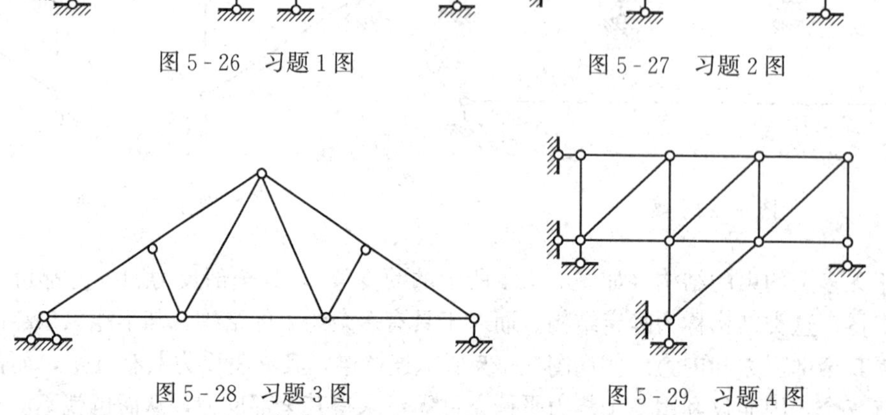

图 5-26　习题 1 图 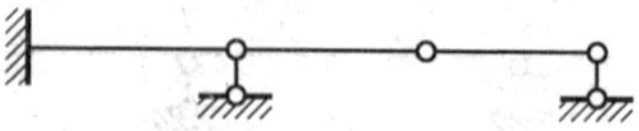　　图 5-27　习题 2 图

图 5-28　习题 3 图　　图 5-29　习题 4 图

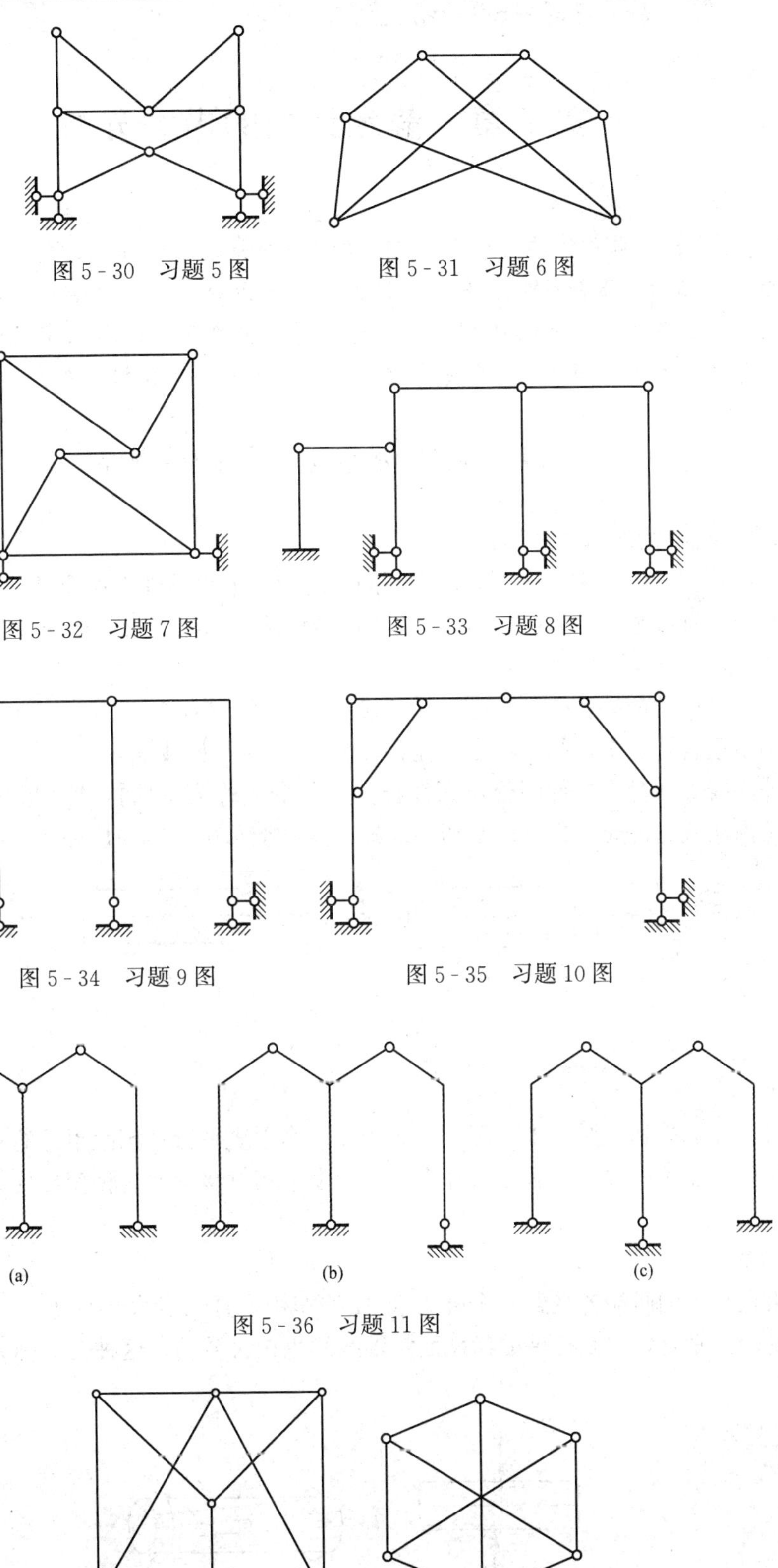

图 5 - 30　习题 5 图

图 5 - 31　习题 6 图

图 5 - 32　习题 7 图

图 5 - 33　习题 8 图

图 5 - 34　习题 9 图

图 5 - 35　习题 10 图

图 5 - 36　习题 11 图

图 5 - 37　习题 12 图

图 5 - 38　习题 13 图

第6章 静定结构的内力分析

【要点提示】在本章将学到有关静定结构内力分析的力学知识，包括杆件的基本变形及内力的概念、轴向拉压杆的内力分析、扭转轴的内力分析、单跨梁和多跨静定梁的内力分析、静定平面桁架和静定平面刚架的内力分析等。要求了解工程上常见梁的受力、变形特点，掌握结构内力的分析方法，能够熟练绘制构件的轴力图、扭矩图、剪力图和弯矩图。

6.1 杆件的基本变形及内力的概念

6.1.1 杆件的基本变形形式

杆件在不同外力作用下，可以产生不同的变形，但根据外力性质及其作用线（或外力偶作用面）与杆轴线相对位置的特点，通常归结为四种基本变形形式。

1. 轴向拉伸和压缩

如果在直杆的两端各受到一个外力 F 的作用，且二者大小相等、方向相反，作用线与杆件的轴线重合，那么杆的变形主要是沿轴线方向的伸长或缩短。当外力 F 的方向沿杆件截面的外法线方向时，杆件因受拉而伸长，这种变形称为轴向拉伸；当外力 F 的方向沿杆件截面的内法线方向时，杆件因受压而缩短，这种变形称为轴向压缩，如图 6-1 所示。

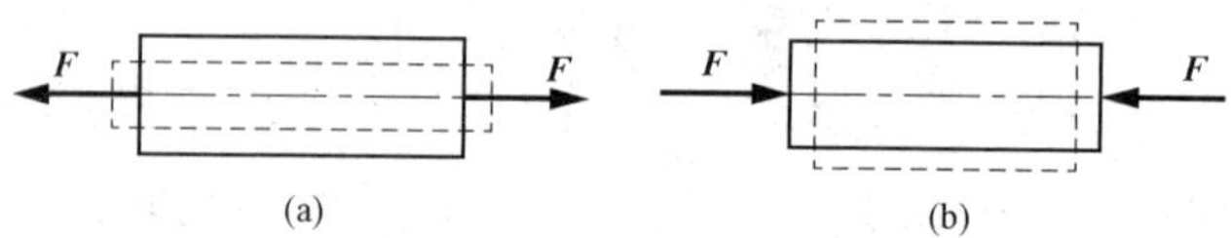

图 6-1 受压杆件

2. 剪切

如果直杆上受到一对大小相等、方向相反、作用线平行且相距很近的外力沿垂直于杆轴线方向作用，那么杆件的横截面沿外力的方向发生相对错动，这种变形称为剪切，如图 6-2 所示。

3. 扭转

如果在直杆的两端各受到一个外力偶 M 的作用，且二者大小相等、转向相反，作用面与杆件的轴线垂直，那么杆件的横截面绕轴线发生相对转动，这种变形称为扭转，如图 6-3 所示。

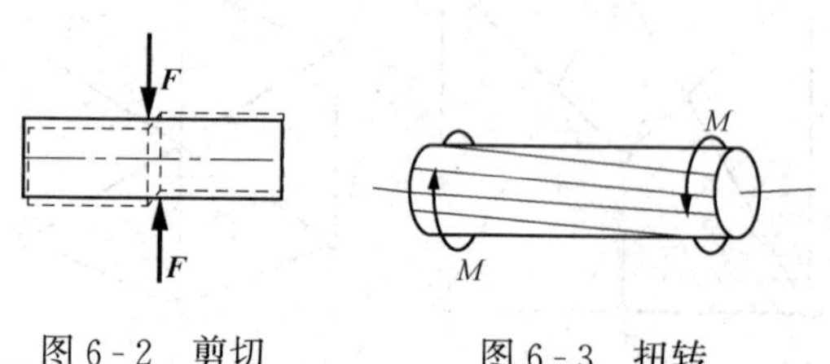

图 6-2 剪切　　图 6-3 扭转

4. 弯曲

如果在直杆的两端各受到一个外力偶 M_e 的作用，且二者大小相等、转向相反，作用面在杆件的纵向平面（即包含杆轴线在内的平面）内，或者是受到在纵向平面内作用的垂直于杆轴线的横向外力作用时，杆件的轴线就会变弯，这种变形称为弯曲（见图 6-4）。图 6-4（a）所示的弯曲称为纯弯曲，图 6-4（b）所示的弯曲称为横力弯曲，横力弯曲是纯弯曲与剪切的组合。

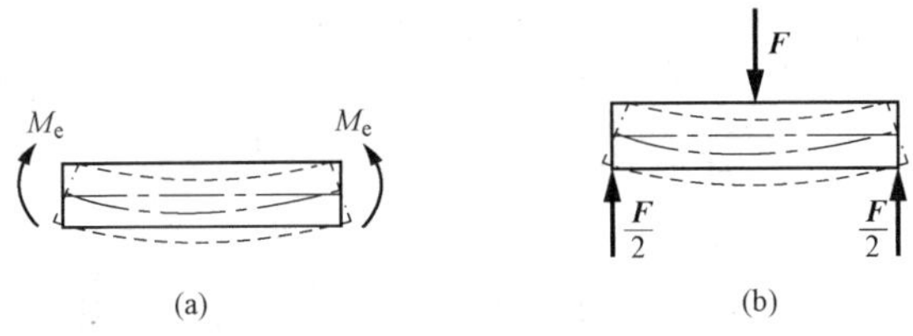

图 6-4　弯曲

6.1.2　内力的概念及计算方法

1. 内力的概念

构件因受到外力的作用而变形，其内部各部分之间的相互作用力也会发生改变。这种由于外力作用而引起的构件内部各部分之间相互作用力的改变量，称为“附加内力”，简称内力。内力总是与构件的变形同时产生，随外力的增加而增大的，当达到某一限度时就会引起构件破坏，故构件的强度、刚度等问题均与内力密切相关。

2. 内力的计算方法——截面法

求构件内力的基本方法是截面法。用截面法求内力的步骤如下：

（1）截开——在需要求内力的截面处，假想地用一平面将构件截为两部分。

（2）取出——任取其中的一部分（一般取受力情况较简单的部分）作为研究对象，弃去另一部分。

（3）代替——将弃去部分对留下部分的作用用内力代替。按照连续性假设，内力应连续分布于整个切开的截面上。将该分布内力系向截面上一点（通常为截面形心）简化后得到内力系的主矢和主矩，此即该截面上的内力。

（4）平衡——对留下部分建立平衡方程，求出内力。

【例 6-1】　求图 6-5（a）所示构件 $m-m$ 截面上的内力。

解　假想地用一平面沿 $m-m$ 截面把构件截开，取构件的下半部分为研究对象，在截面上假设未知内力 F_S、F_N 和力偶 M［见图 6-5（b）］。

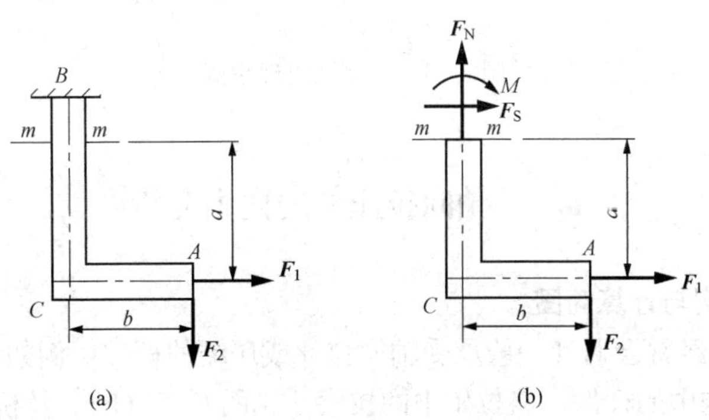

图 6-5　［例 6-1］图

列出平衡方程为

$$\sum X = 0, F_1 + F_S = 0$$

得

$$F_S = -F_1$$

$$\sum Y = 0, F_N - F_2 = 0$$

得

$$F_N = F_2$$

$$\sum M_O = 0, F_1 a - F_2 b - M = 0$$

得

$$M = F_1 a - F_2 b$$

需要指出，前面学习的力（或力偶）的可移性原理在用截面法求内力的过程中是有限制的，即力或力偶不能沿其作用线或作用面随意移动；另外，也不能随意将杆上的荷载用一个静力等效的力系来代替。因为这样做虽然对构件的平衡没有影响，但会改变构件的变形性质，并使内力也随之改变。在截开后对留下部分建立平衡方程时，静力等效替换的做法是可以使用的。

例如在图 6 - 6（a）中，拉杆在自由端 A 承受集中力 F，由截面法可得，杆任一横截面 $m-m$ 或 $n-n$ 上的轴力 F_N 均等于 F。若将集中力 F 由自由端 A 沿其作用线移至杆的 B 点处，则其 AB 段内任一横截面 $m-m$ 上的轴力都将等于零，而 BC 段内任一横截面 $n-n$ 上的轴力仍等于 F，保持不变。这是因为集中力 F 由自由端 A 移至 B 点后，改变了杆件 AB 段的变形，而并不改变 BC 段的变形。

再如图 6 - 6（b）中外力 F 若用图 6 - 6（c）所示等效力系代替，杆件变形的不同则是十分明显的。

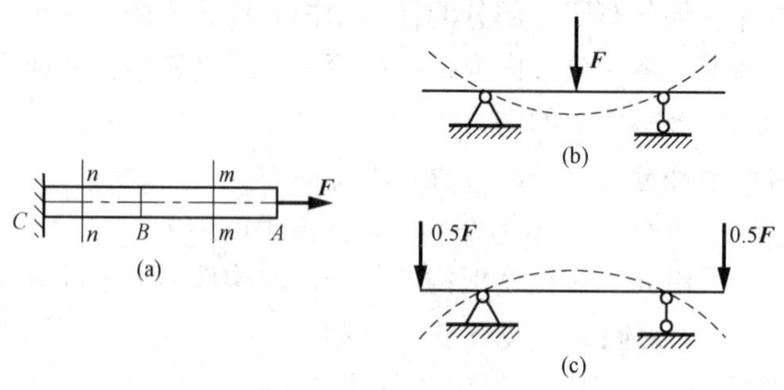

图 6 - 6 可移性原理举例

6.2 轴向拉压杆的内力分析

6.2.1 工程实例与计算简图

在工程结构中，经常会遇到一些承受轴向拉伸或压缩的杆件，例如桁架中的杆件［见图 6 - 7（a）］、网架结构中的杆件、斜拉桥中的拉索［见图 6 - 7（b）］及桥墩等。

承受轴向拉伸或压缩的杆件称为拉（压）杆。实际拉压杆的几何形状和外来作用方式各不相同，若将它们加以简化，则都可抽象成如图 6-8 所示的计算简图。

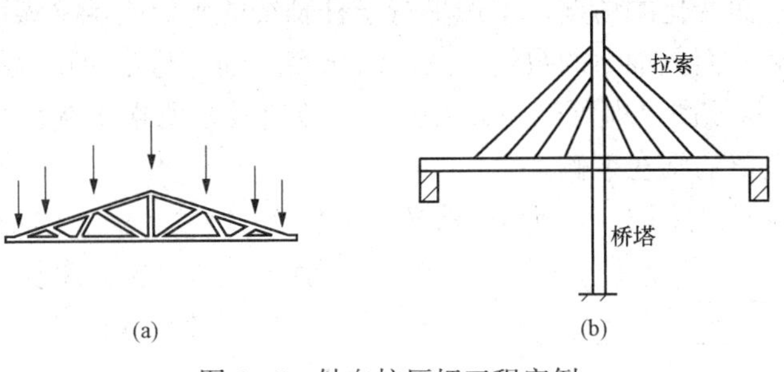

图 6-7　轴向拉压杆工程实例

图 6-8　拉压杆的计算简图

拉压杆的计算简图从几何上讲是等直杆，其受力情况是杆在两端各受一集中力 F 作用，两个力大小相等、方向相反。拉压杆的变形特征是沿轴线方向的伸长或缩短，同时横向尺寸也发生变化。

6.2.2　轴力与轴力图

1. 轴力

以图所示拉杆为例，求其任一横截面 $m-m$ 上的内力。应用截面法，假想一平面沿截面 $m-m$ 将杆截开成两段，任取其中一段作为研究对象（本例取左段）。左段除受到力 F 的作用外，还受到右段对它的作用力，此即横截面 $m-m$ 上的内力［见图 6-9（b)］。根据均匀连续性假设，横截面 $m-m$ 上将有连续分布的内力，称为分布内力。分布内力的合力（力或力偶）称为内力。现要求的内力就是图 6-9（b）中的合力 F_N。内力 F_N 的数值可由平衡条件求得。

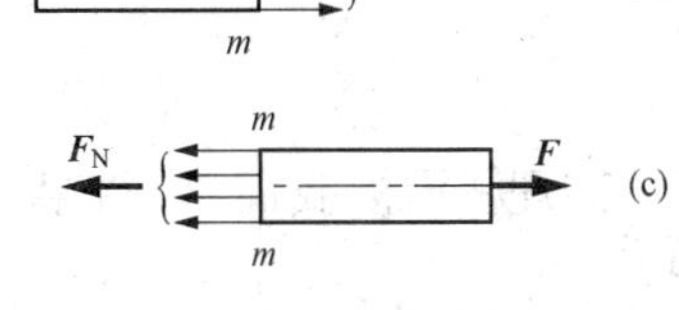

图 6-9　拉压杆的内力分布

左段处于平衡状态，列出平衡方程

$$\sum X = 0,\ F_N - F = 0$$

得

$$F_N = F$$

由于内力 F_N 的作用线与杆轴线重合，故 F_N 称为轴力。

若取右段为研究对象，同样可求得轴力 $F_N=F$［见图 6-9（c)］，但其方向与用左段求出的轴力方向相反。为了使两种算法得到的同一截面上的轴力不仅数值相等，而且符号相同，规定轴力的正、负号如下：引起纵向伸长变形的轴力为正，称为拉力，拉力是背离截面的；引起纵向缩短变形的轴力为负，称为压力，压力是指向截面的。

在计算杆件轴力时，通常未知轴力按正向假设，即假设为拉力，背离截面。若计算结果为正，则表示轴力的实际指向与所设指向相同，轴力为拉力；若计算结果为负，则表示轴力的实际指向与所设指向相反，轴力为压力。

2. 轴力图

当杆受到多个轴向外力作用时，在杆不同截面上的轴力将各不相同。为了表明横截面上的轴力随横截面位置而变化的情况，可用平行于杆轴线的坐标表示横截面的位置，用垂直于杆轴线的坐标表示横截面上轴力的数值，从而绘出表示轴力与截面位置关系的图线，称为轴力图，也称 F_N 图。从该图上即可确定最大轴力的数值及其所在横截面的位置。通常将正值的轴力画在上侧，负值的画在下侧。

【例 6-2】 拉压杆如图 6-10 所示，求横截面 1-1、2-2、3-3 上的轴力，并绘制轴力图。

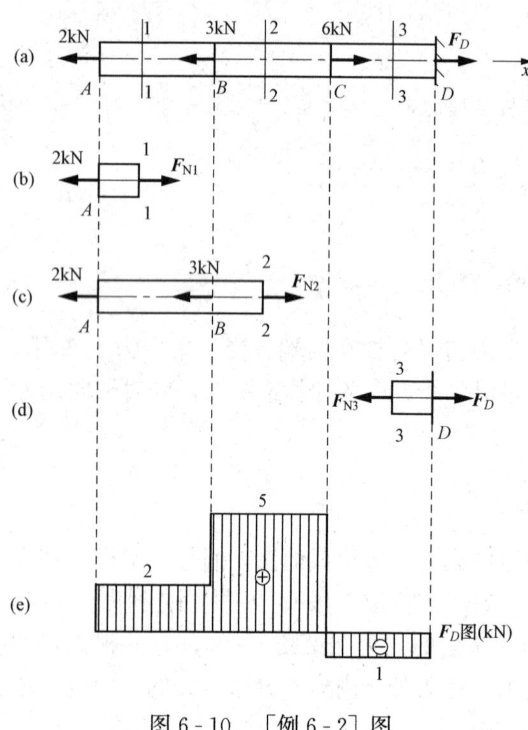

图 6-10 ［例 6-2］图

解 （1）求支座反力。由杆 AD［见图 6-10（a）］的平衡方程

$$\sum X = 0,\ F_D - 2\text{kN} - 3\text{kN} + 6\text{kN} = 0$$

得

$$F_D = -1\text{kN}$$

（2）求横截面 1-1、2-2、3-3 上的轴力。沿横截面 1-1 假想地将杆截开，取左段为研究对象，设截面上的轴力为 F_{N1}［见图 6-10（b）］，由平衡方程

$$\sum X = 0,\ F_{N1} - 2\text{kN} = 0$$

得

$$F_{N1} = 2\text{kN}$$

算得的结果为正，表明 F_{N1} 为拉力。当然，也可以取右段为研究对象来求轴力 F_{N1}，但右段上包含的外力较多，不如取左段简单。因此计算时，应选取受力较简单的部分作为研究对象。

再沿横截面 2-2 假想地将杆截开，仍取左段为研究对象，设截面上的轴力为 F_{N2}［见图 6-10（c）］，由平衡方程

$$\sum X = 0,\ F_{N2} - 2\text{kN} - 3\text{kN} = 0$$

得

$$F_{N2} = 5\text{kN}$$

同理，沿横截面 3-3 将杆截开，取右段为研究对象，可得轴力 F_{N3}［见图 6-10（d）］为

$$F_{N3} = F_D = -1\text{kN}$$

算得的结果为负，表明 F_{N3} 为压力。

根据各段 F_N 值绘出轴力图，如图 6-10（e）所示。由图可知，BC 段各横截面上的轴力最大，最大轴力 $F_{N\max} = 5\text{kN}$。内力较大的截面称为危险截面，例如本题中 BC 段各横截面。

轴力图一般应与受力图对正。在图上应标注内力的数值及单位，在图框内均匀地画出垂直于横轴的纵坐标线，并标明正负号。当杆竖直放置时，正、负值可分别画在杆的任一侧，

并标明正、负号。

6.3　静定平面桁架的内力计算

6.3.1　桁架的特点和组成

梁和刚架在承受荷载时，主要产生弯曲内力，截面上的应力分布是不均匀的，构件的材料不能得到充分的利用。桁架则弥补了上述结构的不足。桁架是由直杆组成，全部由铰结点连接而成的结构。在结点荷载作用下，桁架各杆的内力只有轴力，截面上应力分布是均匀的，充分发挥了材料的作用。因此，桁架是大跨度结构常用的一种形式，如民用房屋和工业厂房中的屋架、托架，大跨度的铁路和公路桥梁，起重设备中的塔架，以及建筑施工中的支架等，见图 6-11。

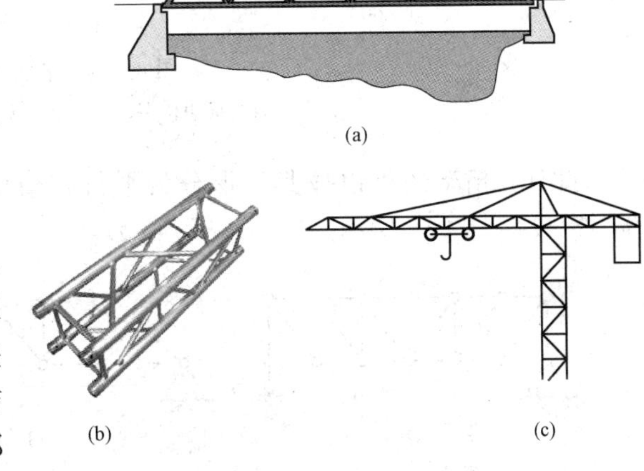

图 6-11　桁架结构

（a）桁架桥；（b）支架；（c）塔架

为了便于计算，通常对工程实际中平面桁架的计算简图作以下假定：

（1）桁架的结点都是光滑的理想铰。

（2）各杆的轴线都是直线，且在同一平面内，并通过铰的中心。

（3）荷载和支座反力都作用在结点上。

符合上述假定的桁架称为理想桁架，理想桁架中各杆的内力只有轴力，然而工程实际中的桁架与理想桁架有着较大的差别。除木桁架的榫接结点比较接近于铰结点外，钢桁架和钢筋混凝土桁架的结点都有很大的刚性，不完全符合理想铰的情况。此外，各杆的轴线不可能绝对平直，各杆的轴线也不可能完全交于一点，荷载也不可能绝对地作用于结点上。因此，实际桁架中的各杆不可能只承受轴力。通常把按上述假定计算得到的桁架内力称为主内力，把由于实际情况与理想情况不完全相符而产生的附加内力称为次内力。理论分析和实测表明，在一般情况下次内力可忽略不计，本书仅讨论主内力的计算。

图 6-12（a）所示为钢筋混凝土桁架，图 6-12（b）为其计算简图。桁架各部分的名称如图 6-13 所示。桁架上、下边缘的杆件分别称为上弦杆和下弦杆，上下弦杆之间的杆件称为腹杆，腹杆又分为竖杆和斜杆。弦杆相邻两结点之间的水平距离 d 称为节间长度，两支座之间的水平距离 l 称为跨度，桁架最高点至支座连线的垂直距离 H 称为桁高。

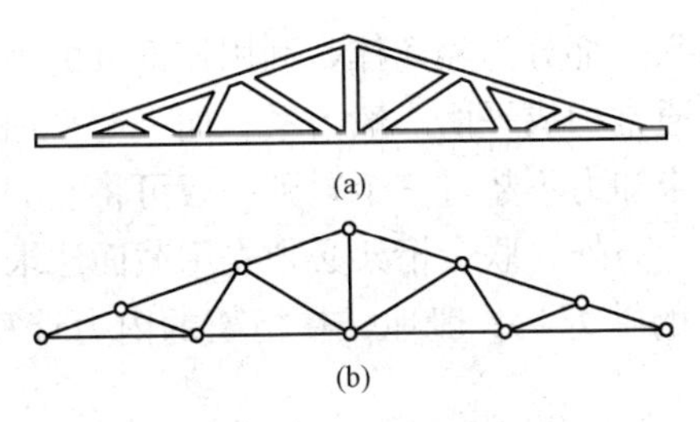

图 6-12　钢筋混凝土桁架

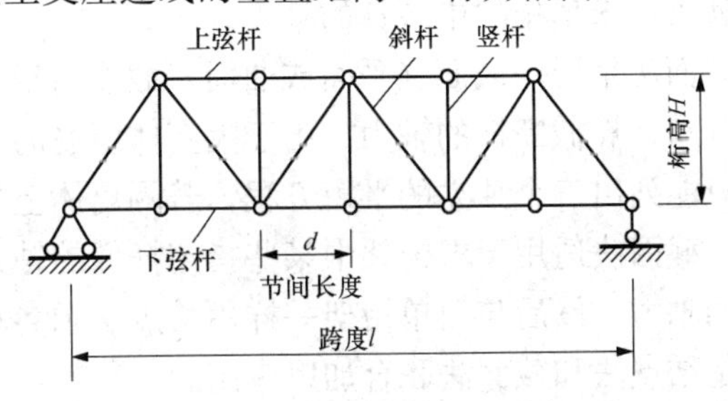

图 6-13　钢筋混凝土桁架计算简图

6.3.2 桁架的分类

按桁架的几何组成规律可把平面静定桁架分为以下三类：

(1) 简单桁架。由基础或一个铰接三角形开始，依次增加二元体而组成的桁架称为简单桁架，如图 6-14 (a) 所示。

(2) 联合桁架。由几个简单桁架按照几何不变体系的组成规则，联合组成的桁架称为联合桁架，如图 6-14 (b) 所示。

(3) 复杂桁架。凡不按上述两种方式组成的桁架均称为复杂桁架，如图 6-14 (c) 所示。

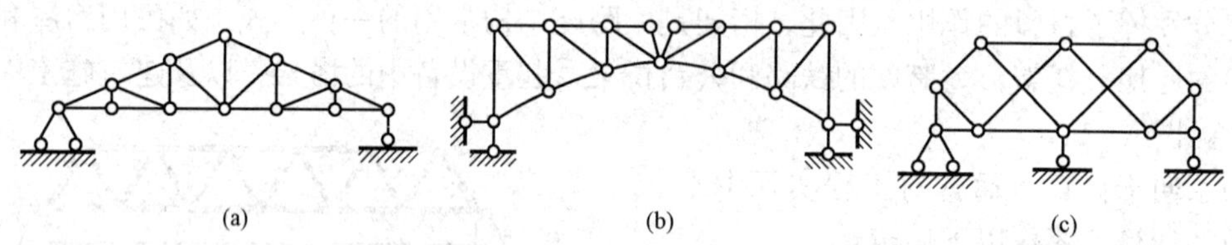

图 6-14 平面静定桁架

(a) 简单桁架；(b) 联合桁架；(c) 复杂桁架

此外，桁架还可以按其外形分为平行弦桁架、抛物线形桁架、三角形桁架等，如图 6-15 (a) ～ (c) 所示。

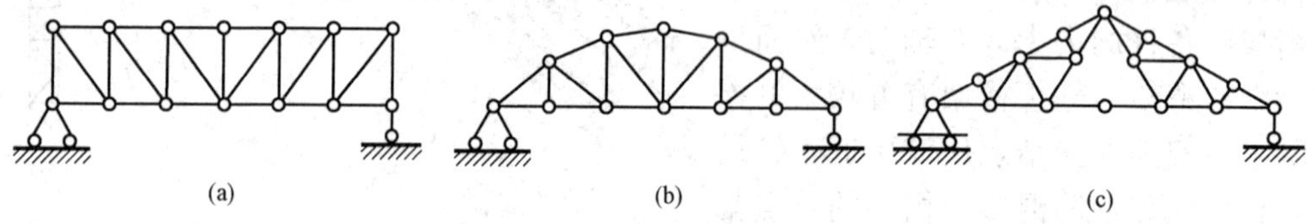

图 6-15 各种形式桁架

(a) 平行弦桁架；(b) 抛物线形桁架；(c) 三角形桁架

6.3.3 平面静定桁架的内力计算

1. 内力计算的方法

平面静定桁架内力的计算方法通常有结点法和截面法两种。

结点法是截取桁架的一个结点为隔离体，利用该结点的静力平衡方程来计算截断杆的轴力。由于作用于桁架任一结点上的各力（包括荷载、支座反力和杆件的轴力）构成了一个平面汇交力系，而该力系只能列出两个独立的平衡方程，因此所取结点的未知力数目不能超过两个。结点法适用于简单桁架的内力计算。一般先从未知力不超过两个的结点开始，依次计算，就可以求出桁架中各杆的轴力。

截面法是用一截面（平面或曲面）截取桁架的某一部分为隔离体，利用该部分的静力平衡方程来计算截断杆的轴力。由于隔离体所受的力通常构成平面一般力系，而一个平面一般力系只能列出三个独立的平衡方程，若隔离体上的未知力不超过三个，则一般可将它们全部求出。截面法适用于求桁架中某些指定杆件的轴力。另外，联合桁架必须先用截面法求出联系杆的轴力，然后与简单桁架一样用结点法求各杆的轴力。一般地，在桁架的内力计算中，往往是结点法和截面法联合加以应用。

在桁架的内力计算中，一般先假定各杆的轴力为拉力，若计算的结果为负值，则该杆的轴力为压力。此外，为避免求解联立方程，应恰当地选取矩心和投影轴，尽可能使一个平衡方程中只包含一个未知力。

2. 零杆的判定

桁架中有时会出现轴力为零的杆件，称为零杆。在计算内力之前，如果能把零杆找出，将会使计算得到简化。通常在下列几种情况中会出现零杆：

（1）不共线的两杆组成的结点上无荷载作用时，该两杆均为零杆。

（2）不共线的两杆组成的结点上有荷载作用时，若荷载与其中一杆共线，则另一杆必为零杆。

（3）三杆组成的结点上无荷载作用时，若其中有两杆共线，则另一杆必为零杆，且共线的两杆内力相等且符号相同。

3. 比例关系的应用

在列平衡方程时，经常要将桁架中斜杆的轴力 F_N 分解成水平分力 F_{Nx} 和竖向分力 F_{Ny}（见图 6-16），F_N、F_{Nx}、F_{Ny} 构成一个三角形。杆件 AB 的长度 l 及其在水平方向的投影长度和竖直方向的投影长度也构成了一个三角形，如图 6-16 所示，由于两个三角形相似，因而存在如下的比例关系，即

$$\frac{F_N}{l}=\frac{F_{Nx}}{l_x}=\frac{F_{Ny}}{l_y} \tag{6-1}$$

应用上述比例关系，可以避免计算斜杆的倾角 θ 及其三角函数，以减少工作量。

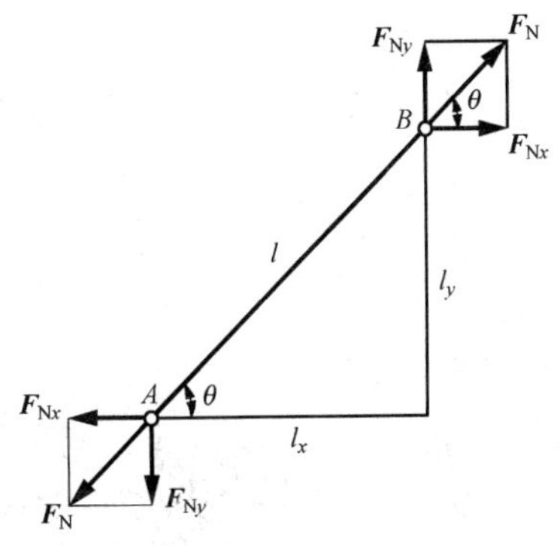

图 6-16　桁架中斜杆的轴力分解

【例 6-3】　求图 6-17（a）所示桁架各杆的内力。

解　（1）求支座反力。取桁架整体为研究对象，列出平衡方程为

$$\begin{cases}\sum M_A=0,\ F_{By}\times 12-10\times 12-20\times 9-20\times 6-20\times 3=0\\ \sum X=0,\ F_{Ax}=0\\ \sum Y=0,\ F_{Ay}+F_{By}-20\times 3-10\times 2=0\end{cases}$$

解得 $F_{Ax}=0$，$F_{Ay}=40\text{kN}$，$F_{By}=40\text{kN}$。

（2）求各杆的内力，在计算之前先找出零杆。由对结点 C、G 的分析，可知杆 CD、GH 为零杆。

此桁架和荷载都是对称的，桁架中杆件的内力也是对称分布的，只要计算一半杆件的内力即可，现计算左半部分。从只包含两个未知力的结点 A 开始，顺序取结点 C、D、E 为隔离体进行计算。

（3）取结点 A 为隔离体［见图 6-17（b）］，列平衡方程为

$$\begin{cases}\sum X=0,\ F_{NAC}+F_{NAD}\times\dfrac{3}{3.35}=0\\ \sum Y=0,\ F_{Ay}+F_{NAD}\times\dfrac{1.5}{3.35}-10=0\end{cases}$$

解得 $F_{NAC}=60\text{kN}$，$F_{NAD}=-67\text{kN}$。

(4) 取结点 C 为隔离体 [见图 6-17 (c)]，列平衡方程为

$$\sum X=0,\ F_{NCF}-F_{NAC}=0$$

解得 $F_{NCF}=60\text{kN}$。

(5) 取结点 D 为隔离体 [见图 6-17 (d)]，列平衡方程为

$$\begin{cases}\sum X=0,\ F_{NDE}\times\dfrac{3}{3.35}+F_{NDF}\times\dfrac{3}{3.35}-F_{NAD}\times\dfrac{3}{3.35}=0\\ \sum Y=0,\ F_{NDE}\times\dfrac{1.5}{3.35}-F_{NDF}\times\dfrac{1.5}{3.35}-F_{NAD}\times\dfrac{1.5}{3.35}-20=0\end{cases}$$

解得 $F_{NDE}=-44.7\text{kN}$，$F_{NDF}=-22.4\text{kN}$。

(6) 取结点 E 为隔离体 [见图 6-17 (e)]，列平衡方程为

$$\sum Y=0,\ -F_{NEF}-F_{NDE}\times\frac{1.5}{3.35}-F_{NEH}\times\frac{1.5}{3.35}-20=0$$

解得 $F_{NEF}=20\text{kN}$。

内力计算完毕，将各杆的轴力标在图上，图中轴力的单位为 kN。

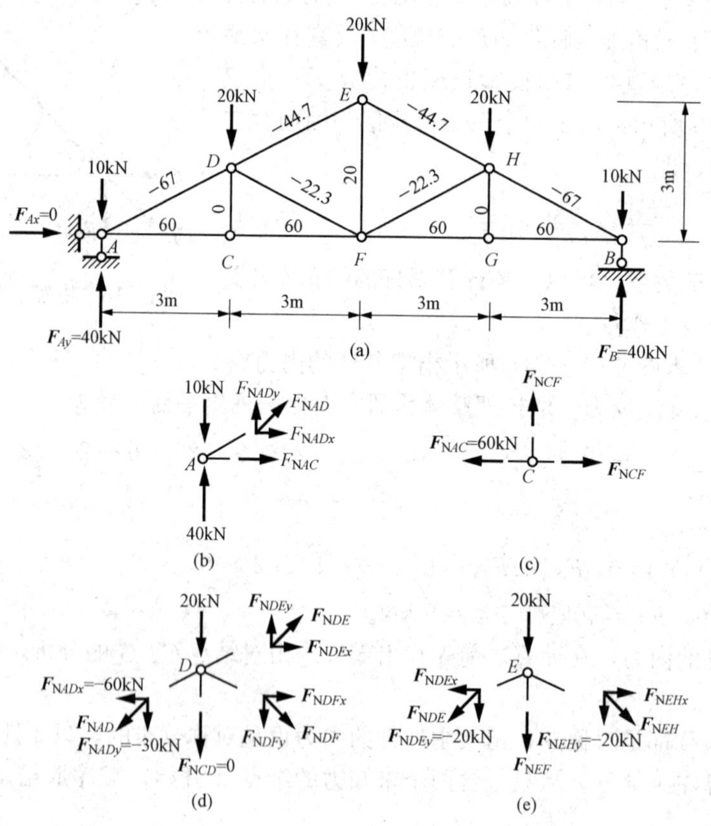

图 6-17 [例 6-3] 图

【例 6-4】 求图 6-18 所示桁架中杆 1、2、3 的轴力。

解 这是一榀简单桁架，当只求个别杆件的内力时，采用截面法比较方便。

(1) 计算支座反力，取桁架整体为研究对象，列出平衡方程为

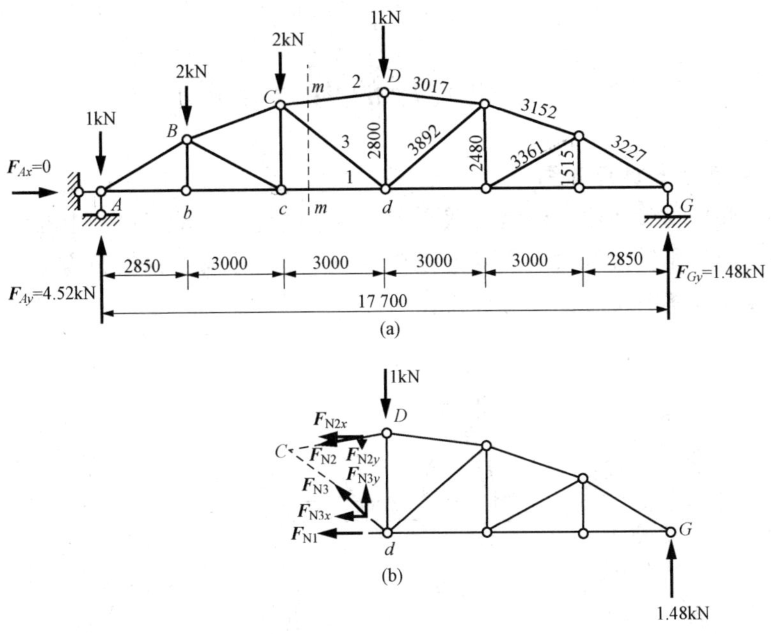

图 6-18 ［例 6-4］图

$$\begin{cases}\sum M_A = 0,\ F_{Gy} \times 17.7 - 1 \times 8.85 - 2 \times 5.85 - 2 \times 2.85 = 0 \\ \sum X = 0,\ F_{Ax} = 0 \\ \sum Y = 0,\ F_{Ay} + F_{Gy} - 6 = 0\end{cases}$$

解得 $F_{Ax}=0$，$F_{Ay}=4.52\text{kN}$，$F_{Gy}=1.48\text{kN}$。

(2) 计算杆 1、2、3 的轴力。作截面 $m-m$，切断 1、2、3 三杆，取右边部分为隔离体，其中共有三个未知力 F_{N1}、F_{N2}、F_{N3}，全部设为拉力，可利用隔离体的三个平衡方程求出。

应用平衡方程求轴力时，应注意避免解联立方程。例如，为了求未知力 F_{N1}，可取其他未知力 F_{N2} 和 F_{N3} 的交点 C 为力矩中心，列出力矩平衡方程。这时，轴力 F_{N1} 就是方程中唯一的未知量，因而可直接求出如下：

$$\sum M_C = 0,\ -F_{N1} \times 2.48 - 1 \times 3.00 + 1.48 \times 11.85 = 0$$

得

$$F_{N1} = 5.86\text{kN}$$

同样，求 F_{N2} 时，取 F_{N1} 与 F_{N3} 的交点 d 为力矩中心，即

$$\sum M_d = 0,\ F_{N2} \times \frac{3}{3.017} \times 2.8 + 1.48 \times 8.85 = 0$$

得

$$F_{N2} = -4.70\text{kN}$$

求 F_{N3} 时，可利用在 x 方向的投影平衡方程，即

$$\sum X = 0,\ -F_{N2} \times \frac{3}{3.017} - F_{N1} - F_{N3} \times \frac{3}{3.892} = 0$$

得

$$F_{N3} = -1.54\text{kN}$$

6.4 扭转轴的内力分析

6.4.1 工程实例与计算简图

在工程结构和机械设备中，经常会遇到承受扭转的杆件。例如机器中的传动轴、钻机的钻杆及房屋工程中的雨篷梁和边梁等（见图 6-19）。工程中常把以扭转为主要变形的杆件称为轴，本节主要讲述等直圆轴的内力分析。

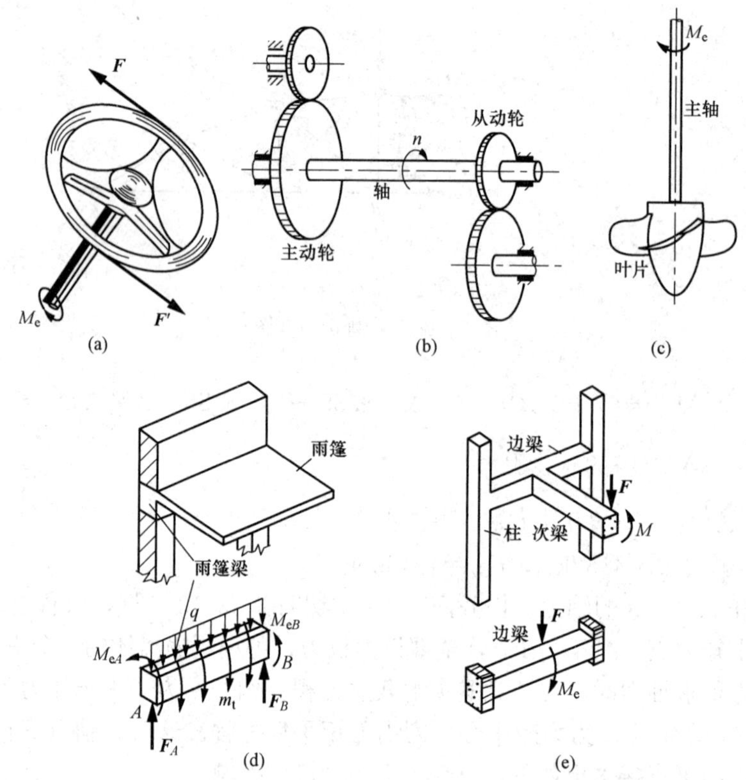

图 6-19 受扭杆件工程实例

受扭杆件的受力特点是：在杆件两端受到两个作用面垂直于杆轴线的力偶作用，两力偶大小相等、转向相反。其变形特点是：杆件任意两个横截面都绕杆轴线作相对转动，两横截面之间的相对角位移称为扭转角，用 φ 表示。

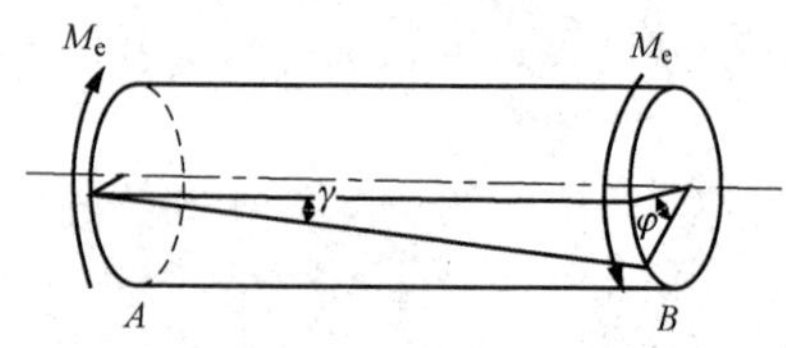

图 6-20 受扭杆件的计算简图

图 6-20 是受扭杆件的计算简图，其中 φ 表示截面 B 相对于截面 A 的扭转角。扭转时，杆的纵向线发生微小倾斜，表面纵向线的倾斜角用 γ 表示。

6.4.2 扭矩和扭矩图

1. 外力偶矩的计算

工程中作用于轴上的外力偶矩一般不直接给出，而是给出轴的转速和轴所传递的功率。这时需先由转速及功率计算出相应的外力偶矩。

由物理学可知，矩为 M_e 的外力偶产生角位移 φ 时，所做的功为

$$W = M_e\varphi \tag{6-2}$$

轴转动一周时，外力偶所做的功为

$$W = 2\pi M_e \tag{6-3}$$

若轴的转速为 n，单位为 r/min，则外力偶每分钟所做的功为

$$W = 2\pi n M_e \tag{6-4}$$

若功率用 P 表示，单位为 kW，则外力偶每分钟所做的功也可表示为

$$W = 60P \tag{6-5}$$

式（6-4）与式（6-5）表达的功是相同的，故

$$60P = 2\pi n M_e \tag{6-6}$$

得

$$M_e = 9.55\frac{P}{n} \tag{6-7}$$

式中　M_e——轴上某处的外力偶矩，kN·m；

P——轴上某处输入或输出的功率，kW；

n——轴的转速，r/min。

对于外力偶的转向，主动轮上外力偶的转向与轴的转动方向相同，而从动轮上外力偶的转向与轴的转动方向相反，如图 6-21 所示。

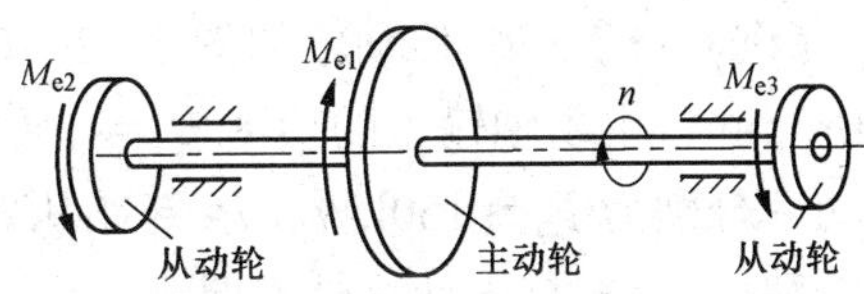

图 6-21　传力轴

2. 扭矩

确定了作用于轴上的外力偶矩之后，就可以应用截面法求解任一横截面上的内力。设有一圆截面轴如图 6-22（a）所示，在外力偶矩 M_e 作用下处于平衡状态，现求其任一横截面 $m-m$ 上的内力。

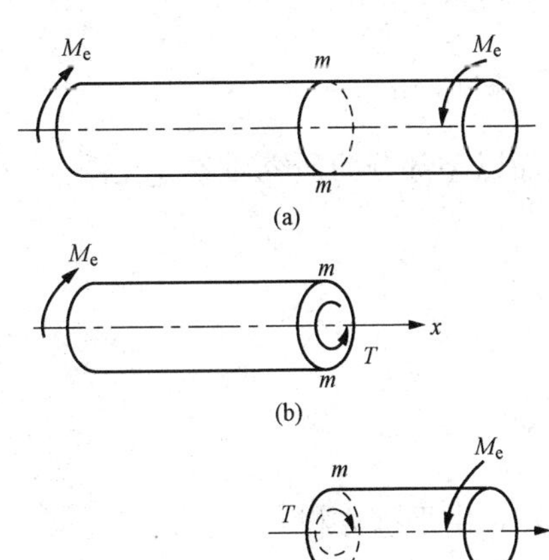

图 6-22　扭转杆件内力

假想将轴在 $m-m$ 处截开，任取其中一段，例如取左段为研究对象，见图 6-22（b）。由于左端有外力偶矩作用，为使其保持平衡，$m-m$ 横截面上必存在一个内力偶矩。它是横截面上分布内力的合力偶矩，称为扭矩，用 T 来表示。由空间力系的平衡方程

$$\sum M_x = 0,\ T - M_e = 0$$

得

$$T = M_e$$

若取右段为研究对象，也可得到相同的结果［见图 6-22（c）］，但扭矩的转向相反。

为了使同一截面上的扭矩不仅数值相等，而且符号相同，对扭矩 T 的正负号做出以下规定：使右手四指的握向与扭矩的转向一致，若拇指指向截面外法线，则扭矩为正，反之为负。显然，图 6-23 中 $m-m$ 横截面上的扭矩为正。

与求轴力一样，用截面法计算扭矩时，通常假定扭矩为正。

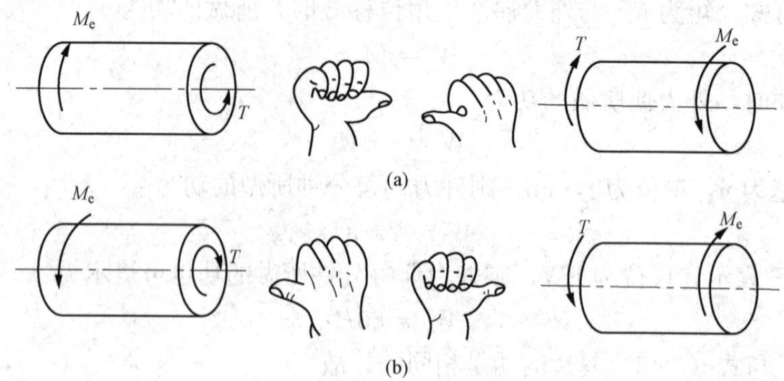

图 6-23 右手螺旋定理

3. 扭矩图

为了直观地表示出轴的各个横截面上扭矩的变化规律，与轴力图一样用平行于轴线的横坐标表示各横截面的位置，垂直于轴线的纵坐标表示各横截面上扭矩的数值，选择适当的比例尺，将扭矩随截面位置的变化规律绘制成图，称为扭矩图。在扭矩图中，把正扭矩画在横坐标轴的上方，负扭矩画在下方。

【例 6-5】 一传动轴如图 6-24（a）所示［图 6-24（b）为其计算简图］，其转速 $n=300\text{r/min}$，主动轴输入的功率 $P_1=500\text{kW}$。若不计轴承摩擦所耗的功率，三个从动轮输出的功率分别为 $P_2=150\text{kW}$、$P_3=150\text{kW}$ 及 $P_4=200\text{kW}$。试作轴的扭矩图。

解 （1）首先计算外力偶矩：

$$M_1=9.55\times\frac{500}{300}\text{kN}\cdot\text{m}=15.9\text{kN}\cdot\text{m}$$

$$M_2=M_3=9.55\times\frac{150}{300}\text{kN}\cdot\text{m}=4.78\text{kN}\cdot\text{m}$$

$$M_4=9.55\times\frac{200}{300}\text{kN}\cdot\text{m}=6.37\text{kN}\cdot\text{m}$$

（2）计算各段轴内的扭矩。利用截面法，取 1-1 截面以左部分为研究对象［见图 6-24（c）］，由平衡方程

$$\sum M_x=0,\ T_1+M_2=0$$

得

$$T_1=-4.78\text{kN}$$

T_1 为负值，表示假定的扭矩方向与实际方向相反。

再取 2-2 截面以左部分为研究对象［见图 6-24（d）］，由平衡方程

$$\sum M_x=0,\ T_2+M_2+M_3=0$$

得

$$T_2=-9.56\text{kN}$$

最后取 3-3 截面以右部分为研究对象［见图 6-24（e）］，由平衡方程

$$\sum M_x=0,\ T_3-M_4=0$$

得

$$T_3 = 6.37\text{kN}$$

根据这些扭矩即可绘出扭矩图［见图 6-24（f）］。从图中可知，最大扭矩 T_{max}发生在 CA 段内，其值为 9.56kN。

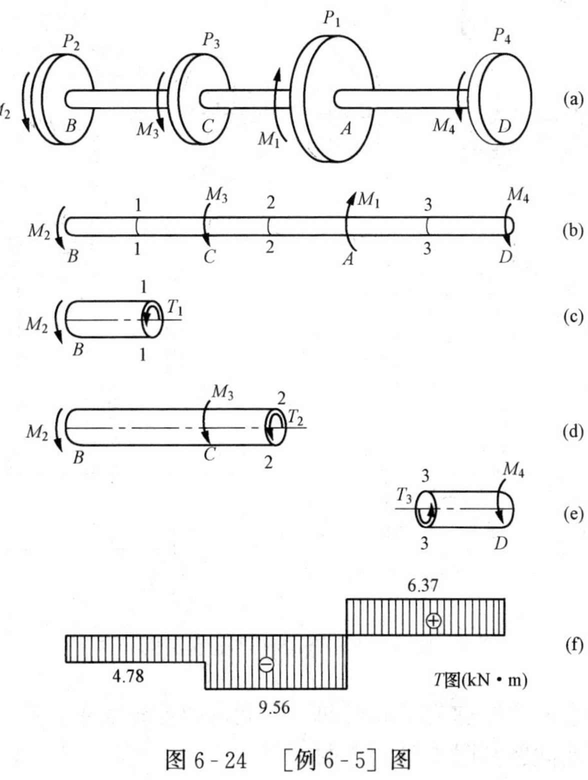

图 6-24　［例 6-5］图

6.5　单跨梁的剪力图和弯矩图

6.5.1　工程实例与计算简图

1. 弯曲的工程实例

工程中有大量的杆件，它们所承受的荷载是作用线垂直于杆件轴线的横向力，或者是通过杆轴平面内的外力偶。在这些外力的作用下，杆件的横截面会发生相对的转动，杆件的轴线将弯成曲线，这种变形称为弯曲变形。以弯曲为主要变形的杆件称为梁。

梁是工程中应用得非常广泛的一种构件。例如房屋建筑中的楼面梁［见图 6-25（a）］，受到楼面荷载的作用将发生弯曲变形；阳台挑梁［见图 6-25（b）］，在阳台板重量等荷载作用下也会发生弯曲变形；挡土墙［见图 6-25（c）］；吊车梁、桥梁中的主梁［见图 6-25（d）］及支承闸门启闭机的纵梁［见图 6-25（e）］等，都是受弯构件。

2. 梁的平面弯曲的概念

工程中常用的梁的横截面都具有一个竖向对称轴，例如图 6-26（a）中的矩形、圆形、工字形和 T 形梁等。梁的轴线与梁的横截面的竖向对称轴构成平面，称为梁的纵向对称面，见图 6-26（b）。如果梁的外力都作用于梁的纵向对称面内，则梁的轴线将在此对称面内弯

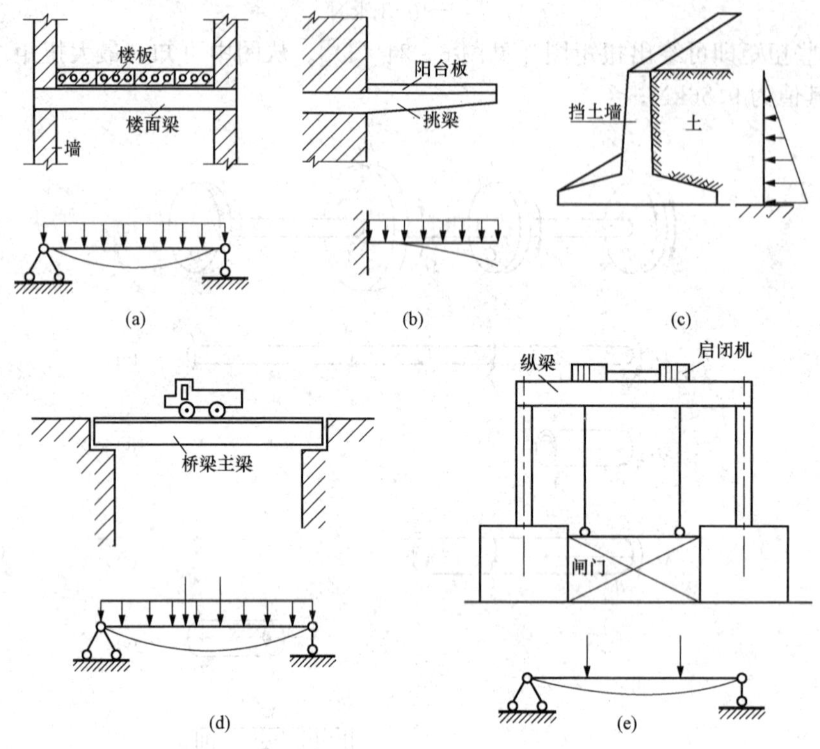

图 6-25　弯曲构件工程实例

成一条曲线，这样的弯曲变形称为平面弯曲。平面弯曲比较简单，在实际中遇到的也最为普遍。本章所研究的弯曲问题都限于平面弯曲。

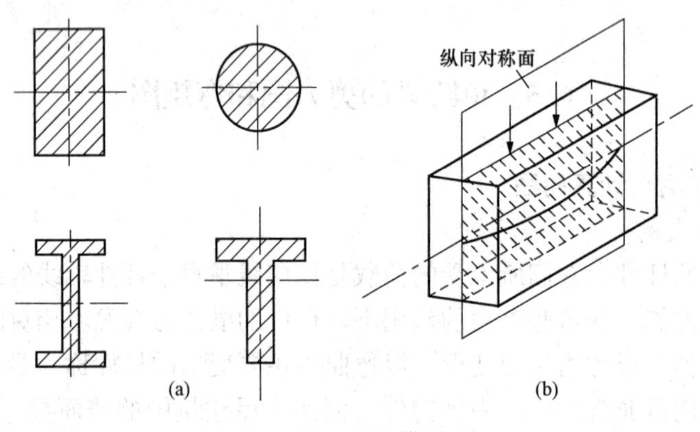

图 6-26　梁的横截面

3. 梁的计算简图

为了便于对梁进行强度和刚度分析，须对梁的几何形状、约束和荷载进行简化。

（1）梁几何形状的简化：通常用梁的轴线来代表梁。

（2）荷载的简化：梁上的荷载一般简化为集中力、集中力偶或分布荷载。

（3）支座的简化：梁的支座有固定铰支座、活动铰支座和固定端支座三种理想情况。固定铰支座限制梁在支座处沿水平方向和铅垂方向移动，但并不限制梁绕铰中心转动。因此，固定铰支座提供 2 个约束，相应地就有 2 个支座反力，即水平支座反力 F_{Rx} 和铅垂支座反力 F_{Ry} [见图 6 - 27 (a)]；活动铰支座只限制梁在支座处沿垂直于支承面方向移动，它对梁在支座处仅有 1 个约束，相应地也只有 1 个垂直于支承面的支座反力 F_R [见图 6 - 27 (b)]；固定端支座使梁的端截面既不能移动，也不能转动；因此对梁的端截面有 3 个约束，相应地就有 3 个支座反力，即水平支座反力 F_{Rx}、铅垂支座反力 F_{Ry} 和矩为 M_R 的支座反力偶 [见图 6 - 27 (c)]。

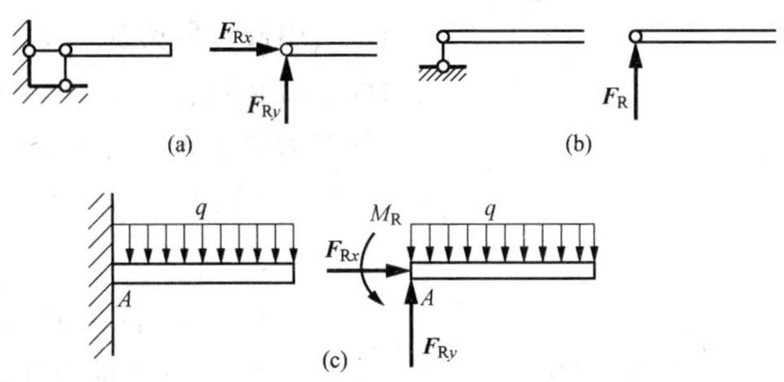

图 6 - 27　梁的计算简图

4. 常见梁的形式

工程中常见的梁按支座情况分有下列三种典型形式：

(1) 简支梁：一段为固定铰支座，另一端为可动铰支座的梁，见图 6 - 28 (a)。

(2) 外伸梁：梁身一端或两端伸出支座外的简支梁，见图 6 - 28 (b)。

(3) 悬臂梁：一端为固定支座，另一端为自由的梁，见图 6 - 28 (c)。

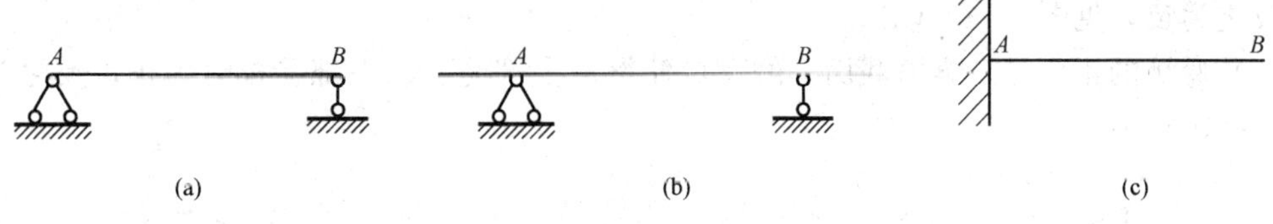

图 6 - 28　工程中常见的梁

以上三种梁都可以用静力平衡方程来计算约束力，属于静定梁。有时为了保证梁的强度和刚度，为一个梁设置较多的支座，从而使梁的约束力数目多于独立平衡方程的数目，此时仅用平衡方程就无法确定其所有的支反力，这种梁称为超静定梁。本节仅介绍静定梁的相关知识。

梁在两支座间的部分称为跨，其长度则称为梁的跨长或跨度。常见的静定梁大多是单跨的。

6.5.2　剪力与弯矩

梁在外力作用下，横截面上的内力可通过截面法求得。图 6 - 29 (a) 所示的简支梁在外力作用下处于平衡状态，讨论梁任意横截面 $m-m$ 上的内力。

首先求出支座反力 F_{Ay} 与 F_B，然后假想地沿横截面 $m-m$ 处把梁截开为左、右两段，取其中任一段，例如左段作为研究对象，将右段梁对左段梁的作用以横截面上的内力来代替。

由图 6 - 29 (b) 可见，为使左段梁平衡，在横截面 $m-m$ 上必然存在一个大小与 F_{Ay} 相

等，方向与 F_{Ay} 相反的力 F_S。由平衡方程

$$\sum Y = 0,\ F_{Ay} - F_S = 0$$

得

$$F_S = F_{Ay}$$

F_S 称为剪力，常用的单位为 N 或 kN。

同时，F_{Ay} 对 $m-m$ 截面的形心 O 点将有一个力矩，会引起左段梁的转动。为使梁不发生转动，在截面上就必须有一个与上述力矩大小相等、转向相反的力偶矩 M，才能保持平衡。由平衡方程

$$\sum M_O = 0,\ M - F_{Ay}x = 0$$

得

$$M = F_{Ay}x$$

这个内力偶矩 M 称为弯矩，它的常用单位为 N·m 或 kN·m。

如果取右段梁为研究对象，同样可以求得横截面 $m-m$ 上的剪力 F_S 和弯矩 M［见图 6-29（c)］，且数值与上述结果相等，只是方向相反。

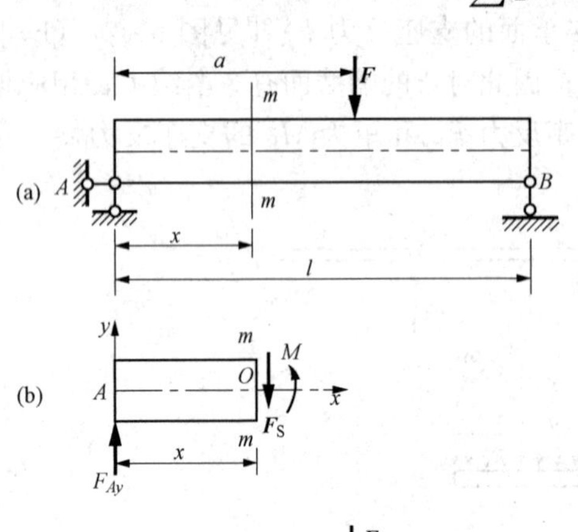

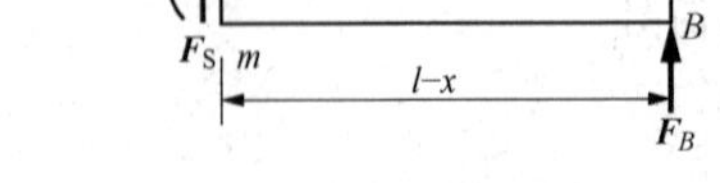

图 6-29 梁的内力计算

为了使无论取左段梁还是取右段梁得到的同一横截面上的 F_S 和 M 不仅大小相等，而且正负号一致，根据变形来规定 F_S、M 的正负号：

（1）剪力的正负号。梁横截面上的剪力对所取梁段内任一点的矩为顺时针方向转动时为正，反之为负，见图 6-30（a）。

（2）弯矩的正负号。梁横截面上的弯矩使梁段上部受压、下部受拉时为正，反之为负，见图 6-30（b）。

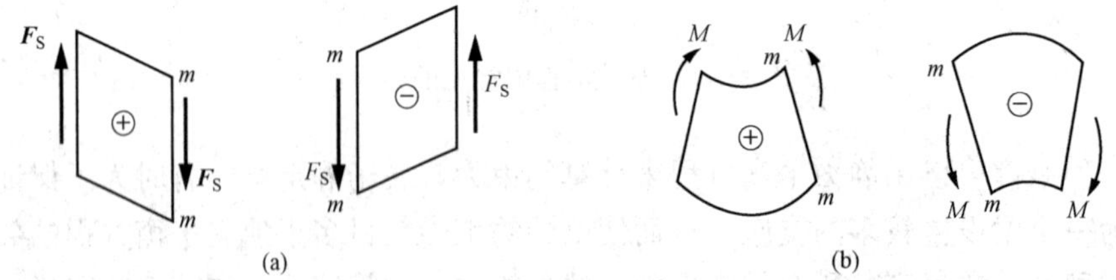

图 6-30 梁的内力符号规定

根据上述正负号规定，在图 6-30 的两种情况中，横截面 $m-m$ 上的剪力和弯矩均为正。

【例 6-6】 简支梁如图 6-31（a）所示，求横截面 1-1、2-2 及 3-3 上的剪力和弯矩。

解 （1）求支座反力。由梁的平衡方程求得支座 A、B 处的反力为

$$F_{Ay} = 10\text{kN},\ F_B = 10\text{kN}$$

（2）求横截面 1-1 上的剪力和弯矩。假想地沿横截面 1-1 把梁截开成两段，取左段梁为研究对象，设横截面上的剪力 F_{S1} 和弯矩 M_1 均为正，列出平衡方程为

$$\sum Y=0,\ F_{Ay}-F_{S1}=0$$

$$\sum M_O=0,\ M_1-F_{Ay}\times 1=0$$

得

$$F_{S1}=10\text{kN},\ M_1=10\text{kN}\cdot\text{m}$$

计算结果 F_{S1} 与 M_1 均为正，表明两者的实际方向与假设相同，即 F_{S1} 为正剪力，M_1 为正弯矩。

（3）求横截面 2－2 上的剪力和弯矩。假想地沿横截面 2－2 把梁截开成两段，取左段梁为研究对象，设横截面上的剪力 F_{S2} 和弯矩 M_2 均为正，列出平衡方程为

$$\sum Y=0,\ F_{Ay}-F_1-F_{S2}=0$$

$$\sum M_O=0,\ M_2-F_{Ay}\times 4+F_1\times 2=0$$

得

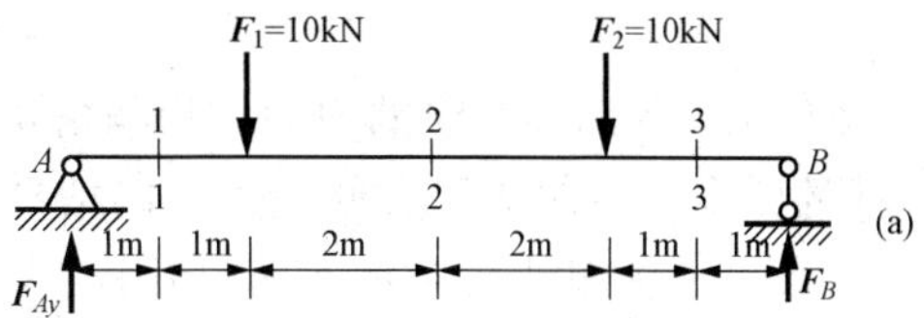

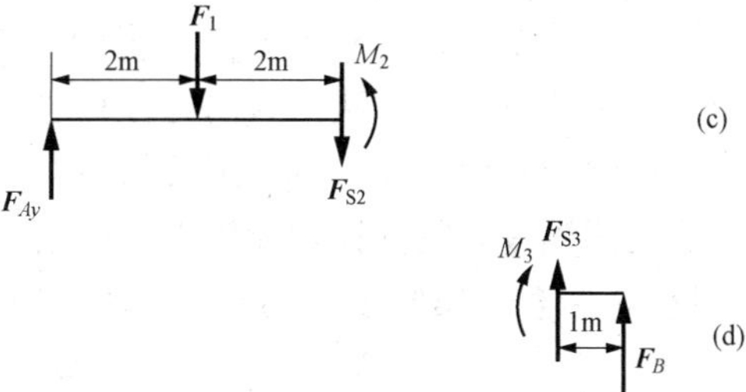

图 6－31　［例 6－6］图

$$F_{S2}=0,\ M_2=20\text{kN}\cdot\text{m}$$

（4）求横截面 3－3 上的剪力和弯矩。假想地沿横截面 3－3 把梁截开成两段，取右段梁为研究对象，设横截面上的剪力 F_{S3} 和弯矩 M_3 均为正，列出平衡方程为

$$\sum Y=0,\ F_{By}+F_{S3}=0$$

$$\sum M_O=0,\ F_{By}\times 1-M_3=0$$

得

$$F_{S3}=-10\text{kN},M_3=10\text{kN}\cdot\text{m}$$

计算结果 F_{S3} 为负，表明 F_{S3} 的实际方向与假设相反，即 F_{S3} 为负剪力，M_3 为正弯矩。

从上面例题的计算过程可以总结出内力计算的以下规律：

（1）横截面上的剪力在数值上等于截面左侧或右侧梁段上外力的代数和。左侧梁段向上的外力或右侧梁段向下的外力将引起正值剪力，反之则引起负值剪力。

（2）横截面上的弯矩在数值上等于截面左侧或右侧梁段上的外力对该截面形心的力矩的代数和。无论在截面的左侧或右侧，向上的外力均将引起正值弯矩，而向下的外力则引起负值弯矩。对于截面左侧梁段上的外力偶，顺时针转向的引起正值弯矩，逆时针转向的引起负值弯矩；而截面右侧梁段上的外力偶则与其相反。

利用上述规律，可以直接根据横截面左侧或右侧梁上的外力来求该截面上的剪力和弯矩，而不必列出平衡方程。

6.5.3　剪力图与弯矩图

1. 剪力方程与弯矩方程

一般情况下，梁横截面上的剪力和弯矩都随截面位置的不同而变化。若沿梁的轴线建立 x 轴，以坐标 x 表示梁的横截面位置，则梁横截面上的剪力和弯矩均可以表示成坐标 x 的函数，即

$$F_S = F_S(x),\ M = M(x) \qquad (6-8)$$

以上两式分别称为梁的剪力方程与弯矩方程。在写这两个方程时，一般是以梁的左端为 x 坐标的原点，有时为了方便，也可以把坐标原点取在梁的右端。

2. 用内力方程法绘制剪力图与弯矩图

与轴力图和扭矩图一样，我们用剪力图和弯矩图来表示梁各横截面上的剪力和弯矩沿梁轴线的变化情况。用与梁轴线平行的 x 轴表示横截面的位置，以横截面上的剪力值或弯矩值为纵坐标，按适当的比例绘出剪力方程或弯矩方程的图线，这种图线称为剪力图或弯矩图。绘图时将正剪力绘在 x 轴上方，负剪力绘在 x 轴下方，并标明正负号；正弯矩绘在 x 轴下方，负弯矩绘在 x 轴上方，即将弯矩图绘在梁的受拉侧，而不需标明正负号。这种绘制剪力图和弯矩图的方法称为内力方程法，这是绘制内力图的基本方法。

由剪力图和弯矩图可以确定梁的最大内力的数值及其所在的横截面位置，即梁的危险截面，为梁的强度和刚度计算提供重要依据。

【例 6-7】 绘制图 6-32（a）所示简支梁的剪力图和弯矩图。

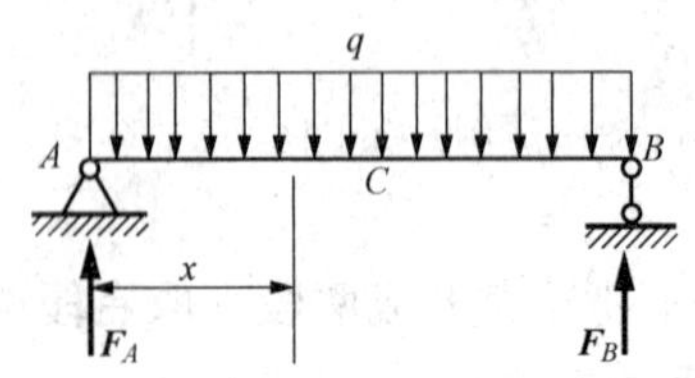

(a)

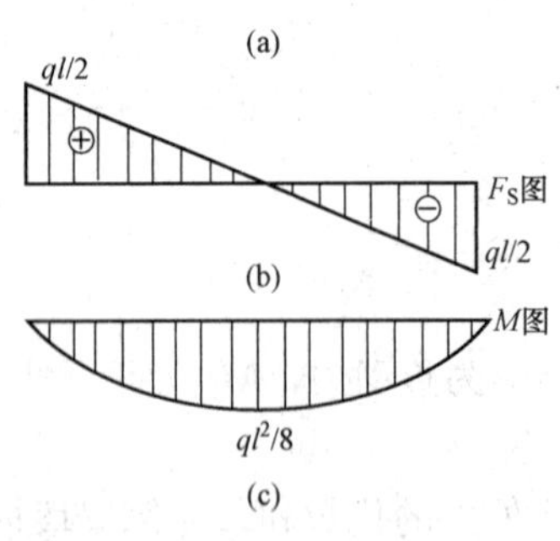

图 6-32 ［例 6-7］图

解 （1）求解支座反力。选取简支梁整体为研究对象，根据平衡方程 $\sum M_A = 0$、$\sum M_B = 0$，得

$$F_A = F_B = \frac{ql}{2}$$

（2）列剪力方程和弯矩方程。取图中 A 点为坐标原点，建立 x 坐标轴，根据坐标为 x 的横截面以左梁上的外力列出剪力方程和弯矩方程，即

$$F_S(x) = F_A - qx = \frac{ql}{2} - qx \quad (0 < x < l)$$

$$M(x) = F_A x - q\frac{x^2}{2} = \frac{ql}{2}x - \frac{q}{2}x^2 \quad (0 \leqslant x \leqslant l)$$

因在支座 A、B 处有集中力作用，剪力在此两截面处有突变，而且为不定值，故剪力方程的适用范围用开区间的符号表示；弯矩值在该两截面处没有突变，弯矩方程的适用范围用闭区间的符号表示。

（3）绘制剪力图和弯矩图。由剪力方程可以看出，该梁的剪力图是一条直线，只要算出两个点的剪力值就可以绘出：

$$x = 0,\ F_{SA} = \frac{ql}{2}$$

$$x = l,\ F_{SB} = \frac{ql}{2}$$

由弯矩方程可知，弯矩图是一条抛物线，至少要计算出三个点的弯矩值才能大致绘出：

$$x = 0,\ M_A = 0$$

$$x = \frac{l}{2},\ M_C = \frac{ql^2}{8}$$

$$x = l,\ M_B = 0$$

根据求出的各值，绘出梁的剪力图和弯矩图分别如图 6-32（b）、（c）所示，由图可见，

最大剪力发生在靠近两支座的横截面上，其值为 $|F_S|_{max}=\frac{ql}{2}$；最大弯矩发生在跨中截面，其值为 $M_{max}=\frac{ql^2}{8}$，该截面上的剪力为零。

【例 6-8】　绘制图 6-33（a）所示简支梁的剪力图和弯矩图。

解　（1）求支座反力。由平衡方程 $\sum M_A=0$、$\sum M_B=0$，得

$$F_A=\frac{Fb}{l},\ F_B=\frac{Fa}{l}$$

（2）列剪力方程和弯矩方程。取图中 A 点为坐标原点，建立 x 坐标轴。由于梁在 C 点处有集中荷载 F 的作用，集中荷载两侧的梁段剪力和弯矩方程均不相同，故需将梁分为 AC 和 CB 两段，分别写出其剪力和弯矩方程。

对于 AC 段梁，其剪力和弯矩方程分别为

$$F_S(x)=F_A=\frac{Fb}{l}\quad(0<x<a)$$

$$M(x)=F_Ax=\frac{Fb}{l}x\quad(0\leqslant x\leqslant a)$$

对于 BC 段梁，剪力和弯矩方程分别为

$$F_S(x)=F_A-F=-\frac{Fa}{l}\quad(a<x<l)$$

$$M(x)=F_B(l-x)=\frac{Fa}{l}(l-x)\quad(a\leqslant x\leqslant l)$$

（3）绘剪力图和弯矩图。由剪力方程可知，两段梁的剪力图均为平行于 x 轴的直线。在集中力作用处剪力图出现向下的突变［见图 6-33（b）］，突变值等于集中力的大小。由弯矩方程可知，两段梁的弯矩图均为斜直线，两直线的斜率不同，如图 6-33（c）所示。

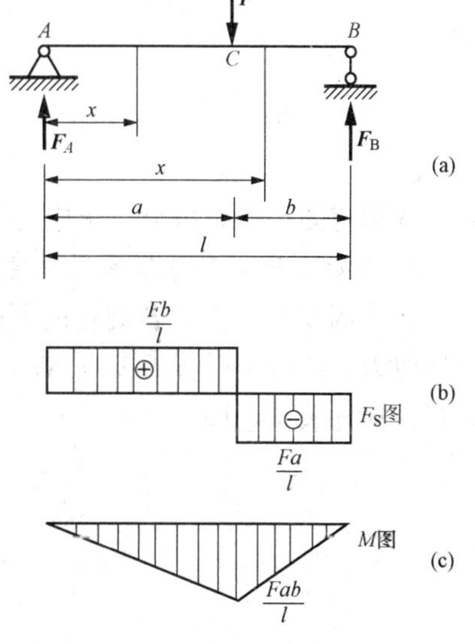

图 6-33　［例 6-8］图

由图可见，如果 $a>b$，则最大剪力发生在 CB 段梁的任一横截面上，其值为 $|F_S|_{max}=\frac{Fa}{l}$；最大弯矩发生在集中力 F 作用的横截面上，其值为 $M_{max}=\frac{Fab}{l}$，如果 $a=b=\frac{l}{2}$，则 $M_{max}=\frac{Fl}{4}$。

【例 6-9】　图 6-34（a）所示的简支梁在 C 点处受矩为 M_e 的集中力偶作用。试作梁的剪力图和弯矩图。

解　（1）求支座反力。由平衡方程 $\sum M_A=0$、$\sum M_B=0$，得

$$F_A=F_B=\frac{M_e}{l}$$

（2）列剪力方程和弯矩方程。由于简支梁上的荷载只有一个在两支座之间的力偶，故全梁只有一个剪力方程，但 AC 和 CB 两段梁的弯矩方程则不同。这些方程分别为

$$F_S(x)=-\frac{M_e}{l}\quad(0<x<l)$$

AC 段：

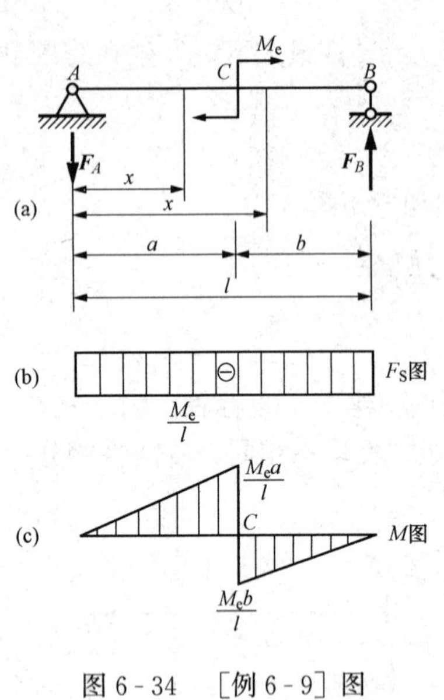

图 6-34 ［例 6-9］图

$$M(x)=-\frac{M_e}{l}x \quad (0\leqslant x<a)$$

CB 段：

$$M(x)=\frac{M_e}{l}(l-x) \quad (a<x\leqslant l)$$

在集中力偶作用的 C 截面处，弯矩有突变而为不定值，故弯矩方程的适用范围用开区间符号表示。

（3）绘剪力图和弯矩图。由剪力方程可知，剪力图是一条与 x 轴平行的直线［见图 6-34（b）］。由弯矩方程可知，弯矩图是两条互相平行的斜直线，C 处截面上的弯矩出现突变［见图 6-34（c）］，突变值等于集中力偶的大小。

由图可见，如果 $a>b$，则最大弯矩发生在集中力偶 M_e 作用处稍左的横截面上，其值为 $|M|_{max}=\frac{M_e a}{l}$。集中力偶 M_e 作用在梁的任何横截面上，梁的剪力图都与图一样。可见，集中力偶不影响剪力图。

3. 弯矩、剪力与分布荷载集度之间的微分关系

在［例 6-7］中，若规定向下的分布荷载集度为负，则将弯矩 $M(x)$ 对 x 求导数，就得到剪力 $F_S(x)$；再将 $F_S(x)$ 对 x 求导数，可得到荷载集度 $q(x)$。可以证明，在直梁中普遍存在这种关系，即

$$\frac{dF_S(x)}{dx}=q(x) \tag{6-9}$$

与

$$\frac{dM(x)}{dx}=F_S(x) \tag{6-10}$$

由以上两式还可得到

$$\frac{dM^2(x)}{dx^2}=q(x) \tag{6-11}$$

以上三式就是弯矩、剪力与分布荷载集度之间的微分关系。

根据式（6-9）～式（6-11），可得出剪力图与弯矩图的以下规律：

（1）在无荷载作用的一段梁上，$q(x)=0$。由 $\frac{dF_S(x)}{dx}=q(x)=0$ 可知，该梁段内各横截面上的剪力为常数，剪力图为平行于 x 轴的直线。再由 $\frac{dM(x)}{dx}=F_S(x)=$ 常数 可知，弯矩 $M(x)$ 为 x 的一次函数，故弯矩图必为斜直线，其倾斜方向由剪力符号决定：

当 $F_S(x)>0$ 时，弯矩图为向下倾斜的直线，见表 6-1；

当 $F_S(x)<0$ 时，弯矩图为向上倾斜的直线，见表 6-1；

当 $F_S(x)=0$ 时，弯矩图为水平直线，见表 6-1。

表 6-1　梁的荷载、剪力图、弯矩图之间的相互关系

梁上外力情况	剪力图	弯矩图
无分布荷载 ($q=0$)	$\frac{dF_S}{dx}=0$ 剪力图平行于 x 轴 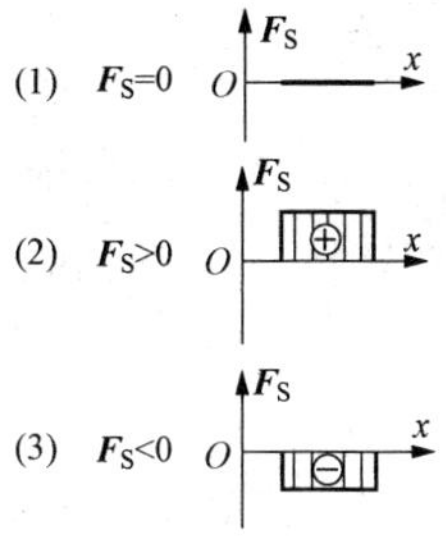 (1) $F_S=0$ (2) $F_S>0$ (3) $F_S<0$	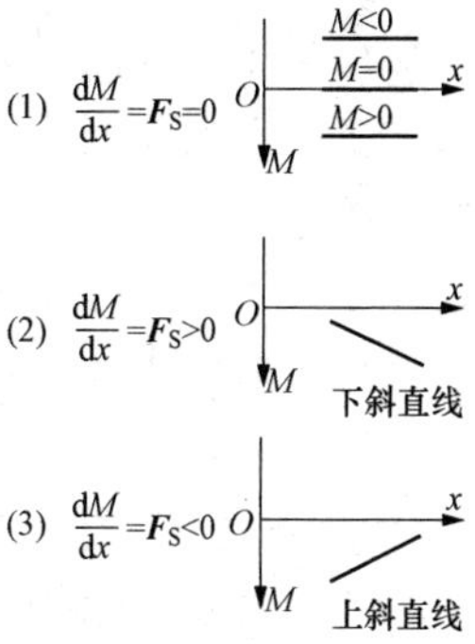 (1) $\frac{dM}{dx}=F_S=0$　$M<0$，$M=0$，$M>0$ (2) $\frac{dM}{dx}=F_S>0$　下斜直线 (3) $\frac{dM}{dx}=F_S<0$　上斜直线
均布荷载向上作用 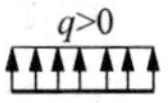 $q>0$	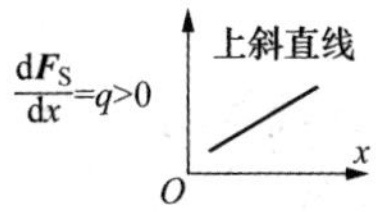 $\frac{dF_S}{dx}=q>0$　上斜直线	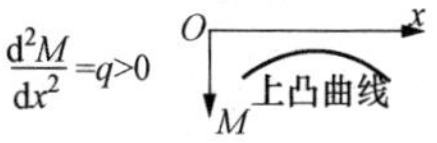 $\frac{d^2M}{dx^2}=q>0$　上凸曲线
均布荷载向下作用 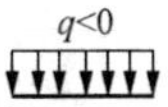 $q<0$	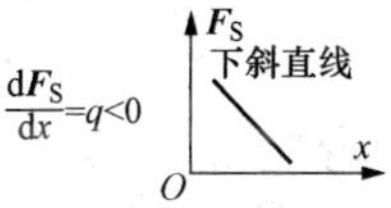 $\frac{dF_S}{dx}=q<0$　下斜直线	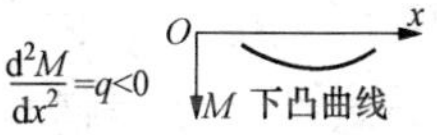 $\frac{d^2M}{dx^2}=q<0$　下凸曲线
集中力作用 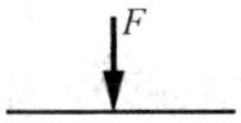 F	在集中力作用截面突变 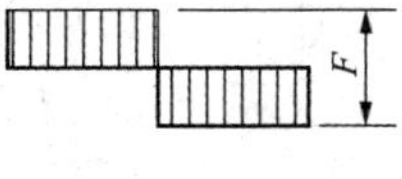 F	在集中力作用截面出现尖角 
集中力偶作用 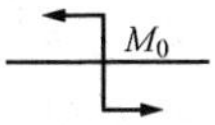 M_0	无影响	在集中力偶作用截面突变 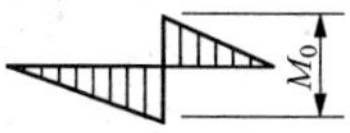 M_0

以上这些可通过［例 6-8］和［例 6-9］中的剪力图和弯矩图验证。

(2) 在均布荷载作用的一段梁上，由 $\frac{dM^2(x)}{dx^2}=\frac{dF_S(x)}{dx}=q(x)=常数\neq 0$，可知该梁段内各横截面上的剪力 $F_S(x)$ 为 x 的一次函数，而弯矩 $M(x)$ 为 x 的二次函数，故剪力图必然是斜直线，而弯矩图是抛物线。

当 $q(x)>0$（荷载向上）时，剪力图为向上倾斜的直线，弯矩图为向上凸的抛物线；

当 $q(x)<0$（荷载向下）时，剪力图为向下倾斜的直线，弯矩图为向下凸的抛物线。

由 $\frac{\mathrm{d}M(x)}{\mathrm{d}x}=F_{\mathrm{S}}(x)$ 还可知，若某横截面上的剪力 $F_{\mathrm{S}}(x)=0$，则该截面上的弯矩 $M(x)$ 必为极值。梁的最大弯矩有可能发生在剪力为零的横截面上。

以上这些可以通过［例 6 - 7］中的剪力图和弯矩图验证。

(3) 在集中力作用处，剪力图出现突变，突变值为该处集中力的大小；此时，弯矩图的斜率也发生突然变化，因而弯矩图在此处出现一折角。以上这些可通过［例 6 - 8］中的剪力图和弯矩图验证。

(4) 在集中力偶作用处，弯矩图出现突变，突变值为该处集中力偶矩的大小，但剪力图却没有变化，故集中力偶作用处两侧弯矩图的斜率相同。以上这些可通过［例 6 - 8］中的剪力图和弯矩图验证。

4. 用微分关系法绘制剪力图和弯矩图

根据剪力方程和弯矩方程作 F_{S}、M 图是作内力图的基本方法。当梁上的荷载沿梁的轴线变化较多时，根据内力方程作图将变得十分烦琐。利用 M、F_{S} 和 q 之间的微分关系得出的若干规律可以更简捷地绘出剪力图和弯矩图。这种绘制剪力图和弯矩图的方法称为微分关系法，其步骤如下：

(1) 分段定形。根据梁所受外力情况将梁分为若干段，并判断各段梁的剪力图和弯矩图的形状。

(2) 定点绘图。计算特殊截面（M 图和 F_{S} 图有变化的截面）上的剪力值和弯矩值，逐段绘制剪力图和弯矩图。

【例 6 - 10】 一简支梁承受集度为 $q=100\text{kN/m}$ 的均布荷载作用，如图 6 - 35 (a) 所示，试利用微分关系法作梁的剪力图和弯矩图。

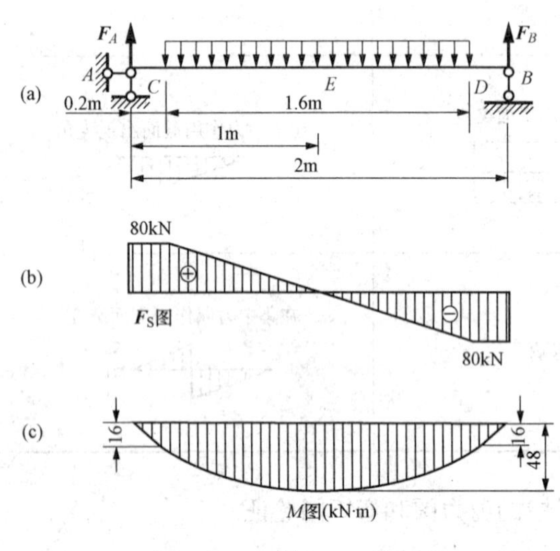

图 6 - 35 ［例 6 - 10］图

解 (1) 求支座反力。利用对称性，支座反力为

$$F_A=F_B=\frac{1}{2}\times 100\times 1.6=80\text{kN}$$

(2) 绘剪力图。梁上的外力将梁分成 AC、CD、DB 三段。AC 和 DB 段上均无荷载，两段梁上的剪力图均为水平直线；CD 段上有向下的均布荷载，剪力图应为向右下倾斜的直线。

由内力计算规律，AC 和 DB 段上的剪力分别为

$$F_{\mathrm{S1}}=F_A=80\text{kN}$$

$$F_{\mathrm{S2}}=-F_B=-80\text{kN}$$

由于梁上在 C、D 处无集中力作用，剪力图无突变，故 CD 段梁在 C 和 D 两点处横截面上的剪力就分别等于求得的 F_{S1} 和 F_{S2}，从而可绘出全梁剪力图，见图 6 - 35 (b)。由图可见，$|F_{\mathrm{S}}|_{\max}=80\text{kN}$，分别发生在 AC 和 DB 段的任一横截面上。

(3) 绘弯矩图。AC 和 DB 段上均无荷载，两段梁上的弯矩图均为斜直线；CD 段上有

向下的均布荷载，弯矩图应为向下凸的抛物线。

由内力计算规律，A、C、B、D 四个横截面上的弯矩分别为

$$M_A = 0，M_C = F_A \times 0.2 = 16\text{kN} \cdot \text{m}$$

$$M_B = 0，M_D = F_B \times 0.2 = 16\text{kN} \cdot \text{m}$$

对于 CD 段梁，其弯矩图为向下凸的二次抛物线，故至少需定出图上三个点才能粗略地绘出这部分的弯矩图。由于梁在 C、D 两点处无集中力偶作用，故弯矩图无突变，上式算得的 M_C、M_D 即为 CD 段梁在 C、D 两截面上的弯矩。由于在中点 E 处横截面上的剪力为零，因而该截面上的 M_E 为极值弯矩，由内力计算规律得

$$M_E = F_A \times 1 - \frac{1}{2}q \times (1 - 0.2)^2 = 80 \times 1 - \frac{1}{2} \times 100 \times (1 - 0.2)^2 = 48\text{kN} \cdot \text{m}$$

根据上述截面弯矩值可以绘出全梁弯矩图，见图 6-35（c）。由图可见，$|M|_{max} = 48\text{kN} \cdot \text{m}$，发生在跨中截面。

【例 6-11】　绘制图 6-36（a）所示简支梁的剪力图和弯矩图。

解　（1）求支座反力。由平衡方程 $\sum M_A = 0$、$\sum M_B = 0$，得

$$F_A = 16\text{kN}，F_B = 24\text{kN}$$

（2）绘剪力图。梁上的外力将梁分成 AC、CD、DE、EB 四段。在支座反力 F_A 作用的横截面 A 上，剪力图向上突变，突变值等于 F_A 的大小 16kN。AC 段受向下均布荷载的作用，剪力为向右下倾斜的直线。横截面 C 上的剪力为

$$F_{SC} = F_A - 10\text{kN/m} \times 2\text{m} = -4\text{kN}$$

并由

$$F_A - 10x = 0$$

得到剪力为零的横截面 G 的位置 $x = 1.6\text{m}$。

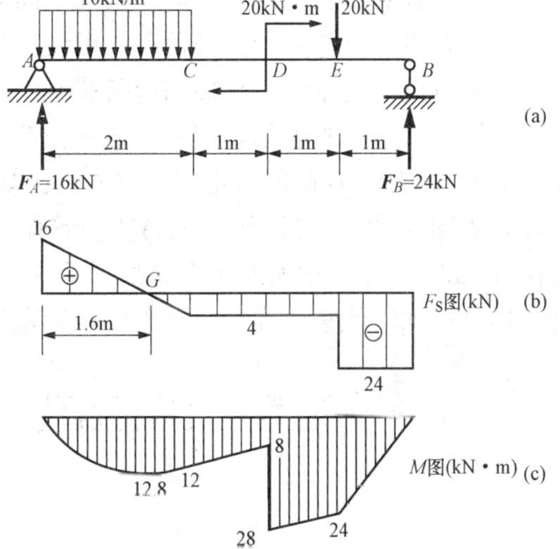

图 6-36　［例 6-11］图

CD 段和 DE 段上无荷载作用，横截面 D 上受集中力偶的作用，故 CE 段的剪力图为水平线。横截面 E 上受向下的集中力作用，剪力图向下突变，突变值等于集中力的大小 20kN。

EB 段上无荷载作用，剪力图为水平线。横截面 B 上受支座反力 F_B 作用，剪力图向上突变，突变值等于 F_B 的大小 24kN。全梁的剪力图如图 6-36（b）所示。

（3）绘弯矩图。AC 段受向下均布荷载的作用，弯矩图为向下凸的抛物线。横截面 A 上的弯矩 $M_A = 0$。横截面 G 上的弯矩为

$$M_G = F_A \times 1.6\text{m} - \frac{1}{2} \times 10\text{kN/m} \times 1.6\text{m} \times 1.6\text{m} = 12.8\text{kN} \cdot \text{m}$$

横截面 C 上的弯矩为

$$M_C = F_A \times 2\text{m} - \frac{1}{2} \times 10\text{kN/m} \times 2\text{m} \times 2\text{m} = 12\text{kN} \cdot \text{m}$$

CD 段上无荷载作用，且剪力为负，故弯矩图为向上倾斜的直线。D 点左侧横截面上的

弯矩为

$$M_D^L = F_A \times 3\text{m} - 10\text{kN/m} \times 2\text{m} \times 2\text{m} = 8\text{kN} \cdot \text{m}$$

横截面 D 上受集中力偶的作用，力偶矩为顺时针转向，故弯矩图向下突变，突变值等于集中力偶矩的大小 20kN·m。D 点右侧横截面上的弯矩 $M_D^R = 28\text{kN} \cdot \text{m}$。

DE 段上无荷载作用，剪力为负，故弯矩图为向右上倾斜的直线。横截面 E 上的弯矩为

$$M_E = F_B \times 1\text{m} = 24\text{kN} \cdot \text{m}$$

EB 段上无荷载作用，剪力为负，弯矩图为向右上倾斜的直线。横截面 B 上的弯矩 $M_B = 0$。全梁的弯矩图如图 6 - 36（c）所示。

梁的最大剪力发生在 EB 段各横截面上，其值为 $|F_S|_{max} = 24\text{kN}$。最大弯矩发生在 D 点右侧横截面上，其值为 $|M|_{max} = 28\text{kN} \cdot \text{m}$。

5. 叠加法作梁的弯矩图

当梁上作用的荷载复杂时，应用叠加原理（或简称叠加法），可使作弯矩图的过程得到简化，其方法叙述如下：

任一直杆，若已知两点弯矩，则其中间的弯矩图可以按以下步骤完成：

（1）将该两点弯矩纵坐标顶点以虚线相连。

（2）以虚线为基线，叠加相应荷载作用下简支梁的弯矩图。

如图 6 - 37（a）所示，直杆上 AB 段两端弯矩 M_{AB} 和 M_{BA} 为已求得，AB 杆上作用有均布荷载 q，要绘 AB 段的弯矩图。首先将已知的 M_{AB} 和 M_{BA} 作为外荷载看待，绘出杆件的弯矩图，见图 6 - 37（b）；然后把 AB 杆看作两端简支，绘出在均布荷载作用下梁的弯矩图，见图 6 - 37（c），将此两弯矩图叠加得图 6 - 37（d）所示的弯矩图，这就是所要绘的 AB 段弯矩图（叠加时注意从虚线中点出发，垂直于杆轴线叠加）。

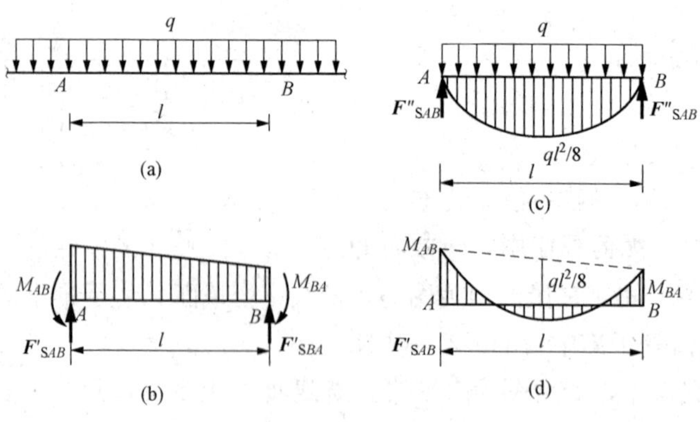

图 6 - 37　叠加法作梁的弯矩图

【例 6 - 12】　外伸梁受力如图 6 - 38（a）所示，已知 $F = 10\text{kN}$，$q = 5\text{kN/m}$，试用叠加法作梁的弯矩图。

解　（1）求支座反力。由平衡方程 $\sum M_A = 0$、$\sum M_B = 0$，得

$$F_A = 16.25\text{kN},\ F_B = 33.75\text{kN}$$

（2）根据内力计算规律，求控制截面上的弯矩值，即

$$M_A = 0,\ M_B = 30\text{kN} \cdot \text{m},\ M_D = 0$$

(3) 绘弯矩图。BD 段梁上没有荷载作用，弯矩图为斜直线，可以直接画出，见图 6-38 (b)；AB 段梁上作用有均布荷载，弯矩图为向下凸的抛物线。画弯矩图时首先将 A、B 两点弯矩纵坐标顶点以虚线相连，从虚线中点出发，垂直于杆轴线叠加均布荷载作用下简支梁的弯矩图，见图 6-38 (c)，最终完成梁的弯矩图绘制［见图 6-38 (d)］。

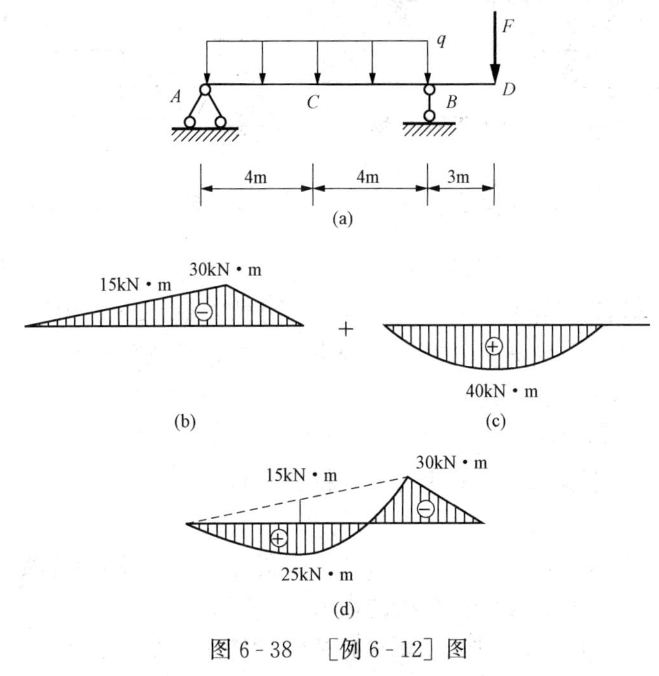

图 6-38　［例 6-12］图

6.6　多跨静定梁的内力分析

6.6.1　多跨静定梁的组成和特点

多跨静定梁是由若干单跨梁用铰连接而成的静定结构，用来跨越几个相连的跨度。图 6-39 (a) 所示为一用于公路桥的多跨静定梁，图 6-39 (b) 为其计算简图，这种多跨静定梁的组成形式是无铰跨和双铰跨交替出现。此外，多跨静定梁还有一种组成形式，如图 6-40 (a) 所示，其特点是第一跨无中间铰，其余各跨各有一个中间铰。

从几何组成上看，多跨静定梁的特点是：组成整个结构的各单跨梁可以分为基本部分和附属部分两类。结构中凡本身能独立维持几何不变的部分称为基本部分，需要依靠其他部分的支承才能保持几何不变的部分称为附属部分。

在图 6-39 (b) 中，AB 梁由三根支座链杆与基础相连接，是几何不变体系，能独立承受荷载，称为基本部分。CD 梁在竖向荷载作用下能独立维持平衡，故在竖向荷载作用下 CD 梁也可看作基本部分。而 BC 梁必须依靠 AB 梁和 CD 梁的支承才能承受荷载并维持平衡，称为附属部分。在图 6-40 (a) 中，AB 梁是基本部分，而 BC、CD 梁则是附属部分。为清晰起见，可将它们的支承关系分别用图 6-39 (c) 和图 6-40 (b) 表示，这样的图形称为层次图。

从层次图中可以看出：基本部分一旦遭到破坏，附属部分的几何不变性也将随之失去；而附属部分遭到破坏，在竖向荷载作用下基本部分仍可维持平衡。

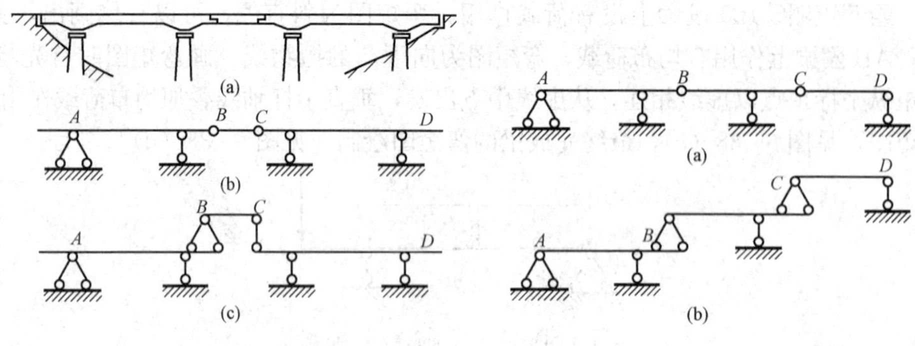

图 6-39 多跨静定梁　　图 6-40 多跨静定梁的组成

从传力关系来看，多跨静定梁的特点是作用于基本部分的荷载，只能使基本部分产生支座反力和内力，附属部分不受力；而作用于附属部分的荷载，不仅能使附属部分本身产生支座反力和内力，而且能使与它相关的基本部分也产生支座反力和内力。

6.6.2 多跨静定梁的内力计算

多跨静定梁约束力的计算顺序应该是先计算附属部分，再计算基本部分，即从附属程度最高的部分算起，求出附属部分的约束力后，将其反向加于基本部分，再计算基本部分的约束力。

求出每一段梁的约束力后，其内力计算和内力图的绘制就与单跨静定梁一样，最后将各段梁的内力图连在一起，形成多跨静定梁的内力图。

【例 6-13】 绘制图 6-41（a）所示多跨静定梁的内力图。

解 （1）绘层次图。梁 ABC 固定在基础上，是基本部分；梁 CDE 固定在梁 ABC 上，为附属部分。根据上述分析，绘出多跨静定梁的层次图，如图 6-41（b）所示。

（2）求支座反力，取 CDE 梁为隔离体［见图 6-41（c）］，由平衡方程

$$\sum M_C = 0，\sum Y = 0$$

得 CD 梁的支座反力为

$$F_{Cx} = 0，F_{Cy} = -20\text{kN}，F_D = 100\text{kN}$$

将 F_{Cy} 的反作用力 F'_{Cy} 作为荷载加在 ABC 段的 C 处，取 ABC 为隔离体［见图 6-41（c）］，求出 ABC 梁的支座反力为

$$F_{Ax} = 0，F_{Ay} = 48\text{kN}，F_B = 12\text{kN}$$

对于作用于铰 C 的荷载 F_1，取隔离体时可将其放在 CDE 段上，也可放在 ABC 段上，无论放在哪一段，对计算结果均无影响。

（3）绘内力图。各段梁的约束反力求出后，可以分别绘出各段梁的内力图，将各段梁的内力图连接在一起即为多跨梁的内力图，见图 6-41（d）、（e）。

6.6.3 多跨梁的受力特征

图 6-42（a）、（b）是多跨相互独立的系列简支梁及其在均布荷载 q 作用下的弯矩图；图 6-43（a）、（b）是一相同跨度、相同荷载作用下的多跨静定梁及其弯矩图。比较两个弯矩图可以看出，多跨静定梁的最大弯矩要比系列简支梁的最大弯矩小，这是由于在多跨静定梁中布置了伸臂梁的缘故，它一方面减小了附属部分的跨度，另一方面又使得伸臂上的荷载对基本部分产生负弯矩，从而部分抵消了跨中荷载所产生的正弯矩。多跨静定梁有在材料用

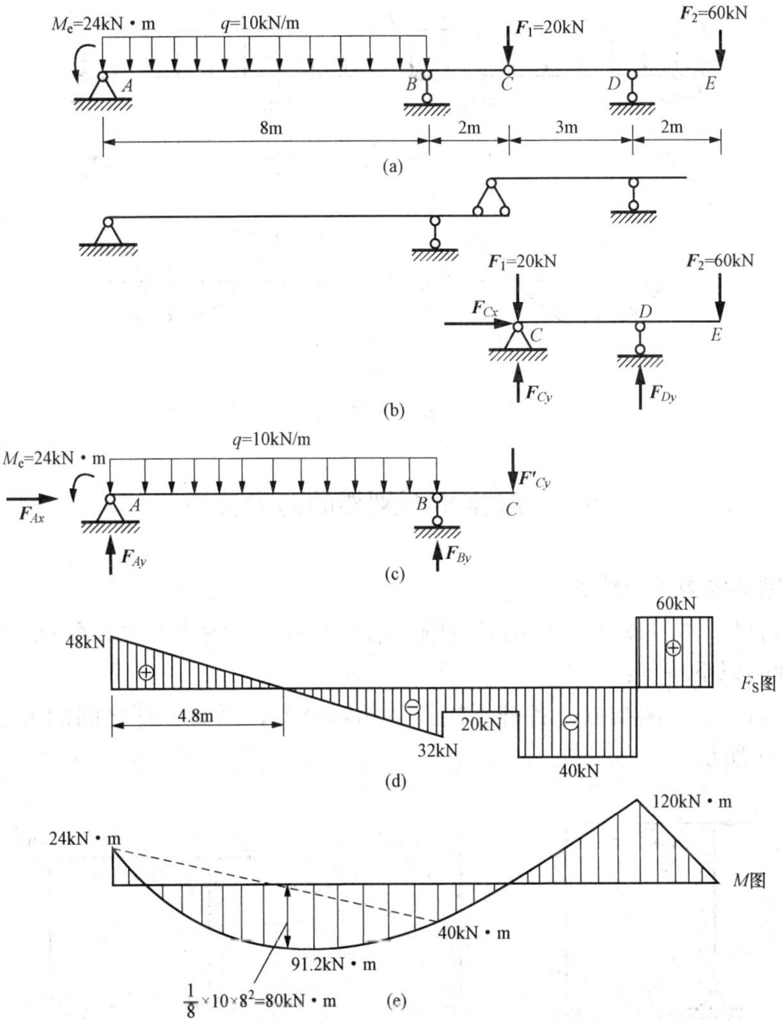

图 6 41　[例 6 - 13] 图

量上较省的优点，缺点是中间铰处构造比较复杂，且若基本部分破坏，则支承于其上的附属部分也将随之倒塌。

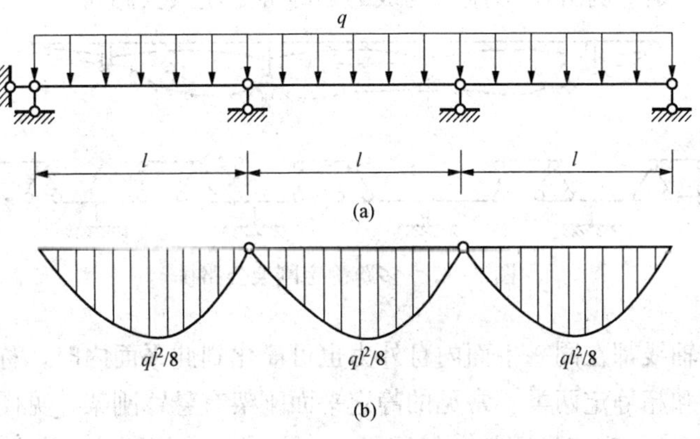

图 6 - 42　相互独立的多跨静定梁

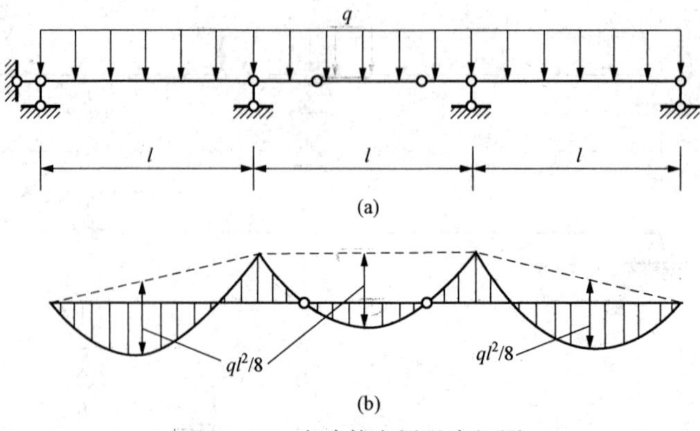

图 6-43 多跨静定梁及弯矩图

6.7 静定平面刚架的内力分析

6.7.1 刚架的组成和特点

刚架是由直杆（梁和柱）组成的具有刚性结点的结构。刚架由于具有刚结点，因此在变形和受力方面有以下特点：

（1）变形特点：在刚结点处各杆不能发生相对转动，因而各杆之间的夹角始终保持不变，如图 6-44 所示。

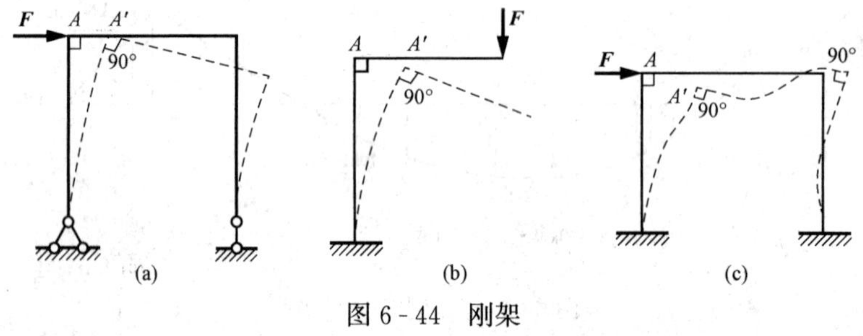

图 6-44 刚架

（2）受力特点：刚结点可以承受和传递弯矩，因而刚架中弯矩是主要内力。

刚架由于有弯矩分布比较均匀、内部空间大、比较容易制作等优点，因此在工程中得到广泛应用。图 6-45 是一例由 T 形刚架构成的多跨静定刚架公路桥。

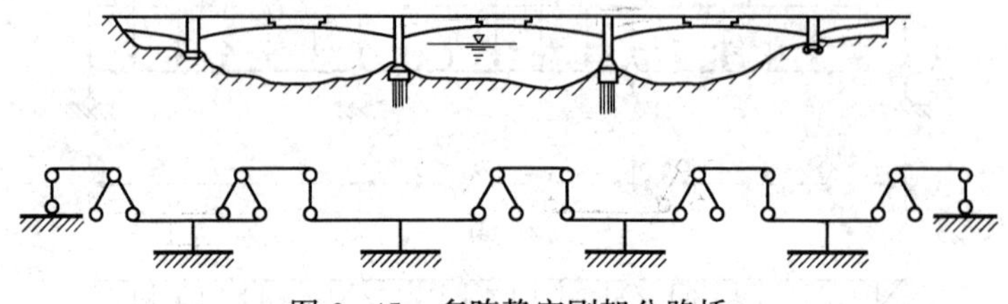

图 6-45 多跨静定刚架公路桥

当刚架各杆的轴线都在同一平面内且外力也可简化到此平面内时，称为平面刚架。平面刚架可分为静定的和超静定两类。常见的静定平面刚架有悬臂刚架［见图 6-46（a)］、简支刚架［见图 6-46（b)］和三铰刚架［见图 6-46（c)］。本节只讨论静定平面刚架。

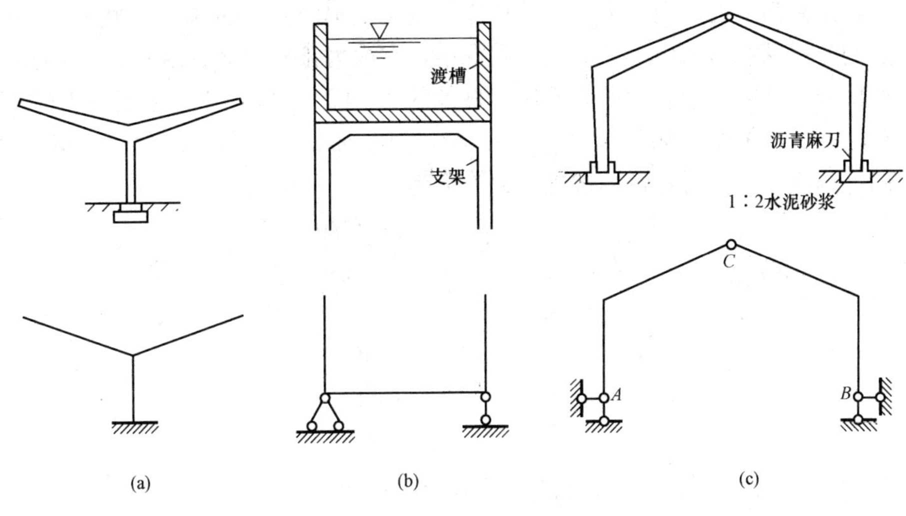

图 6-46　平面刚架

(a) 站台雨篷；(b) 渡槽；(c) 尾架

6.7.2　静定平面刚架的内力分析

1. 刚架内力的计算规律

平面刚架内力的计算采用截面法，刚架截面上内力计算的规律为：

(1) 任一横截面上的弯矩，其数值等于该截面任一边刚架上所有外力对该截面形心之矩的代数和。

(2) 任一横截面上的剪力，其数值等于该截面任一边刚架上所有外力在该截面方向上投影的代数和。

(3) 任一横截面上的轴力，其数值等于该截面任一边刚架上所有外力在垂直于该截面方向（即杆轴线方向）上投影的代数和。

2. 刚架内力的计算步骤

平面刚架内力计算方法原则上与静定梁相同，其分析的步骤如下：

(1) 计算反力：由整体或部分的平衡条件求出支座反力或铰结处的约束反力。

(2) 分段：将所有外力不连续的点（集中力、集中力偶的作用点，分布荷载的起、终点）及刚架的所有结点作为分段点，把刚架分为若干杆段。

(3) 计算杆端内力：将每段杆看作梁，用截面法（内力计算规律）计算各杆端截面的内力。

(4) 作内力图：根据各杆端截面内力逐杆绘制内力图。

3. 刚架内力的符号规定

刚架各杆的杆端内力有弯矩、剪力和轴力三个分量。在刚架中，剪力和轴力的正负号规定与梁相同，即剪力以使隔离体产生顺时针转动趋势时为正，反之为负；轴力以拉力为正，压力为负。剪力图和轴力图可绘制在杆件的任一侧，但必须标明正负号。弯矩则通常不统规定正负号，只规定弯矩图的纵距应画在杆件的受拉一侧而不注正负号。

【例 6-14】　绘制如图 6-47 (a) 所示悬臂刚架的内力图。

解　(1) 求支座反力。由刚架整体的平衡方程，求出支座 A 处的反力，如图 6-47 (b) 所示。

（2）求控制截面上的内力。为了明确地表示刚架上不同截面的内力，尤其是为区分汇交于同一结点的各杆端截面的内力，使之不致混淆，在内力符号后面引用两个下角标：第一个表示内力所属截面；第二个表示该截面所属杆件的另一端。例如，M_{AB}表示AB杆A端截面的弯矩，F_{SBD}表示BD杆B端截面的剪力等。本例中，取每个杆件的两端为控制截面，根据刚架内力的计算规律，可得各控制截面上的内力为

$$M_{AB}=M_{BA}=20\text{kN}\cdot\text{m}(\text{左侧受拉})$$

$$M_{CB}=0,M_{BC}=-20\text{kN}\times1\text{m}=20\text{kN}\cdot\text{m}(\text{上侧受拉})$$

$$M_{DB}=0,M_{BD}=-20\text{kN/m}\times2\text{m}\times1\text{m}=40\text{kN}\cdot\text{m}(\text{上侧受拉})$$

$$F_{SCB}=F_{SBC}=-20\text{kN}$$

$$F_{SBD}=20\text{kN/m}\times2\text{m}=40\text{kN},F_{SDB}=0$$

$$F_{SAB}=F_{SBA}=0$$

$$F_{NAB}=F_{NBA}=-60\text{kN}$$

$$F_{NBC}=F_{NCB}=F_{NBD}=F_{NDB}=0$$

（3）绘制内力图。根据上述所求得的各段杆端内力的大小和方向，可分别绘出剪力图［见图6-47（c）］、弯矩图［见图6-47（d）］和轴力图［见图6-47（e）］。其中，AB段弯矩图为与轴线平行的直线，BC段为向右下倾斜的斜直线，BD段为向下凸的抛物线。BC段的剪力图为水平直线，BD段的剪力图为斜直线。

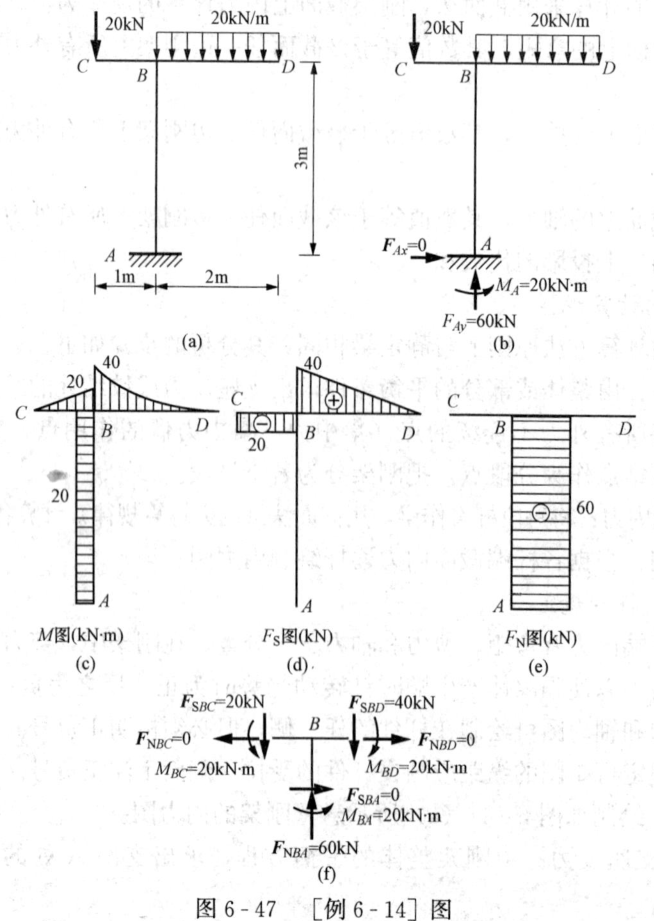

图6-47 ［例6-14］图

此外，为了确保所绘内力图的正确性，可以对内力图进行校核。刚架的内力图必须满足静力平衡条件，也就是说，从刚架中任意截取一个隔离体，其上面的外荷载和截面上的内力应成为一平衡力系，即应满足平衡方程式。本例中可取结点 B 为隔离体，根据已绘出的内力图，标出截面上内力的数值和方向，如图 6 - 47（f）所示，检查结点 B 是否满足平衡条件：

$$\sum F_x = 0,\ F_{NBC} + F_{NBD} + F_{SBA} = 0$$

$$\sum F_y = 0,\ F_{NBA} + F_{SBC} + F_{SBD} = 60 - 20 - 40 = 0$$

$$\sum M_B = 0,\ M_{BA} + M_{BC} + M_{BD} = 20 + 20 - 40 = 0$$

计算结果说明结点 B 是满足平衡条件的，故所绘内力图无误。

【例 6 - 15】　试作图 6 - 48（a）所示刚架的内力图。

解　（1）求支座反力。由刚架整体的平衡方程，求出支座 A、B 处的反力，如图 6 - 48（a）所示。

（2）分段求控制截面的内力。

AC 段：

$$M_{AC} = M_{CA} = 0;$$
$$F_{SAC} = F_{SCA} = 0;$$
$$F_{NAC} = F_{NCA} = -40\text{kN}$$

CD 段：

$$M_{CD} = 0,\ M_{DC} = 30\text{kN} \times 2\text{m} = 60\text{kN}\cdot\text{m}(\text{左侧受拉});$$
$$F_{SCD} = F_{SDC} = -30\text{kN};$$
$$F_{NCD} = F_{NDC} = -40\text{kN}$$

BE 段：

$$M_{BE} = 0,\ M_{EB} = 30\text{kN} \times 6\text{m} = 180\text{kN}\cdot\text{m}(\text{右侧受拉})$$
$$F_{SBE} = F_{SEB} = 30\text{kN}; F_{NBE} = F_{NEB} = -80\text{kN}$$

DE 段：求 DE 杆两端的内力时可以分别利用结点 D 和 E 的平衡条件求得，见图 6 - 49。

结点 D：

$$\sum F_x = 0,\ F_{NDE} = -30\text{kN}$$

$$\sum F_y = 0,\ F_{SDE} = 40\text{kN}$$

$$\sum M_D = 0,\ M_{DE} = 60\text{kN}\cdot\text{m}(\text{上侧受拉})$$

结点 E：

$$\sum F_x = 0,\ F_{NED} = -30\text{kN}$$

$$\sum F_y = 0,\ F_{SED} = -80\text{kN}$$

$$\sum M_D = 0,\ M_{DE} = 180\text{kN}\cdot\text{m}(\text{上侧受拉})$$

（3）分别作 M、F_S 和 F_N 图，如图 6 - 48（b）、（c）、（d）所示。在作 M 图时，DE 段的弯矩因两端弯矩值已求得，将两端弯矩的纵坐标值以虚线相连，从虚线的中点向下叠加简支梁的弯矩图，简支梁跨中的弯矩值为

$$\frac{ql^2}{8} = \frac{20 \times 36}{8} = 90\text{kN} \cdot \text{m}$$

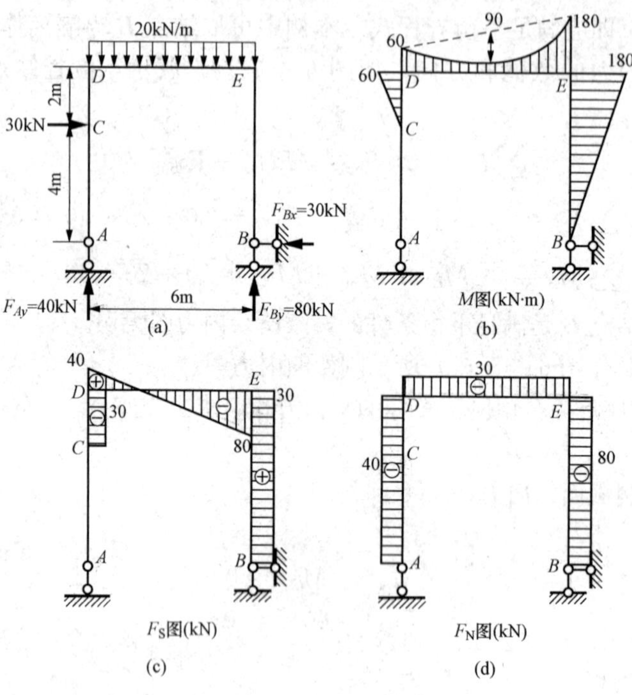

图 6-48 ［例 6-15］图

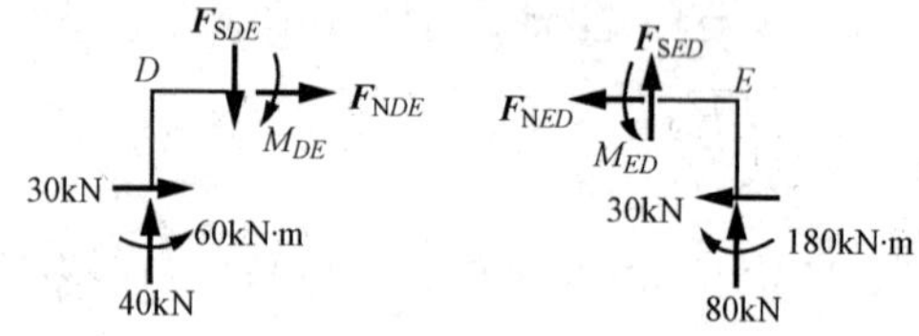

图 6-49 结点 D 和 E

【例 6-16】 绘制图 6-50（a）所示三铰刚架的内力图。

解 （1）求支座反力。取刚架整体为隔离体，由平衡方程 $\sum M_A = 0$、$\sum Y = 0$、$\sum X = 0$ 得

$$F_{By} = 15\text{kN}, F_{Ay} = 45\text{kN}, F_{Ax} = F_{Bx}$$

再取刚架的右半部分为隔离体，由 $\sum M_C = 0$ 得

$$F_{Ax} = F_{Bx} = 13.8\text{kN}$$

（2）绘弯矩图。各杆端弯矩计算如下：

$$M_{AD} = 0$$

$$M_{DA} = F_{Ax} \times 4.5 = 62.1\text{kN} \cdot \text{m}(\text{左侧受拉})$$

$$M_{DC} = M_{DA} = 62.1\text{kN} \cdot \text{m}(\text{上侧受拉})$$

$$M_{CD} = 0$$

$$M_{BE} = 0$$

$$M_{EB}=F_{Bx}\times 4.5=62.1\text{kN}\cdot\text{m}(\text{右侧受拉})$$

$$M_{CE}=0$$

$$M_{EC}=M_{EB}=62.1\text{kN}\cdot\text{m}(\text{上侧受拉})$$

根据杆端弯矩可绘出刚架的弯矩图，如图 6-50（b）所示，其中 CD 段的弯矩图按区段叠加法绘制。

（3）绘剪力图。AD、BE 两杆的杆端剪力值显然就等于 A、B 两支座的水平反力，即

$$F_{SAD}=F_{SDA}=-13.8\text{kN}$$

$$F_{SBE}=F_{SEB}=13.8\text{kN}$$

DC、CE 两杆是斜杆，如按通常方法由截面一边的外力来求其剪力，则投影关系较复杂。此时，可采用另一方法求剪力，即根据已绘出的弯矩图来绘制剪力图。现以 DC 杆为例，取该杆为隔离体［见图 6-50（c）］，因杆端弯矩已求得，故利用力矩平衡条件可求得杆端剪力为

$$F_{SDC}=\frac{62.1+10\times 6\times 3}{6.33}=38.3\text{kN}$$

$$F_{SCD}=\frac{62.1-10\times 6\times 3}{6.33}=-18.6\text{kN}$$

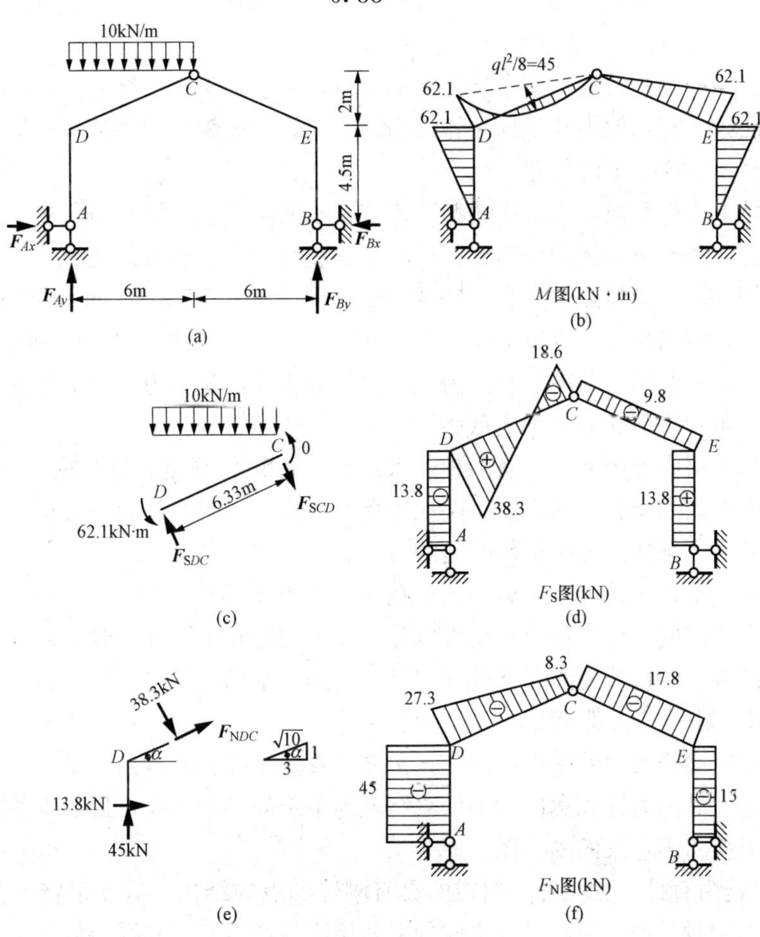

图 6-50　［例 6-16］图

因均布荷载杆段的剪力图为一直线，故将上述两剪力纵标顶点以直线相连即可。同理，可绘出 CE 杆的剪力图。刚架的剪力图如图 6-50（d）所示。

（4）绘轴力图。AD、BE 两杆的轴力值可直接由 A、B 两支座的竖向反力求得

$$F_{NAD}=-45\text{kN},F_{NBE}=-15\text{kN}$$

DC 和 CE 两斜杆的轴力可直接由截面一边的外力求得，也可根据已绘出的剪力图由结点的平衡条件求得。例如求 DC 杆 D 端轴力时，取结点 D 为隔离体［见图 6-50（e）］，可得

$$F_{NDC}=-13.8\times\frac{3}{\sqrt{10}}-45\times\frac{1}{\sqrt{10}}=-27.3\text{kN}$$

其他各杆端轴力可由类似方法求得，最后得刚架的轴力图如图 6-50（f）所示。

本章小结

（1）根据外力性质及其作用线与杆轴线的相对位置的特点，杆件的变形可分为四种基本形式，分别是轴向拉伸和压缩、剪切、弯曲和扭转。

（2）由于外力作用而引起的构件内部各部分之间的相互作用力的改变量，称为“附加内力”，简称内力。求构件内力的基本方法是截面法。

（3）用平行于杆轴线的坐标表示横截面的位置，用垂直于杆轴线的坐标表示横截面上轴力的数值，从而绘出表示轴力与截面位置关系的图线，称为轴力图。从该图上即可确定最大轴力的数值及其所在横截面的位置。

（4）桁架是由直杆组成，全部由铰结点连接而成的结构。在结点荷载作用下，桁架各杆的内力只有轴力。静定平面桁架内力计算的基本方法是结点法和截面法。

（5）受扭杆件的受力特点是：在杆件两端受到两个作用面垂直于杆轴线的力偶的作用，两力偶大小相等，转向相反。其变形特点是：杆件任意两个横截面都绕杆轴线作相对转动。

（6）梁弯曲时横截面上存在两种内力—剪力和弯矩。计算内力的基本方法是截面法，在应用截面法时，可直接依靠外力确定截面上内力的数值和符号。

（7）绘制单跨梁内力图的方法有三种：根据剪力方程和弯矩方程作内力图；利用弯矩、剪力和荷载集度之间的微分关系作内力图；用叠加法作内力图。由内力方程作内力图是最基本的方法，由微分关系作内力图是较简捷的方法。

（8）多跨静定梁是由若干单跨梁用铰连接而成的静定结构，用来跨越几个相连的跨度。其几何组成特点是组成结构的各单跨梁可以分为基本部分和附属部分两类；其传力关系的特点是加在附属部分上的荷载使附属部分和与其相关的基本部分都受力，而加在基本部分上的荷载却只使基本部分受力，附属部分不受力。

（9）多跨静定梁约束力的计算顺序应该是先计算附属部分，再计算基本部分。求出每一段梁的约束力后，其内力计算和内力图的绘制就与单跨静定梁一样，最后将各段梁的内力图连在一起，形成多跨静定梁的内力图。

（10）刚架是由直杆（梁和柱）组成的具有刚性结点的结构。其变形特点是：在刚结点处各杆不能发生相对转动，因而各杆之间的夹角始终保持不变。其受力特点是刚结点可以承受和传递弯矩，因而刚架中弯矩是主要内力。

课后习题

1. 求图 6 - 51 所示各杆指定截面上的轴力，并绘制轴力图。

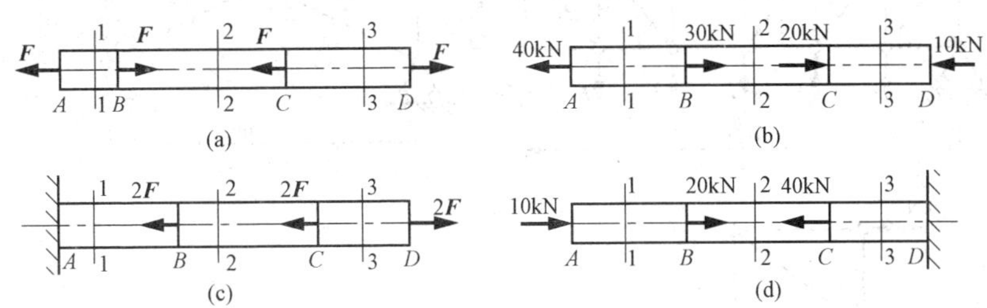

图 6 - 51　习题 1 图

2. 试用结点法求图 6 - 52 所示静定平面桁架中各杆的内力。

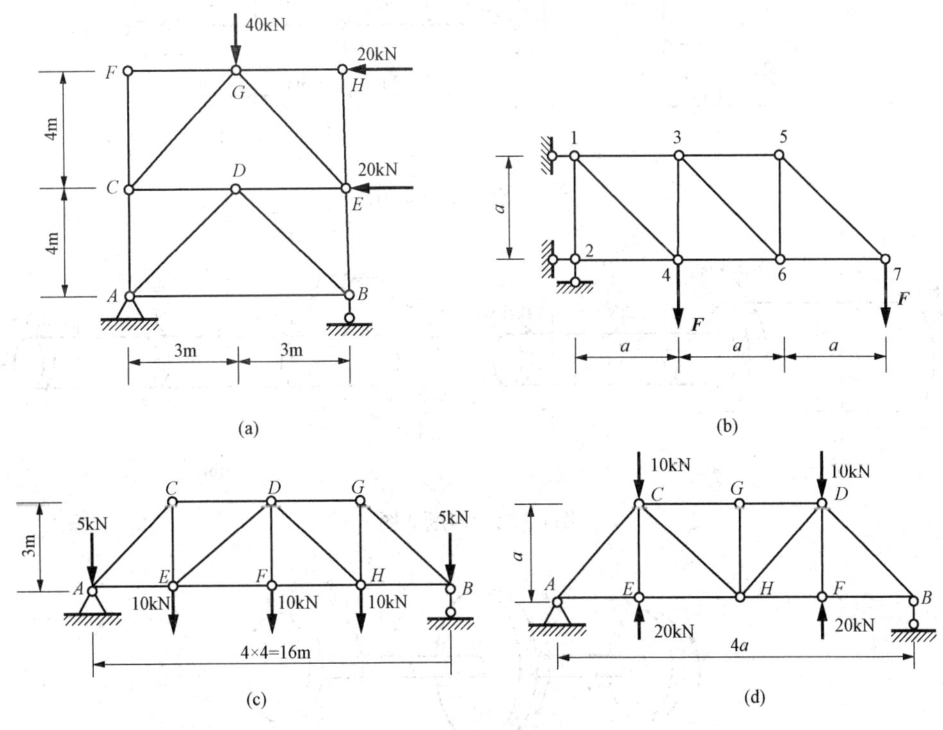

图 6 - 52　习题 2 图

3. 用截面法计算图 6 - 53 所示桁架中各指定杆件的内力。

4. 求图 6 - 54 所示各轴指定横截面 1 - 1、2 - 2、3 - 3 上的扭矩，并绘制扭矩图。

5. 图 6 - 55 所示传动轴，在横截面 A 处的输入功率为 $P_A=15\text{kW}$，在横截面 B、C 处的输出功率为 $P_B=10\text{kW}$、$P_C=5\text{kW}$，已知轴的转速 $n=60\text{r/min}$。绘制该轴的扭矩图。

6. 用截面法计算图 6 - 56 所示各梁指定截面上的内力。

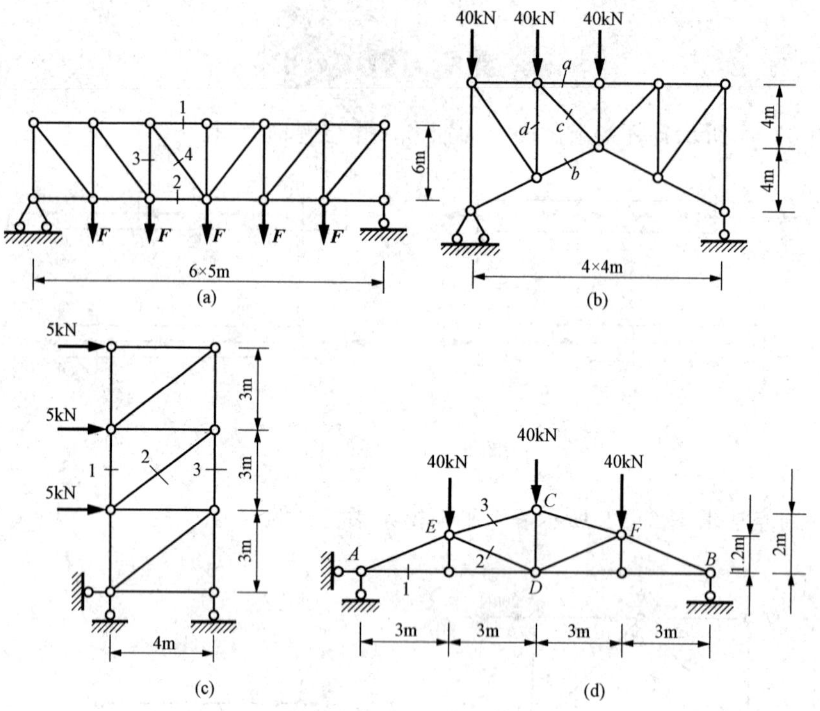

图 6-53 习题 3 图

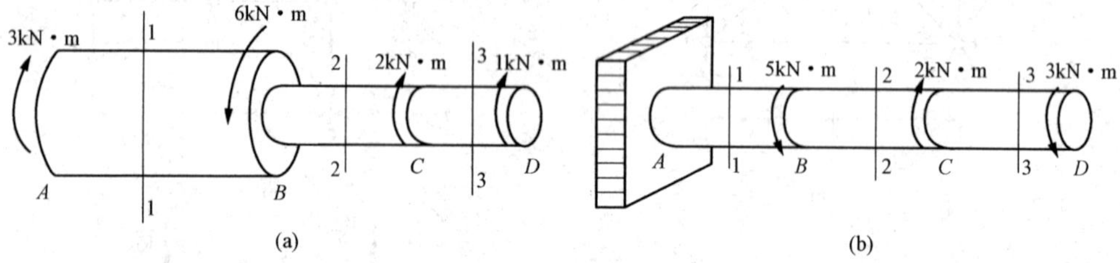

图 6-54 习题 4 图

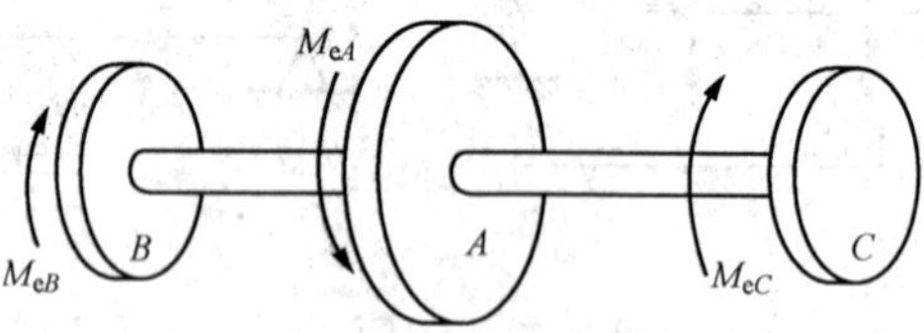

图 6-55 习题 5 图

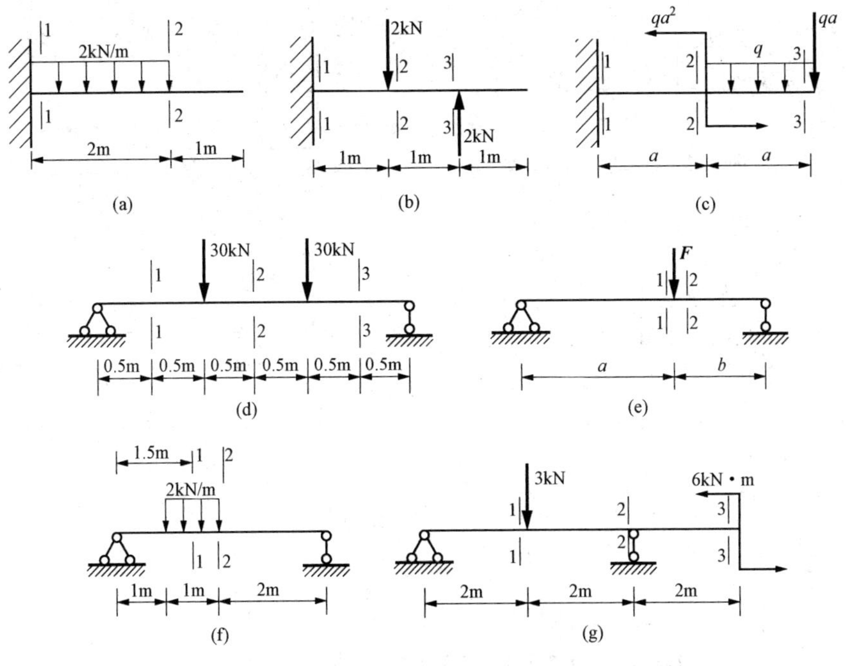

图 6-56　习题 6 图

7. 试用内力方程法绘制图 6-57 所示各梁的剪力图和弯矩图。

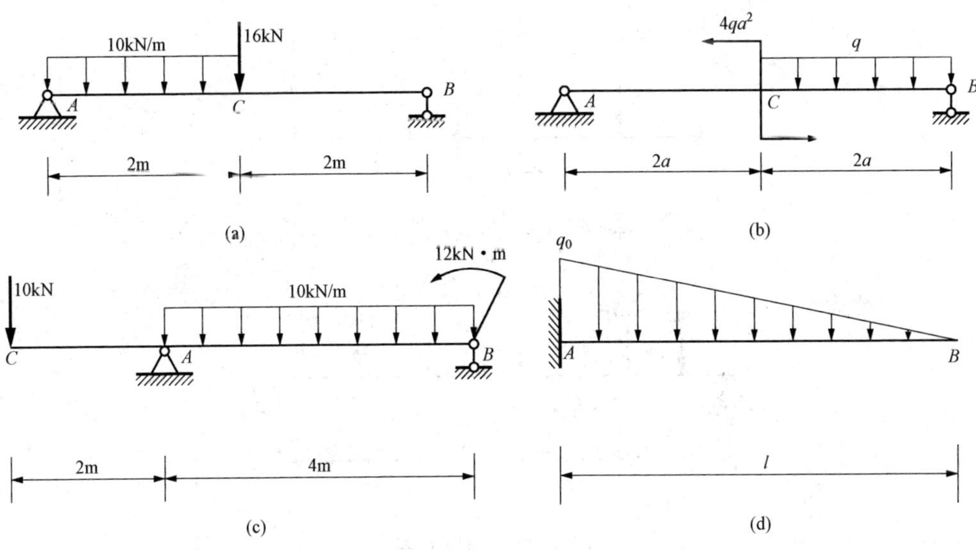

图 6-57　习题 7 图

8. 试用微分关系法绘制图 6-58 所示各梁的剪力图和弯矩图。

9. 试作图 6-59 所示多跨静定梁的弯矩图和剪力图。

10. 绘制图 6-60 所示静定平面刚架的内力图。

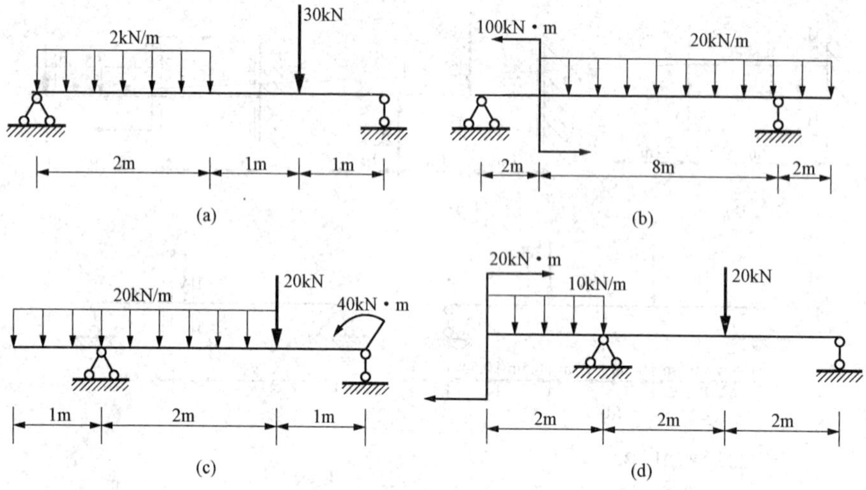

图 6-58 习题 8 图

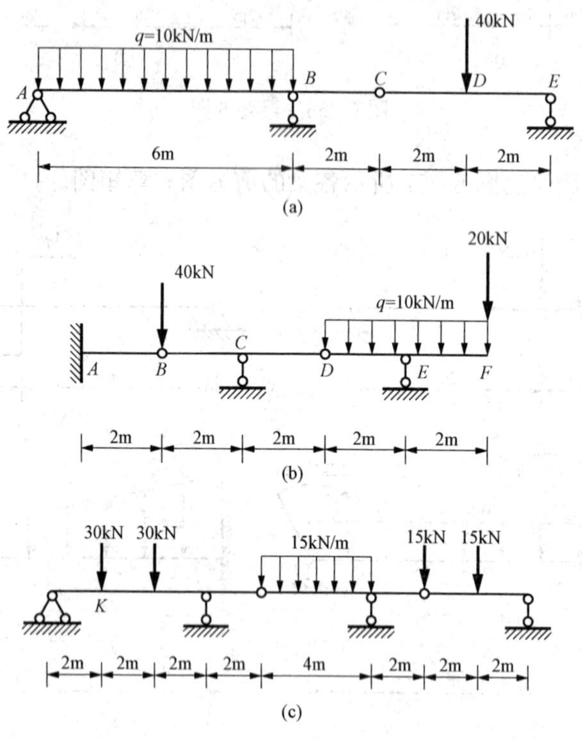

图 6-59 习题 9 图

20kN/m
40kN
C
B
D
4m
A
3m
3m
(a)
2kN
4kN · m
B
C
1kN/m
6m
A
D
3m
3m
(b)
12kN · m
B
C
3m
4kN
E
3m
A
D
6m
2m
(c)
10kN · m
B
C
2m
D
4kN
2kN/m
4m
A
E
4m
(d)
20kN
A
C
B
4kN/m
4m
D
4m
4m
(e)
D
C
E
3m
10kN/m
B
3m
A
3m
3m
(f)

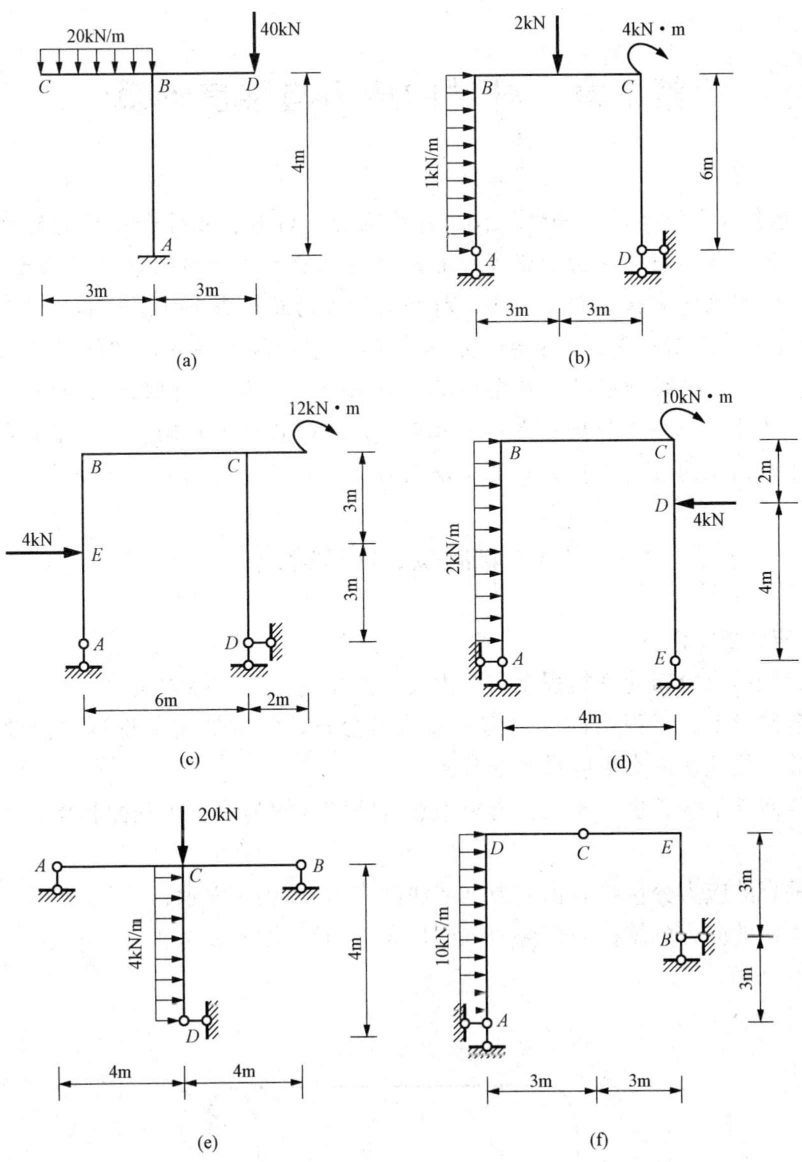

图 6-60　习题 10 图

第 7 章　杆件的应力与强度计算

【要点提示】在本章将学到轴向拉、压杆的应力，材料在拉伸和压缩时的力学性质，拉压杆的强度计算，扭转杆的应力和强度计算，梁的正应力与切应力和梁的强度条件等内容。通过学习，大家应熟练掌握轴向拉（压）杆横截面上的正应力和强度计算，了解低碳钢和铸铁的应力-应变曲线，明确塑性材料和脆性材料的力学性能和差异，理解圆轴扭转时截面上切应力的分布规律和圆轴扭转的强度条件，并能正确应用其解决圆轴扭转的强度问题，正确理解和掌握梁弯曲时正应力和切应力的计算公式，理解正应力和切应力沿截面高度的分布规律，会求梁横截面上的最大正应力和最大切应力。

7.1　轴向拉、压杆的应力

7.1.1　应力的概念

截面某点处内力分布的密集程度（内力在一点处的集度）称为应力。

在大多数情形下，工程构件的内力并非均匀分布，集度的定义准确且重要，因为“破坏”或“失效”往往从内力集度最大处开始。

应力与截面既不垂直也不相切，力学中总是将它分解为垂直于截面和相切于截面的两个分量。

与截面垂直的应力分量称为正应力（或法向应力），用 σ 表示；

与截面相切的应力分量称为切应力（或切向应力），用 τ 表示。

1. 一般受力杆

如图 7 - 1 所示：

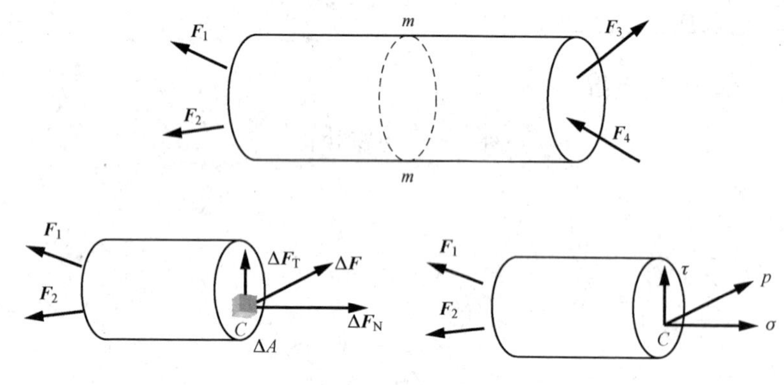

图 7 - 1　一般受力杆件

(1) ΔA 上的平均应力为

$$p_m = \frac{\Delta F}{\Delta A}$$

（2）C 点处的总应力为

$$p=\lim_{\Delta A\to 0}\frac{\Delta F}{\Delta A}=\frac{\mathrm{d}F}{\mathrm{d}A}$$

（3）正应力为

$$\sigma=\lim_{\Delta A\to 0}\frac{\Delta F_{\mathrm{N}}}{\Delta A}=\frac{\mathrm{d}F_{\mathrm{N}}}{\mathrm{d}A}$$

（4）切应力为

$$\tau=\lim_{\Delta A\to 0}\frac{\Delta F_{\mathrm{T}}}{\Delta A}=\frac{\mathrm{d}F_{\mathrm{T}}}{\mathrm{d}A}$$

2. 轴向拉压杆

如图 7 - 2 所示，ΔA 上的平均正应力为

$$\sigma_{\mathrm{m}}=\frac{\Delta F_{\mathrm{N}}}{\Delta A}$$

如图 7 - 3 所示，C 点处的正应力为

$$\sigma=\lim_{\Delta A\to 0}\frac{\Delta F_{\mathrm{N}}}{\Delta A}=\frac{\mathrm{d}F_{\mathrm{N}}}{\mathrm{d}A}$$

图 7 - 2　轴向拉压杆 ΔA 上的平均正应力

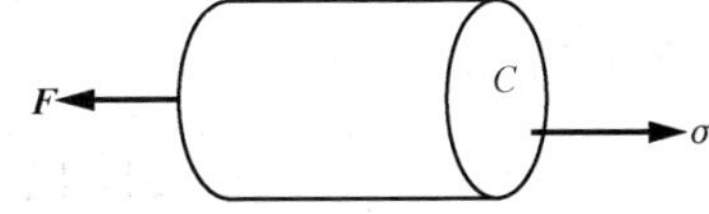

图 7 - 3　轴向拉压杆 C 点处的正应力

7.1.2　轴向拉压杆横截面上正应力的确定

推导的思路：实验→变形规律→应力的分布规律→应力的计算公式。

1. 实验

变形前如图 7 - 4 所示。

受力后如图 7 - 5 所示。

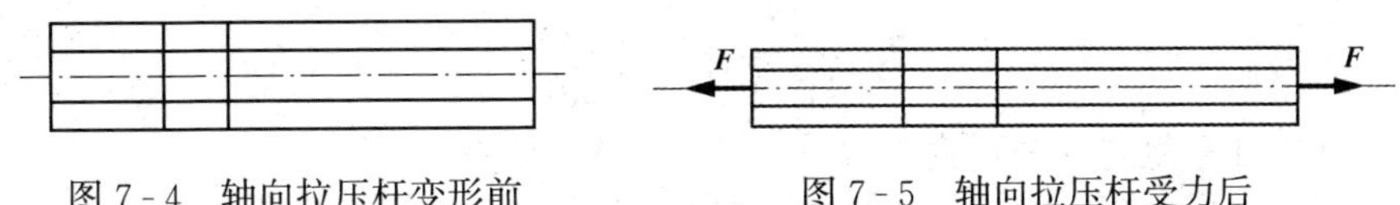

图 7 - 4　轴向拉压杆变形前　　图 7 - 5　轴向拉压杆受力后

2. 变形规律

横向线——仍为平行的直线，且间距增大。

纵向线——仍为平行的直线，且间距减小。

3. 平面假设

受轴向拉伸的杆件，变形前的横截面变形后仍为平面，且各横截面沿杆轴线相对平移了一段距离，见图 7 - 6。

4. 应力的分布规律——均布

轴向拉压等截面直杆，其横截面上的正应力均匀分布，而无切应力，见图 7 - 7。

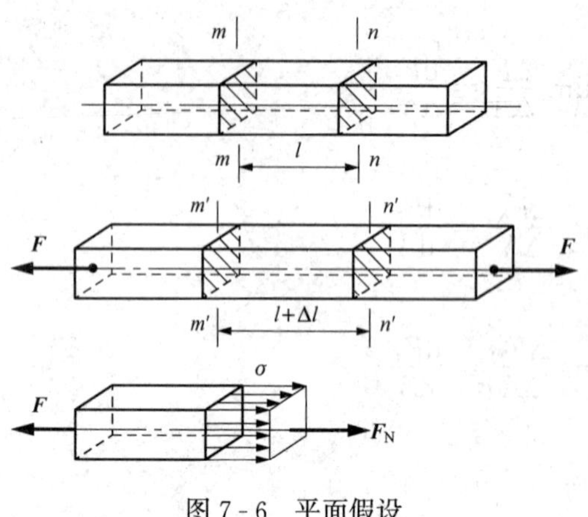

图 7-6 平面假设

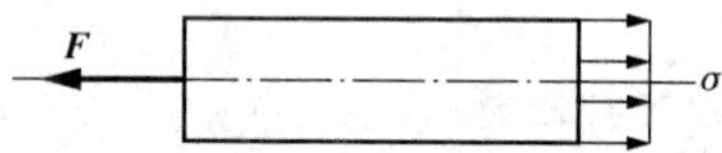

图 7-7 轴向拉压等截面直杆应力的分布规律

5. 应力的计算公式

由 $\sigma=\lim\limits_{\Delta A\to 0}\dfrac{\Delta F_N}{\Delta A}=\dfrac{dF_N}{dA}$ 可得

$$\int_A \sigma dA = F_N$$

由于“均布”，可得

$$\sigma\int_A dA = F_N \rightarrow \sigma A = F_N$$

轴向拉压杆横截面上正应力的计算公式为

$$\sigma=\frac{F_N}{A}$$

6. 拉压杆内最大的正应力

等直杆为

$$\sigma_{max}=\frac{F_{Nmax}}{A}$$

变直杆为

$$\sigma_{max}=\left(\frac{F_N}{A}\right)_{max}$$

7. 正应力的符号规定——同内力

拉伸——拉应力，为正值，方向背离所在截面。

压缩——压应力，为负值，方向指向所在截面。

8. 公式的使用条件

(1) 轴向拉压杆。

(2) 除外力作用点附近以外其他各点处（范围：不超过杆的横向尺寸）。

9. 圣维南原理

作用于杆上的外力可以用其等效力系代替，但替换后外力作用点附近的应力分布将产生显著影响，且分布复杂，其影响范围不超过杆件的横向尺寸。

10. 注意的问题

(1) 公式中各值单位要统一：$N/m^2=Pa$，$N/mm^2=MPa$。

(2)"F_N"代入绝对值，在结果后面可以标出"拉"、"压"。

【例 7-1】　一阶梯形直杆受力如图 7-8 所示，已知横截面面积为 $A_1=400\text{mm}^2$，$A_2=300\text{mm}^2$，$A_3=200\text{mm}^2$，试求各横截面上的应力。

解　(1) 计算轴力，画轴力图。

利用截面法可求得阶梯杆各段的轴力为 $F_1=50\text{kN}$，$F_2=-30\text{kN}$，$F_3=10\text{kN}$，$F_4=-20\text{kN}$。轴力图如图 7-8 (b) 所示。

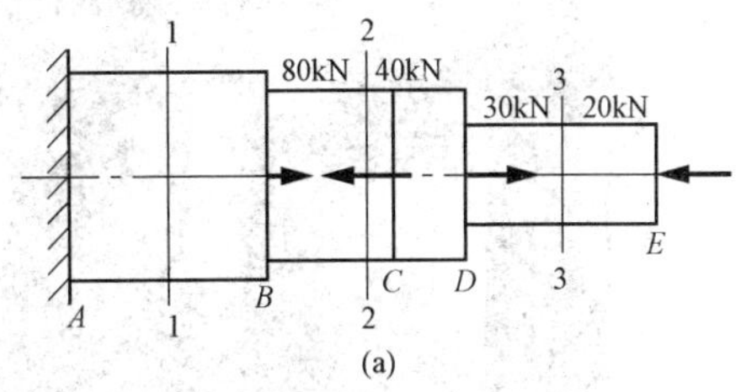

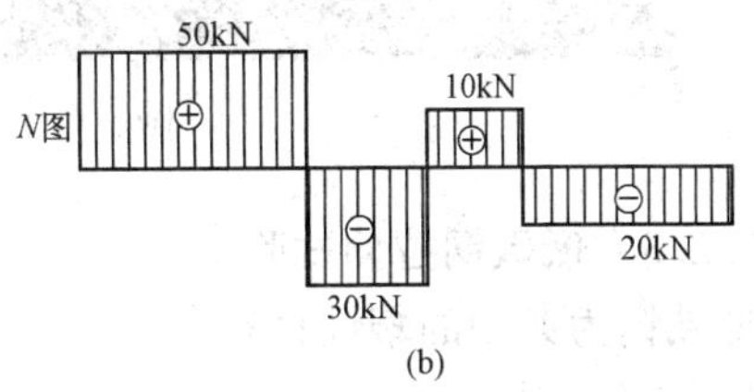

图 7-8　[例 7-1] 图

(2) 计算各段的正应力。

AB 段：

$$\sigma_{AB}=\frac{F_1}{A_1}=\frac{50\times10^3}{400}\text{MPa}=125\text{MPa}$$

BC 段：

$$\sigma_{BC}=\frac{F_2}{A_2}=\frac{-30\times10^3}{300}\text{MPa}=-100\text{MPa}$$

CD 段：

$$\sigma_{CD}=\frac{F_3}{A_2}=\frac{10\times10^3}{300}\text{MPa}=33.3\text{MPa}$$

DE 段：

$$\sigma_{DE}=\frac{F_4}{A_3}=\frac{-20\times10^3}{200}\text{MPa}=-100\text{MPa}$$

7.2　材料在拉压时的力学性能

7.2.1　试验目的

在常温、静载条件下，区分塑性材料和脆性材料在拉伸和压缩时的材料力学性能。材料的力学性能是材料在受力过程中表现出的各种物理性质。

7.2.2　试验准备

1. 试件——国家标准试件（见图 7-9）

试样原始标距与原始横截面面积有 $l_0=k\sqrt{A}$ 关系者为比例试样。国际上使用的比例系数 k 值为 5.65。若 k 为 5.65 不能符合这一最小标距要求时，可以采取较高的值（优先采用 11.3 的值）。

拉伸试件——两端粗，中间细的等直杆。

圆形截面：$L=10d$；$L=5d$。矩形截面：$L=11.3\sqrt{A}$；$L=5.65\sqrt{A}$。

压缩试件——很短的圆柱形，$h=(1.5\sim3.0)d$。

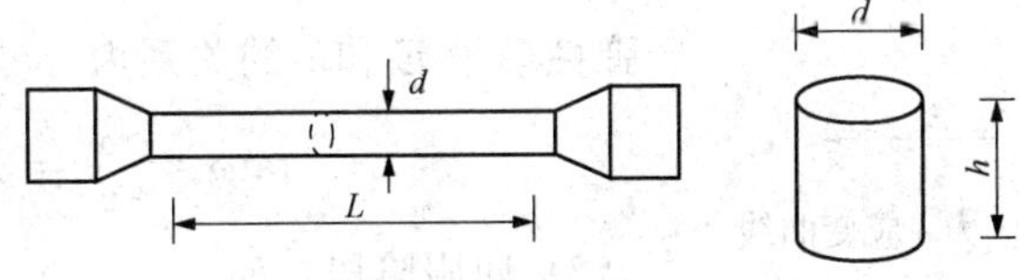

图 7-9　轴向受拉杆件试件

2. 设备——液压式万能材料试验机（见图 7-10）

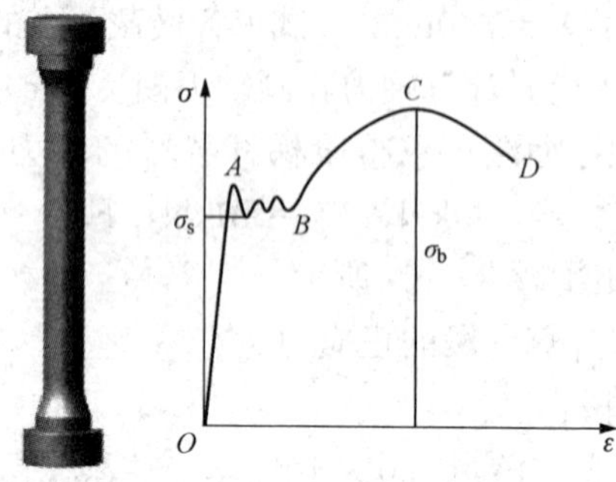

图 7-10 液压式万能材料试验机

7.2.3 低碳钢拉伸试验

低碳钢为典型的塑性材料。

1. 试验方法

逐级加载法。

2. 拉伸图

拉伸图见图 7-11。

3. 应力-应变图

应力-应变图见图 7-12。

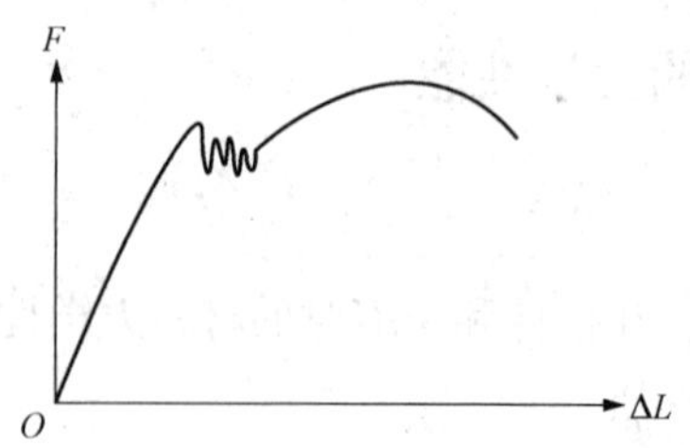

图 7-11 低碳钢拉伸试验 $F-\Delta L$ 曲线

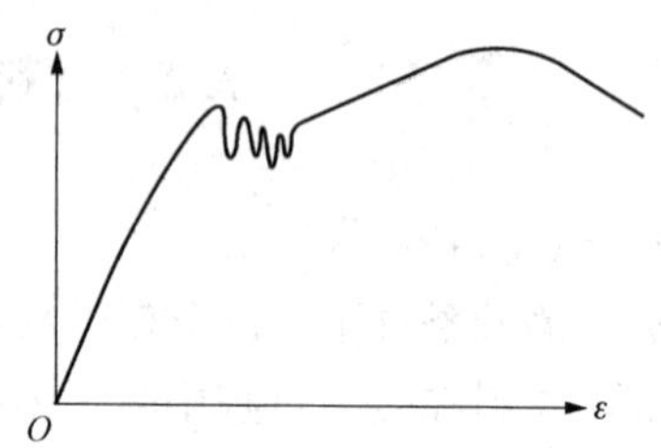

图 7-12 低碳钢拉伸试验 $\sigma-\varepsilon$ 曲线

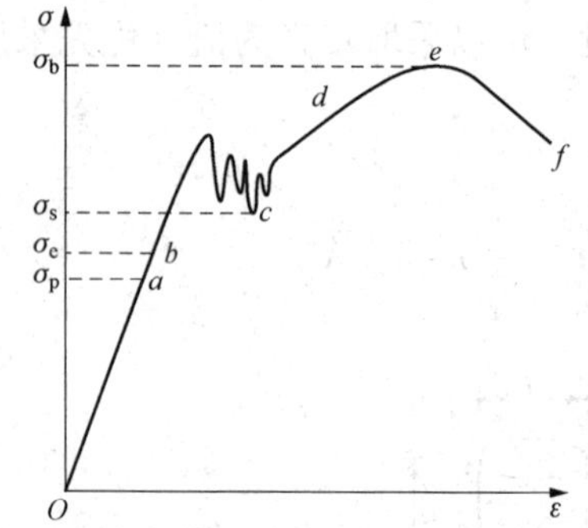

图 7-13 低碳钢拉伸试验应力-应变曲线

ab—微弯曲线段；σ_e—弹性极限

4. 低碳钢拉伸时的四个阶段

在应力-应变图中呈现如图 7-13 所示的四个阶段。

（1）弹性阶段：Oab。

其中 Oa 为直线段；a 点对应的应力称为比例极限，用 σ_p 表示正应力和正应变成线性正比关系，即遵循胡克定律，$\sigma=E\varepsilon$。

弹性模量 E 和 α 的关系为

$$\tan\alpha=\frac{\alpha}{\varepsilon}=E$$

（2）屈服阶段：bc。

过 b 点，应力变化不大，应变急剧增大，曲线上出现水平锯齿形状，材料失去继续抵抗变形的能力，发生屈服现象，工程上常称下屈服强度为材料的屈服极限，用 σ_s 表示屈服段内最低的应力值。它是衡量材料强度的一个指标。

材料屈服时，在光滑试样表面可以观察到与轴线成 45°角的纹线，称为滑移线，见图 7-14。

（3）强化阶段：cde。

材料晶格重组后，又增加了抵抗变形的能力，要使试件继续伸长就必须再增加拉力，这阶段称为强化阶段。

特点：材料恢复抵抗变形能力，随着应力的增加，应变也增加，这种现象称为强化。

曲线最高点 e 处的应力称为强度极限（σ_b，拉伸过程中最高的应力值），它是衡量材料强度的另一个指标。

冷作硬化：如图 7-15 所示，在强化阶段某一点 d 处，缓慢卸载，则试样的应力-应变曲线会沿着 dd_1 回到 d_1 处。

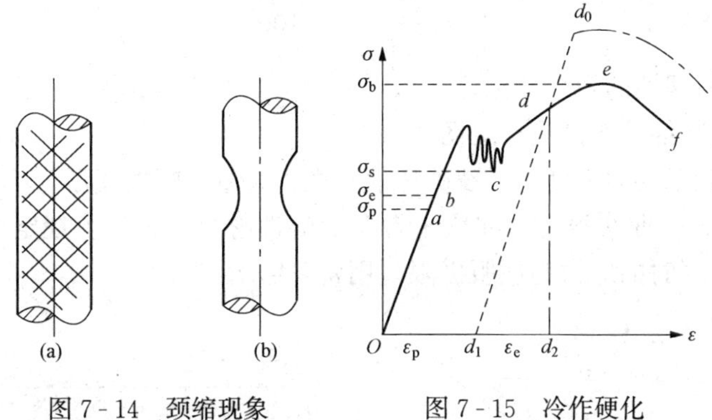

图 7-14　颈缩现象　　图 7-15　冷作硬化

卸载后短期内又继续加载，材料的比例极限提高而塑性变形降低。

（4）局部变形阶段（颈缩阶段）：ef。

试样变形集中到某一局部区域，由于该区域横截面的收缩，形成了图 7-16 所示的“颈缩”现象，最后在“颈缩”处被拉断。

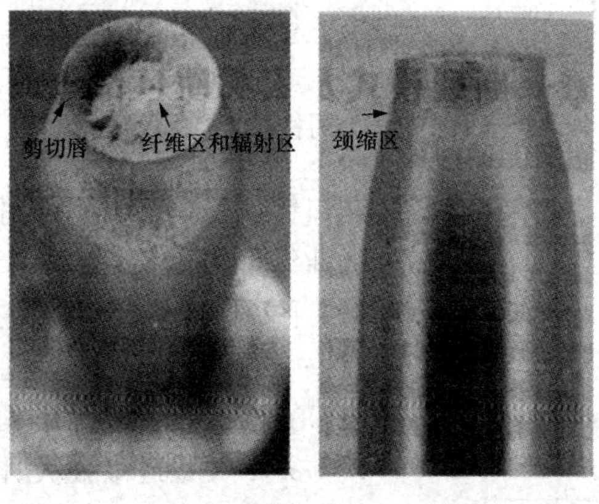

图 7-16　塑性材料拉伸断口

5. 伸长率和截面收缩率

代表材料强度性能的主要指标为屈服极限 σ_s 和强度极限 σ_b。

可以测得表示材料塑性变形能力的两个指标，即伸长率和断面收缩率。

试样拉断后，弹性变形消失，塑性变形保留，试样的长度由 L 变为 L_1，横截面积原为 A，断口处的最小横截面积为 A_1。

(1) 伸长率为

$$\delta=\frac{L_1-L}{L}\times 100\%$$

以常温、静载下的 δ 大小来区分塑性材料和脆性材料。

塑性材料：伸长率 $\delta>5\%$的材料。

脆性材料：伸长率 $\delta<5\%$的材料。

(2) 断面收缩率为

$$\psi=\frac{A-A_1}{A}\times 100\%$$

它们是衡量材料塑性的两个指标。

7.2.4 其他材料的拉伸试验（见图 7-17）

此类材料与低碳钢共同之处是断裂破坏前要经历大量的塑性变形，不同之处是没有明显的屈服阶段。对于 $\sigma-\varepsilon$ 曲线没有“屈服平台”的塑性材料，工程上规定取完全卸载后具有残余应变量 $\varepsilon_p=0.2\%$时的应力为屈服极限，用 $\sigma_{0.2}$ 表示。

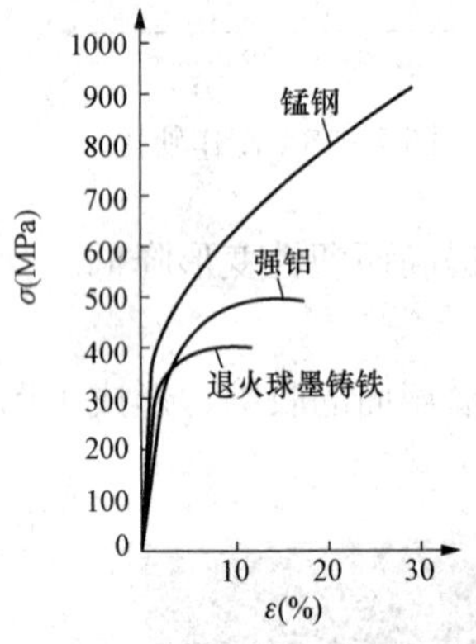

材料	锰钢	强铝	退火球墨铸铁
弹性阶段	√	√	√
屈服阶段	×	×	×
强化阶段	√	√	√
局部变形阶段	×	√	√
伸长率	>5%	>5%	>5%

图 7-17 不同材料的拉伸试验

灰口铸铁是典型的脆性材料，其应力-应变图是一微弯的曲线，如图 7-18 所示。

(1) 图 7-18 中灰口铸铁拉伸时的应力-应变关系，它只有一个强度指标 σ_b；且抗拉强度较低。

(2) 在断裂破坏前，几乎没有塑性变形。

(3) $\sigma-\varepsilon$ 关系近似服从胡克定律，并以割线的斜率作为弹性模量。

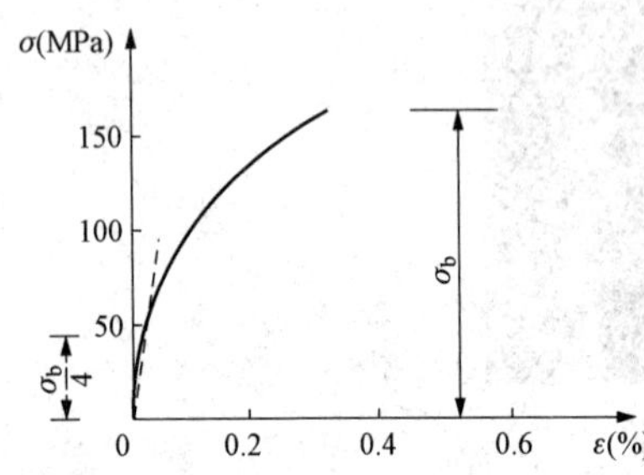

图 7-18 灰口铸铁应力-应变曲线

7.2.5　材料压缩时的力学性能

金属材料的压缩试样，一般制成短圆柱形，圆柱的高度为直径的 1.5～3 倍，试样的上下平面有平行度和光洁度的要求。非金属材料，如混凝土、石料等通常制成正方形。

低碳钢是塑性材料，压缩时的应力-应变图如图 7 - 19（a）所示。在屈服以前，压缩时的曲线和拉伸时的曲线基本重合，屈服以后随着压力的增大，试样被压成“鼓形”，最后被压成“薄饼”而不发生断裂，所以低碳钢压缩时无强度极限。

铸铁是脆性材料，压缩时的应力-应变图如图 7 - 19（b）所示，试样在较小变形时突然破坏，压缩时的强度极限远高于拉伸强度极限（为 3～6 倍），破坏断面与横截面大致成 45°的倾角。

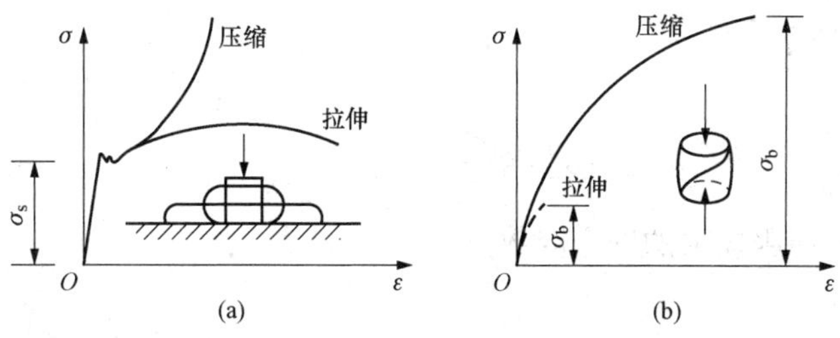

图 7 - 19　铸铁压缩时的应力 - 应变图

铸铁压缩破坏属于剪切破坏。其他脆性材料压缩时的力学性质大致同铸铁，工程上一般作为抗压材料。

建筑专业用的混凝土，压缩时的应力-应变图如图 7 - 20 所示。从曲线上可以看出，混凝土的抗压强度要比抗拉强度大 10 倍左右，且呈现脆性破坏，属脆性材料。

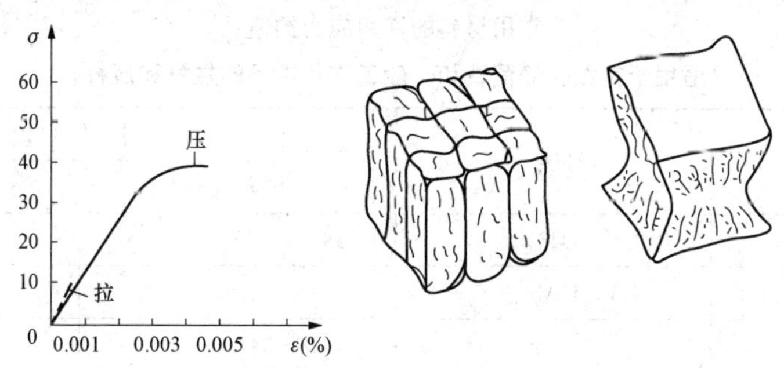

图 7 - 20　混凝土压缩时的应力 - 应变图

7.2.6　小结

衡量材料力学性质的指标：σ_p（σ_e）、σ_s、σ_b、E、δ。

衡量材料强度的指标：σ_s、σ_b。

衡量材料塑性的指标：δ、ψ。

7.3 拉压杆的强度计算

7.3.1 极限应力、许用应力

1. 拉（压）杆的强度条件

强度条件是指保证拉（压）杆在使用寿命内不发生强度破坏的条件，公式为

$$\sigma_{max} \leqslant [\sigma]$$

式中 σ_{max}——拉（压）杆的最大工作应力；

$[\sigma]$——材料拉伸（压缩）时的许用应力。

2. 材料的拉、压许用应力

塑性材料：

$$[\sigma] = \frac{\sigma_s}{n_s} \text{或} [\sigma] = \frac{\sigma_{p0.2}}{n_s}$$

式中 n_s——对应于屈服极限的安全因数。

脆性材料：

$$\text{许用拉应力}[\sigma_t] = \frac{\sigma_b}{n_b},$$

$$\text{许用压应力}[\sigma_c] = \frac{\sigma_{bc}}{n_b}$$

式中 n_b——对应于拉、压强度的安全因数。

常用材料的许用应力约值见表 7-1。

表 7-1 常用材料的许用应力约值

（适用于常温、静荷载和一般工作条件下的拉杆和压杆）

材料名称	牌号	许用应力（MPa）	
		轴向拉伸	轴向压缩
低碳钢	Q235	170	170
低合金钢	16Mn	230	230
灰口铸铁	—	34～54	160～200
混凝土	C20	0.44	7
	C30	0.6	10.3
红松（顺纹）	—	6.4	10

3. 关于安全因数的考虑

（1）考虑强度条件中一些量的变异。如极限应力（σ_s，$\sigma_{p0.2}$，σ_b，σ_{bc}）、构件横截面尺寸、荷载的变异，以及计算简图与实际结构的差异。

（2）考虑强度储备。计及使用寿命内可能遇到意外事故或其他不利情况，也计及构件的重要性及破坏的后果。

安全因数的大致范围：静荷载（徐加荷载）下，n_s=1.25～2.5，n_b=2.5～3.0。

7.3.2　强度条件

为了保障构件安全工作，构件内的最大工作应力必须小于许用应力，即

$$\sigma_{max} \leqslant [\sigma]$$

等直杆为

$$\sigma_{max} = \frac{F_{Nmax}}{A}$$

变直杆为

$$\sigma_{max} = \left(\frac{F_N}{A}\right)_{max}$$

7.3.3　强度计算

（1）强度校核。已知拉（压）杆材料、横截面尺寸及所受荷载，检验能否满足强度条件 $\sigma_{max} \leqslant [\sigma]$；对于等截面直杆即为

$$\sigma_{max} = \frac{F_{N,max}}{A} \leqslant [\sigma]$$

（2）截面选择。已知拉（压）杆材料及所受荷载，按强度条件求杆件横截面面积或尺寸。

$$A \geqslant \frac{F_{N,max}}{[\sigma]}$$

（3）计算许可荷载。已知拉（压）杆材料和横截面尺寸，按强度条件确定杆所能容许的最大轴力，进而计算许可荷载。$F_{N,max} \leqslant A[\sigma]$，由 $F_{N,max}$ 计算相应的荷载。

【例 7-2】　如图 7-21 所示，已知一圆杆受拉力 $F=25\text{kN}$，直径 $d=14\text{mm}$，许用应力 $[\sigma]=170\text{MPa}$，试校核此杆是否满足强度要求。

解　（1）轴力：

$$F_N = F = 25\text{kN}$$

（2）应力：

$$\sigma_{max} = \frac{F_N}{A} = \frac{4F}{\pi d^2} = \frac{4 \times 25 \times 10^3}{3.14 \times 14^2} = 162\text{MPa}$$

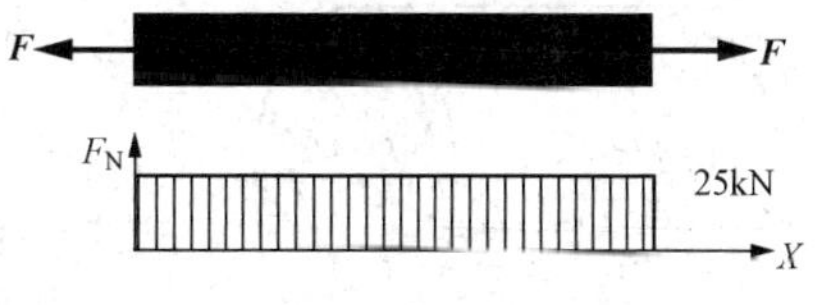

图 7-21　［例 7-2］图

（3）强度校核：

$$\sigma_{max} = 162\text{MPa} < [\sigma] = 170\text{MPa}$$

（4）结论：此杆满足强度要求，能够正常工作。

【例 7-3】　如图 7-22 所示，已知变截面直杆 ABC 的 $[\sigma]=100\text{MPa}$，AB、BC 各段的横截面均为正方形，求 AB、BC 各段边长。

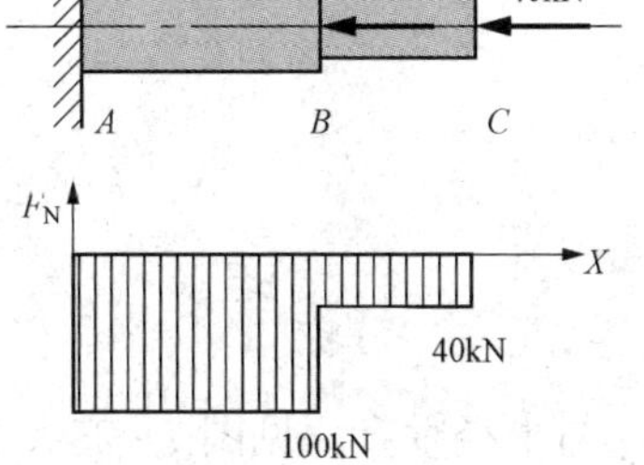

图 7-22　［例 7-3］图

解　（1）画 F_N 图。

（2）边长的确定：

$$\sigma_{max} = \frac{F_{N,max}}{A} \leqslant [\sigma]$$

可得

$$A \geqslant F_{N,max}/[\sigma]$$

$$A_{BC} \geqslant F_{NBC}/[\sigma] = 40 \times 10^3/100 = 400\text{mm}^2$$

$$a_{BC} = \sqrt{400} = 20\text{mm}$$

$$A_{AB} \geqslant F_{NAB}/[\sigma] = 100 \times 10^3/100 = 1000\text{mm}^2$$

$$a_{AB} = \sqrt{1000} = 31.6\text{mm}$$

7.4 扭转杆的应力和强度计算

7.4.1 横截面上的切应力

1. 变形几何关系

(1) 变形现象，如图 7-23 所示。

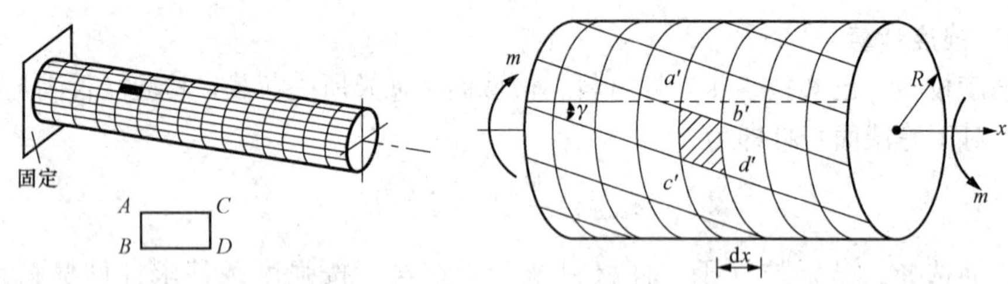

图 7-23 受扭杆件

1) 轴向线仍为直线，且无伸缩。

2) 横向线大小、形状均不变，且仍与轴线垂直。

3) 纵向线变形后倾斜了一个角度 γ，仍为平行。

4) 径向线保持为直线，只是绕轴线旋转。

(2) 平面假设。变形前为平面的横截面，变形后仍保持为平面。

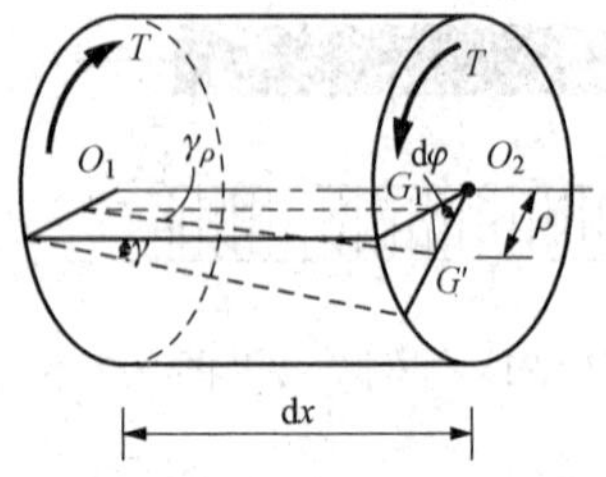

图 7-24 受扭杆件变形几何关系

(3) 变形几何关系，如图 7-24 所示。

$$\gamma \approx \tan\gamma = R\frac{\mathrm{d}\varphi}{\mathrm{d}x}$$

式中 γ——圆截面边缘上点的切应变。

距圆心为 ρ 的一点的切应变为

$$\gamma_\rho = \rho\frac{\mathrm{d}\varphi}{\mathrm{d}x}$$

式中 $\frac{\mathrm{d}\varphi}{\mathrm{d}x}$——扭转角沿长度方向的变化率。

对一确定平面，$\frac{\mathrm{d}\varphi}{\mathrm{d}x}=\text{const}$。

任一点处的切应变 γ_ρ 与其到圆心的距离 ρ 成正比。

2. 物理关系

将变形关系式 $\gamma_\rho = \rho\frac{\mathrm{d}\varphi}{\mathrm{d}x}$ 代入剪切胡克定律 $\tau = G\gamma$ 得

$$\tau_\rho = G\gamma_\rho = G\rho\frac{\mathrm{d}\varphi}{\mathrm{d}x}$$

同一圆周上各点切应力 τ_ρ 均相同，且其值与 ρ 成正比，τ_ρ 与半径垂直，见图 7-25。

3. 静力关系（见图 7 - 26）

$$T=\int_A \mathrm{d}A\tau_\rho\rho=\int_A G\rho^2\frac{\mathrm{d}\varphi}{\mathrm{d}x}\mathrm{d}A=G\frac{\mathrm{d}\varphi}{\mathrm{d}x}\int_A\rho^2\mathrm{d}A$$

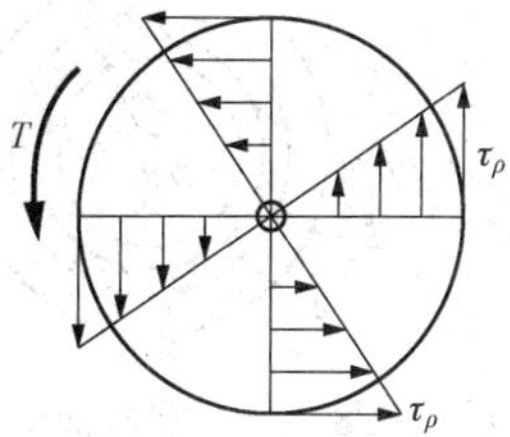

图 7 - 25　受扭杆件应力分布

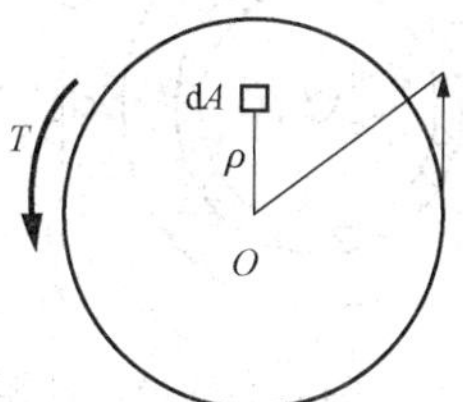

图 7 - 26　静力关系

令

$$I_{\mathrm{p}}=\int_A\rho^2\mathrm{d}A$$

$$T=GI_{\mathrm{p}}\frac{\mathrm{d}\varphi}{\mathrm{d}x}$$

$$\frac{\mathrm{d}\varphi}{\mathrm{d}x}=\frac{T}{GI_{\mathrm{p}}}$$

代入物理关系式

$$\tau_\rho=\rho G\frac{\mathrm{d}\varphi}{\mathrm{d}x}$$

得

$$\tau_\rho=\frac{T\rho}{I_{\mathrm{p}}}\tag{7 - 1}$$

式（7 - 1）为横截面上距圆心为 ρ 处任一点切应力的计算公式。

4. 公式讨论

（1）仅适用于各向同件、线弹性材料，在小变形时的等圆截面直杆。

（2）式（7 - 1）中：T 为横截面上的扭矩，由截面法通过外力偶矩求得；ρ 为该点到圆心的距离；I_{p} 为极惯性矩，纯几何量，无物理意义，其公式为 $I_{\mathrm{p}}=\int_A\rho^2\mathrm{d}A$，单位为 mm^4 或 m^4。

（3）尽管由实心圆截面杆推出，但同样适用于空心圆截面杆，只是 I_{p} 值不同。

5. 圆截面的极惯性矩 I_{p} 和抗扭截面系数 W_{t}

（1）实心圆截面（见图 7 - 27）的极惯性矩为

$$I_{\mathrm{p}}=\int_A\rho^2\mathrm{d}A=2\pi\int_0^{\frac{D}{2}}\rho^3\mathrm{d}\rho=\frac{\pi D^4}{32}$$

抗扭截面系数为

$$W_{\mathrm{t}}=\frac{I_{\mathrm{P}}}{\frac{D}{2}}=\frac{\frac{\pi D^4}{32}}{\frac{D}{2}}=\frac{\pi D^3}{16}$$

（2）空心圆截面（见图 7 - 28）的极惯性矩为

$$I_p=\int_A \rho^2 dA=\int_{\frac{d}{2}}^{\frac{D}{2}} 2\pi\rho^3 d\rho=\frac{1}{32}\pi(D^4-d^4)=\frac{1}{32}\pi D^4(1-\alpha^4)$$

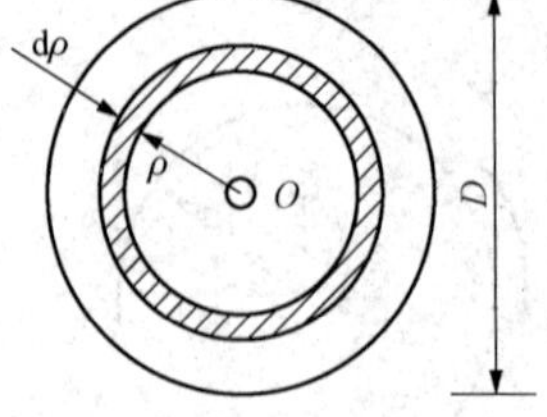

图 7-27 圆截面的极惯性矩

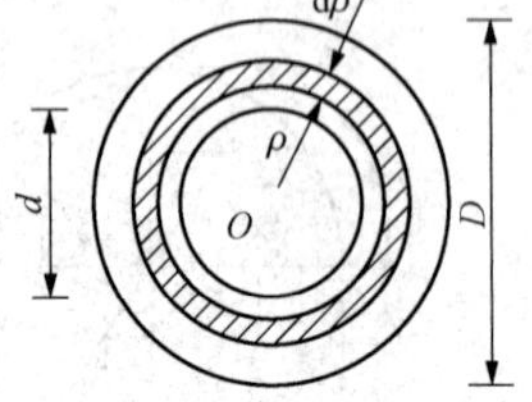

图 7-28 空心圆截面的极惯性矩

抗扭截面系数为

$$W_t=\frac{I_p}{\frac{D}{2}}=\frac{1}{16}\pi D^3(1-\alpha^4)$$

式中 $\alpha=\frac{d}{D}$，为空心圆轴内外径之比。

极惯性矩的量纲是长度的四次方，常用的单位为 mm^4。

抗扭截面系数的量纲是长度的三次方，常用单位为 mm^3。

6. 应力分布

由图 7-29、图 7-30 可知，空心截面构件具有强度高、节约材料、质量轻、结构轻便等优点，所以工程上广泛采用空心截面构件。

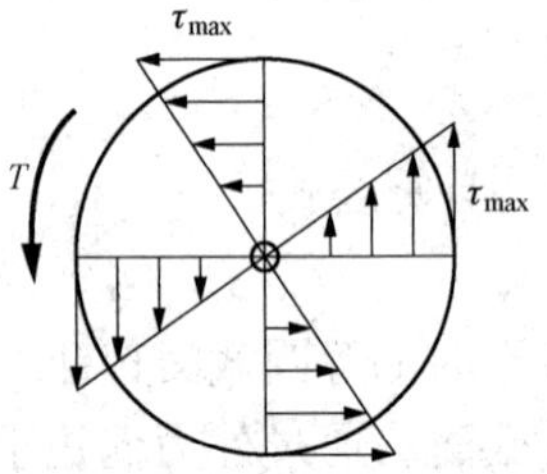

图 7-29 实心截面应力分布

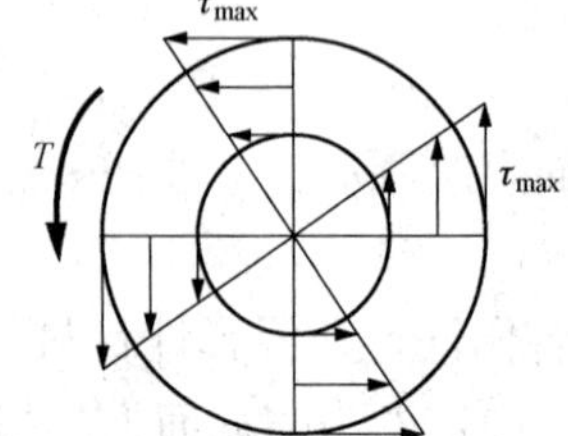

图 7-30 空心截面应力分布

7. 确定最大切应力

由 $\tau_\rho=\frac{T\rho}{I_p}$知，当 $\rho=R=\frac{d}{2}$时，$\tau_\rho\to\tau_{max}$，所以

$$\tau_{max}=\frac{T\times\frac{d}{2}}{I_p}=\frac{T}{\frac{I_p}{\frac{d}{2}}}=\frac{T}{W_t}\quad\left(令\ W=\frac{I_p}{\frac{d}{2}}\right)$$

$$\tau_{max}=\frac{T}{W_t}$$

式中 W_t——抗扭截面系数（抗扭截面模量），几何量，mm^3 或 m^3。

对于实心圆截面：

$$W_t=\frac{I_p}{R}=\frac{\pi D^3}{16}\approx 0.2D^3$$

对于空心圆截面：

$$W_t=\frac{I_p}{R}=\frac{\pi D^3(1-\alpha^4)}{16}\approx 0.2D^3(1-\alpha^4)$$

7.4.2　圆轴扭转时的强度计算

1. 圆轴扭转强度条件

工程上要求圆轴扭转时的最大切应力不得超过材料的许用切应力 $[\tau]$，即

$$\tau_{max}=\left(\frac{T}{W_t}\right)_{max}\leqslant[\tau] \tag{7-2}$$

式（7-2）称为圆轴扭转强度条件。

试验表明，材料扭转许用切应力如下：

塑性材料为

$$[\tau]=(0.5\sim0.6)[\sigma]$$

脆性材料为

$$[\tau]=(0.8\sim1.0)[\sigma]$$

2. 圆轴扭转时的强度计算

强度条件：

$$\tau_{max}\leqslant[\tau]$$

对于等截面圆轴：

$$\frac{T_{max}}{W_t}\leqslant[\tau]$$

式中　$[\tau]$　—许用切应力。

强度计算三方面：

（1）校核强度：

$$\tau_{max}=\frac{T_{max}}{W_t}\leqslant[\tau]$$

（2）设计截面尺寸：

$$W_t\geqslant\frac{T_{max}}{[\tau]},\ W_t\begin{cases}实心:\dfrac{\pi D^3}{16}\\ 空心:\dfrac{\pi D^3}{16}(1-\alpha^4)\end{cases}$$

（3）计算许可荷载：

$$T_{max}\leqslant W_t[\tau]$$

【例 7-4】　汽车的主传动轴由 45 号钢的无缝钢管制成，外径 $D=90$mm，壁厚 $\delta=2.5$mm，工作时的最大扭矩 $T=1.5$kN·m，若材料的许用切应力 $[\tau]=60$MPa，试校核该轴的强度。

解　（1）计算抗扭截面系数。

主传动轴的内外径之比为

$$\alpha = \frac{d}{D} = \frac{90 - 2 \times 2.5}{90} = 0.944$$

抗扭截面系数为

$$W_t = \frac{1}{16}\pi D^3(1-\alpha^4) = \frac{1}{16}\pi \times 90^3 \times (1-0.944^4) = 295 \times 10^2 \text{mm}^3$$

（2）计算轴的最大切应力：

$$\tau_{max} = \frac{T_{max}}{W_t} = \frac{1.5 \times 10^6 \text{N} \cdot \text{mm}}{295 \times 10^2 \text{mm}^3} = 50.8\text{MPa}$$

（3）强度校核：

$$\tau_{max} = 50.8\text{MPa} < [\tau]$$

结论：主传动轴安全。

7.5　梁的正应力及强度计算

平面弯曲情况下，一般梁横截面上既有弯矩又有剪力，所以它们在梁的横截面上会引起相应的切应力 τ 和正应力 σ，如图 7 - 31 所示梁的 AC、DB 段。而在 CD 段内，梁横截面上剪力等于零，而只有弯矩，这种情况称为纯弯曲。在计算时，应综合考虑变形几何关系、物理关系和静力学关系等因素。以下推导梁纯弯曲时，横截面上的正应力公式。

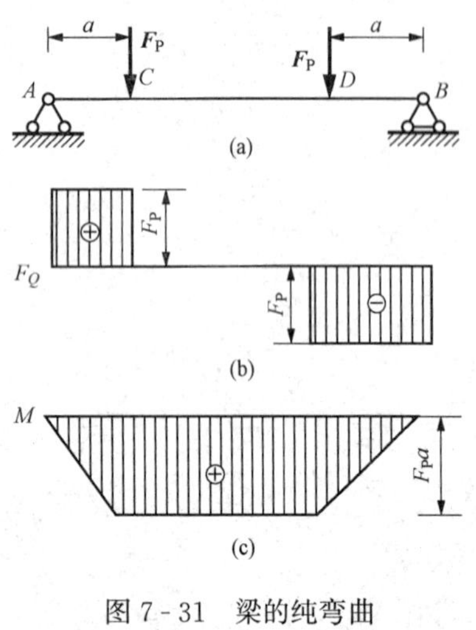

图 7 - 31　梁的纯弯曲

7.5.1　弯曲正应力

1. 正应力分布规律

为了解正应力在横截面上的分布情况，可先观察梁的变形。取一弹性较好的矩形截面梁，在其表面画上一系列与轴线平行的纵向线及与轴线垂直的横向线，构成许多均等的小矩形，如图 7 - 32（a）所示；然后在梁的两端施加一对力偶矩为 M 的外力偶，使梁发生纯弯曲变形，如图 7 - 32（b）所示，这时可观察到下列现象：

（1）梁表面的横线仍为直线，仍与纵线正交，只是横线间作相对转动。

（2）纵线变为曲线，而且靠近梁顶面的纵线缩短，靠近梁底面的纵线伸长。

（3）在纵线伸长区，梁的宽度减小，而在纵线缩短区，梁的宽度则增加，情况与轴向拉、压时的变形相似。

根据上述现象，对梁内变形与受力作以下假设：变形后，横截面仍保持平面，且仍与纵线正交；梁内各纵向纤维仅承受轴向拉应力或压应力。前者称为弯曲平面假设，后者称为单向受力假设。根据平面假设，横截面上各点处均无剪切变形，因此纯弯时，梁的横截面上不存在切应力。根据平面假设，梁弯曲时部分纤维伸长、部分纤维缩短，由伸长区到缩短区，其间必存在一个长度不变的过渡层，称为中性层，如图 7 - 32（c）所示。中性层与横截面的交线称为中性轴。对于具有对称截面的梁，在平面弯曲的情况下，由于荷载及梁的变形都对称于纵向对称面，因此中性轴必与截面的对称轴垂直。

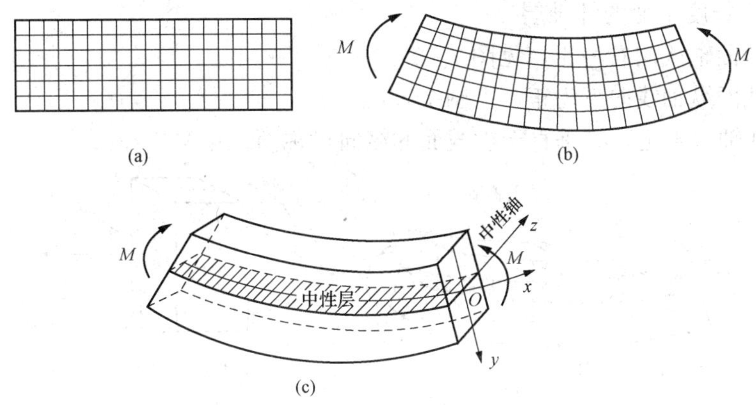

图 7 - 32　梁的纯弯曲变形

综上所述，纯弯曲时梁的所有横截面保持平面，仍与变弯后的梁轴正交，并绕中性轴作相对转动（见图 7 - 33），而所有纵向纤维则均处于单向受力状态。

2. 几何关系

在侧表面上画有横向轴线和纵向轴线的直梁，当其在竖直平面内发生纯弯曲（见图 7 - 34）时，可观察到以下表面变形情况：

（1）各横向轴线仍在同一平面内，只是各自绕着与弯曲平面垂直的轴线转动了一个角度，$m-m$ 和 $n-n$ 仍为直线且仍垂直于已变成弧线的 $a-a$ 与 $b-b$，只是相对转了一个角度。

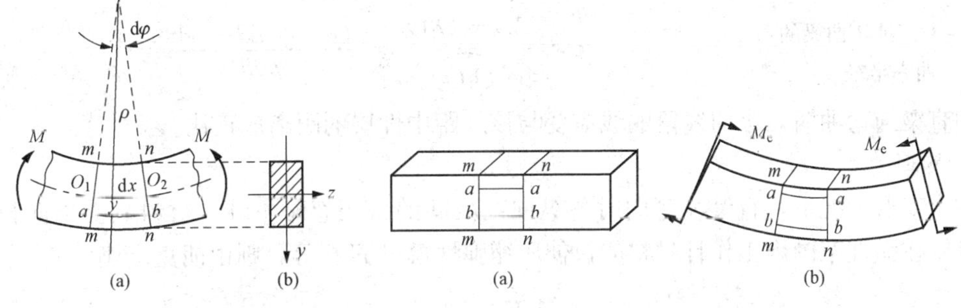

图 7 - 33　梁的平面假设　　　图 7 - 34　纯弯曲梁的平面假设

（2）纵向线段变弯，但仍与横向轴线垂直。变形后纵向线 $b-b$ 变长，$a-a$ 变短，且由直线变成弧线，矩形截面上部变窄、下部变宽。

（3）部分纵向线段伸长，见图 7 - 34（b）中 $b-b$ 线；部分纵向线段缩短，见图 7 - 34（b）中 $a-a$ 线。

直梁在纯弯曲时，原为平面的横截面仍保持为平面，且仍垂直于弯曲后梁的轴线，只是相邻横截面各自绕着与弯曲平面垂直的某一横向轴——中性轴作了相对转动，这是梁的平面假设。

平面假设：原为平面的横截面弯曲变形后仍为平面，且仍垂直于变形后梁的轴线，只是绕横截面内某一轴旋转了一个角度（梁的纵向纤维互不挤压，只有轴向拉伸与压缩）。

中性轴即梁弯曲时，由没有伸长和缩短的纵向线段所构成的中性层与梁的横截面的交线，见图 7 - 35。

中性层：其长度不变的纤维层。

x 轴：横截面轴线向右为正，见图 7-36。

y 轴：横截面纵轴线向下为正，见图 7-36。

z 轴：中性轴（未定）必垂直于横截面的纵向对称面，见图 7-36。

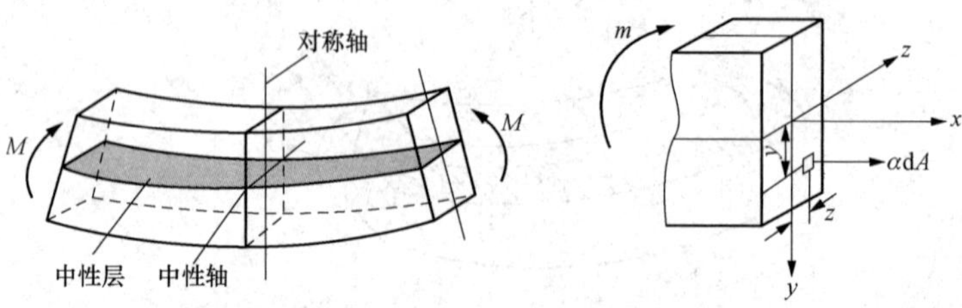

图 7-35　纯弯曲梁的中性轴　　　图 7-36　纯弯曲梁的截面

现在来研究相距 $\mathrm{d}x$ 的两横截面之间，距中性层为任意距离 y 的纵向线段 AB 在梁发生纯弯曲时的线应变，见图 7-37。

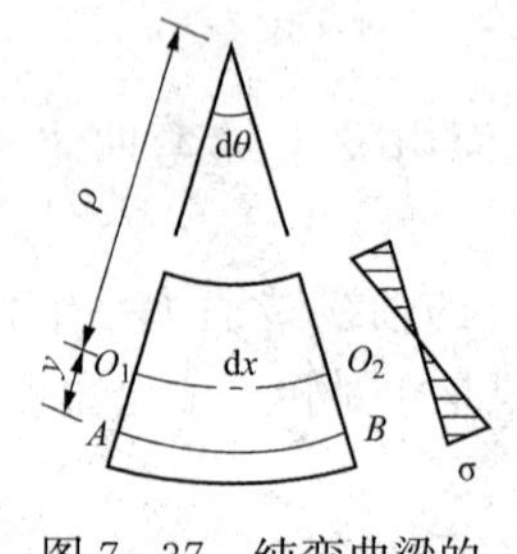

图 7-37　纯弯曲梁的曲率半径

设 ρ 为中性层的曲率半径，从几何方面考虑：

$$\widehat{O_1O_2} = \rho\mathrm{d}\theta$$

$\mathrm{d}\theta$ 为相距 $\mathrm{d}x$ 的两横截面的相对转角。

距中性层 y 轴处纤维长度为

$$\widehat{AB} = (\rho + y)\mathrm{d}\theta$$

则纤维$\widehat{AB}$的线应变为

$$\varepsilon = \frac{\widehat{AB} - \widehat{O_1O_2}}{\widehat{O_1O_2}} = \frac{(\rho + y)\mathrm{d}\theta - \rho\mathrm{d}\theta}{\rho\mathrm{d}\theta} = \frac{y}{\rho}$$

即直梁纯弯曲时，纵向线段的线应变与该线距中性层的距离成正比。

3. 物理关系

在小变形情况下，直梁纯弯曲时各纵向线段间的挤压忽略不计，材料只受单向拉伸压缩。设梁在弹性范围内工作且材料的拉伸压缩弹性模量 E 相等，则由胡克定律

$$\sigma = E\varepsilon = E\frac{y}{\rho} \tag{7-3}$$

式（7-3）表明直梁横截面上的弯曲正应力在与中性轴垂直的 y 方向按直线规律变化。

在中性轴 $y=0$ 处正应力为零，即 $\sigma=0$。

为了求直梁纯弯曲时正应力 σ 的分布规律，须先确定中性轴位置与曲率半径 ρ 的大小，这时必须通过应力与内力的静力学关系确定。

4. 静力学关系

为了确定中性轴的位置，以及把弯曲正应力与弯矩联系起来，需要利用静力学中力系合成的关系。梁发生纯弯曲时，横截面上只有正应力，所有微小内力（σ、$\mathrm{d}A$）构成空间平行力系，而横截面上无轴力，所以只有 xy 平面内的弯矩 M，即

$$F_{\mathrm{N}} = \int_A \sigma\mathrm{d}A = 0,\ M = \int_A \sigma y\mathrm{d}A = 0$$

将 $\sigma = E\varepsilon = E\dfrac{y}{\rho}$ 代入 $F_{\mathrm{N}} = \int_A \sigma\mathrm{d}A = 0$ 中，有

$$F_N = \int_A \sigma \mathrm{d}A = \int_A E \frac{y}{\rho} \mathrm{d}A = \frac{E}{\rho} \int_A y \mathrm{d}A = 0 \tag{7-4}$$

注意$\frac{E}{\rho}$不可能为零，则式（7-4）要求$\int_A y\mathrm{d}A = 0$，也就是横截面对于中性轴 z 的静矩（也称面积矩）应等于零，即

$$S_z = \int_A y \mathrm{d}A = 0$$

这就是说中性轴通过横截面的形心。

将$\sigma = E\frac{y}{\rho}$代入$M = \int_A \sigma y \mathrm{d}A$中，有

$$M = \int_A \sigma \mathrm{d}Az = \int_A E \frac{y^2}{\rho} \mathrm{d}A = \frac{E}{\rho} \int_A y^2 \mathrm{d}A$$

令$I_z = \int_A y^2 \mathrm{d}A$，则

$$M = \frac{E}{\rho} I_z = \frac{EI_z}{\rho}$$

$$\frac{1}{\rho} = \frac{M}{EI_z}$$

I_z 为横截面对于中性轴 z 的惯性矩，单位为 mm^4 或 m^4。

$$I_z = \int_A y^2 \mathrm{d}A$$

它是横截面的几何性质，EI_z 为弯曲刚度。EI_z 大，弯曲变形就小。

将$\frac{1}{\rho} = \frac{M}{EI_z}$代入$\sigma = E\frac{y}{\rho}$中，得

$$\text{正应力} \ \sigma = \frac{My}{I_z} \tag{7-5}$$

式中　M——横截面上弯矩；

y——求应力的点离中性轴的距离；

I_z——横截面对于中性轴 z 的惯性矩。

注意：梁弯曲变形时凹入一侧受压，凸出一侧受拉。因此应用式（7-5）时均可代入 M、y 的绝对值，而正应力的正负号由梁的变形来确定。

当 $M>0$ 时，z 轴上侧所有点为压应力，下侧所有点为拉应力；

当 $M<0$ 时，z 轴下侧所有点为压应力，上侧所有点为拉应力。

形状简单的截面对于中性轴的惯性矩常可以直接根据惯性矩的定义导出计算公式。

（1）矩形截面［见图 7-38（a）］：

$$I_z = \frac{1}{12} bh^3$$

（2）实心圆截面［见图 7-38（b）］：

$$I_z = I_y = \frac{1}{64} \pi D^4$$

（3）空心圆截面［见图 7-38（c）］：

$$I_z = I_y = \frac{1}{64} \pi (D^4 - d^4)$$

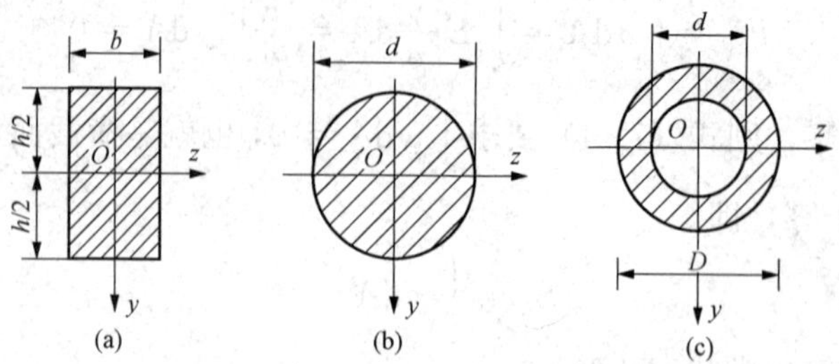

图 7-38 形状简单的截面

5. 截面抗弯模量 $W_z=\frac{I_z}{y_{\max}}$

W_z 的单位为 mm^3 或 m^3，它是专门用来计算横截面上最大弯曲正应力的一个几何量，即

$$\sigma_{\max}=\frac{M}{I_z}y_{\max}=\frac{M}{\frac{I_z}{y_{\max}}}=\frac{M}{W_z}$$

（1）矩形截面：

$$W_z=\frac{1}{6}bh^2$$

（2）实心圆截面：

$$W_z=\frac{1}{32}\pi D^3$$

（3）空心圆截面：

$$W_z=\frac{1}{32}\pi D^3(1-\alpha^4),\ \alpha=\frac{d}{D}$$

7.5.2 梁的正应力强度计算

1. 梁的正应力强度条件

对梁而言，弯矩对强度的影响要比剪力的影响大得多。对它进行强度计算时，主要考虑弯曲正应力的影响，可以忽略切应力的影响。因此，对梁上的最大正应力必须加以限制，即应力强度条件为

$$\sigma_{\max}\leqslant[\sigma]$$

$$\sigma_{\max}=\frac{M_{\max}}{W_z}\leqslant[\sigma]$$

这就是只考虑正应力时的强度准则，又称为强度条件。其中，$[\sigma]$ 为弯曲许用应力，它等于或略大于拉伸许用应力；$\sigma_{\max}$为梁内最大正应力，它发生在梁的“危险面”上的“危险点”处。

2. 梁的正应力强度条件的应用

（1）强度校核。在已知梁的横截面形状和尺寸、材料及所受荷载的情况下，可校核梁是否满足正应力强度条件，即可校核是否满足式

$$\sigma_{\max}=\frac{M_{\max}}{W_z}\leqslant[\sigma]$$

(2) 设计截面。当已知梁的荷载和所用的材料时，可根据强度条件，先计算出所需的最小抗弯截面系数，即

$$W_z \geqslant \frac{M_{max}}{[\sigma]}$$

然后根据梁的截面形状，再由 W_z 值确定截面的具体尺寸。

(3) 确定许用荷载。已知梁的材料、横截面形状和尺寸，根据强度条件先算出梁所能承受的最大弯矩，即

$$M_{max} \leqslant W_z[\sigma]$$

然后由 M 与荷载的关系，算出梁所能承受的最大荷载。

【例 7-5】　如图 7-39 所示悬臂梁，自由端承受集中荷载 F 作用，已知 $h=18$cm，$b=12$cm，$y=6$cm，$a=2$m，$F=1.5$kN。计算 A 截面上 K 点的弯曲正应力。

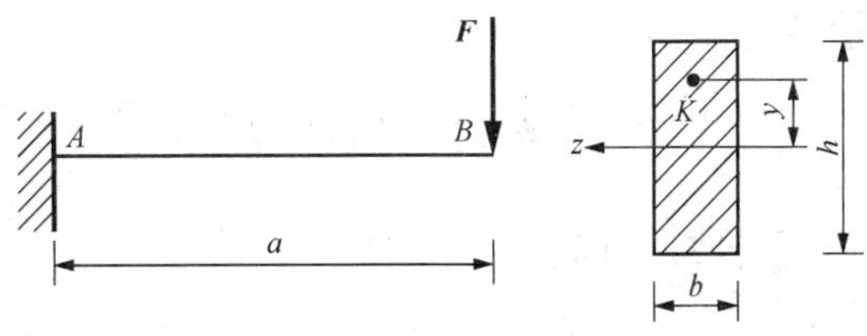

图 7-39　[例 7-5] 图

解　先计算截面上的弯矩，即

$$M_A = -Fa = -1.5 \times 2 = -3\text{kN} \cdot \text{m}$$

截面对中性轴的惯性矩为

$$I_z = \frac{bh^3}{12} = \frac{120 \times 180^3}{12} = 5.832 \times 10^7 \text{mm}^4$$

$$\sigma_k = \frac{M_A}{I_z} y = \frac{3 \times 10^6}{5.832 \times 10^7} \times 60 = 3.09\text{MPa}$$

A 截面上的弯矩为负；K 点是在中性轴的上方，所以为拉应力。

【例 7-6】　如图 7-40 所示简支梁为矩形截面木梁，承受均布荷载 $q=3.6$kN/m，其截面尺寸为 $b=120$mm、$h=180$mm，梁的计算跨度为 $L=5$m，所用木材的许用应力 $\sigma=10$MPa。试求：

(1) 校核梁的强度。

(2) 确定许用荷载。

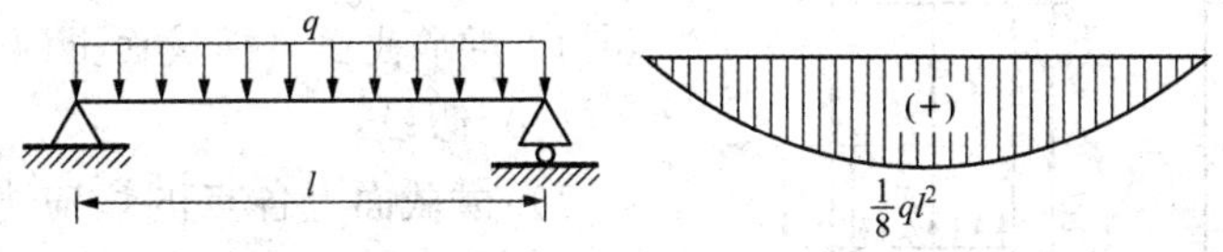

图 7-40　[例 7-6] 图

解　问题 (1)：

1) 求支座反力（可省略）。

2) 绘弯矩图。

3）求出最大弯矩 M_{max}，即

$$M_{max}=\frac{1}{8}ql^2=11.25\text{kN}$$

4）求出梁的抗弯模量 W_z，即

$$W_z=\frac{1}{6}bh^2=648\times10^{-6}\text{m}^3$$

5）根据 $\sigma_{max}=\frac{M_{max}}{W_z}\leqslant[\sigma]$ 计算，即

$$\sigma_{max}=\frac{M_{max}}{W_z}=\frac{11.25\times10^3}{648\times10^{-6}}=17.4\text{MPa}>[\sigma]=10\text{MPa}$$

6）结论：梁的强度不够。

问题（2）：

1）求出梁的抗弯模量 W_z

$$W_z=\frac{1}{6}bh^2=648\times10^{-6}\text{m}^3$$

2）根据 $\sigma_{max}=\frac{M_{max}}{W_z}\leqslant[\sigma]$ 计算，即

$$M_{max}\leqslant[\sigma]W_z$$

$$[\sigma]W_z=10\times10^6\times648\times10^{-6}=6480\text{N}\cdot\text{m}$$

$$M_{max}=\frac{1}{8}ql^2=\frac{25}{8}q$$

$$\frac{25}{8}q\leqslant6480$$

$$q=\frac{8\times6480}{25}=2.07\times10^3\text{N/m}$$

因此得 $[q]=2.07\text{kN/m}$。

7.6 梁的切应力及强度计算

当梁的跨度很小或在支座附近有很大的集中力作用时，梁的最大弯矩较小，而剪力却很大，如果梁截面窄且高或是薄壁截面（见图 7-41），这时切应力可达到相当大的数值，切应力就不能忽略了。

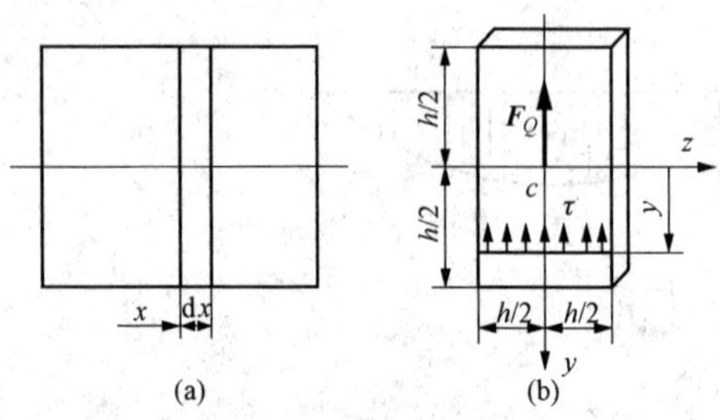

图 7-41 梁的切应力

7.6.1 弯曲切应力

1. 矩形截面梁横截面上的切应力

（1）假设：

1）横截面上各点的切应力方向与剪力的方向相同。

2）切应力沿截面宽度方向均匀分布（距中性轴等距离的各点切应力大小相等）。

（2）公式推导。

用相距 dx 的两个横截面 1-1 和 2-2 从梁中切出一微段，如图 7-42 所示。为研究方便，设

在微段上无横向外力作用，则由弯矩、剪切力与分布荷载集度间的微分关系可知：横截面 1-1 上和 2-2 上剪切力相等，均为 F_S，但弯矩不同，分别为 M 和 $M+F_S\mathrm{d}x$，如图 7-43 所示。

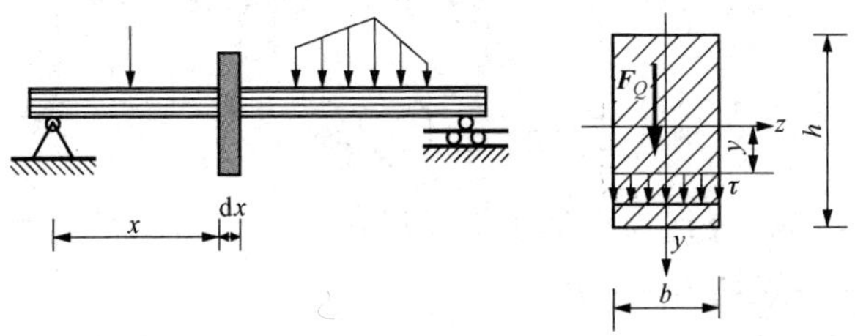

图 7-42　弯曲梁的切应力

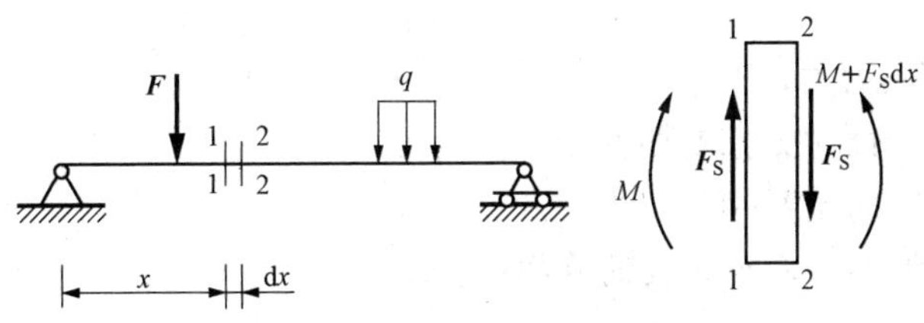

图 7-43　任意荷载下梁的切应力

为计算横截面上距中性轴 z 为 y 处的切应力 τ，在 y 处用一水平面 3-3 将微段下部切开，如图 7-44 所示。设切开面下部的剩余横截面 1-1-3-3 和 2-2-3-3 的面积为 A'，在两个 A' 面积上存在由弯曲正应力组成的轴向力，分别为 F_1 和 F_2，由于 1-1 和 2-2 截面上的弯矩不同，因此 F_1 和 F_2 大小不相等。在切开面 3-3 上存在数值等于 τ 的切应力 τ'，

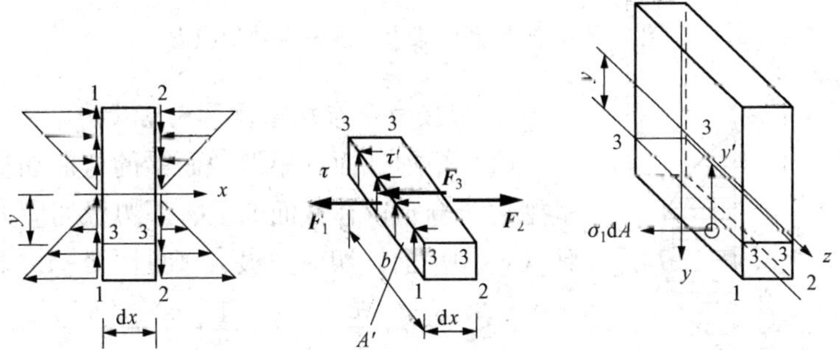

图 7-44　任意荷载下梁的微段

组成剪切力 F_3。由平衡方程 $\sum X=0$，得

$$F_1+F_2=F_3$$

$$F_1=\int_{A'}\sigma_1\mathrm{d}A=\int_{A'}\frac{My'}{I_z}\mathrm{d}A=\frac{M}{I_z}\int_{A'}y'\mathrm{d}A=\frac{MS_z^*}{I_z}$$

$$F_2=\int_{A'}\sigma_2\mathrm{d}A=\int_{A'}\frac{M+F_S\mathrm{d}x}{I_z}y'\mathrm{d}A=\frac{M+F_S\mathrm{d}x}{I_z}\int_{A'}y'\mathrm{d}A=\frac{M+F_S\mathrm{d}x}{I_z}S_z^*$$

$$F_3=\tau' b\mathrm{d}x=\tau b\mathrm{d}x$$

得

$$\frac{M+F_S\mathrm{d}x}{I_z}S_z^*-\frac{MS_z^*}{I_z}=\tau b\mathrm{d}x$$

经整理得

$$\tau = \frac{F_S S_z^*}{I_z b} \tag{7-6}$$

其中

$$S_z^* = \int_{A'} y' \mathrm{d}A \tag{7-7}$$

式（7-6）、式（7-7）分别为矩形截面梁横截面上切应力的计算公式和横截面上横线3-3以外的部分面积对中性轴 z 的静矩。

矩形截面梁上任意一点处切应力（见图7-45）的计算公式为

$$\tau = \frac{F_S S_z^*}{I_z b}$$

式中 F_S——横截面的剪力；

I_z——整个横截面对 z 轴的惯性矩；

b——Y 点对应的宽度；

S_z^*——Y 点以外的面积对 z 轴的静面矩。

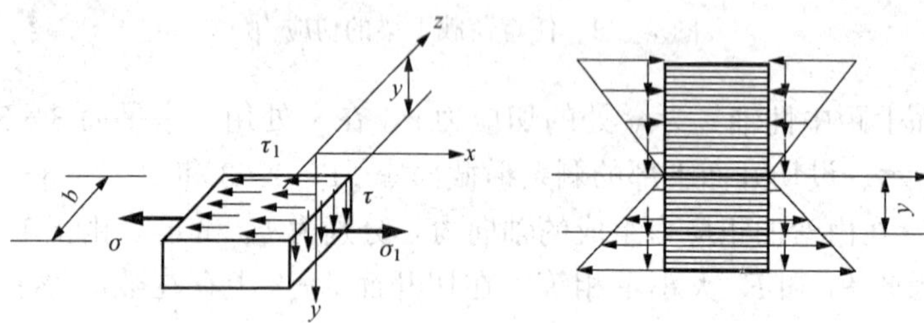

图7-45 矩形截面梁上任意一点处切应力

2. 切应力分布规律及最大切应力

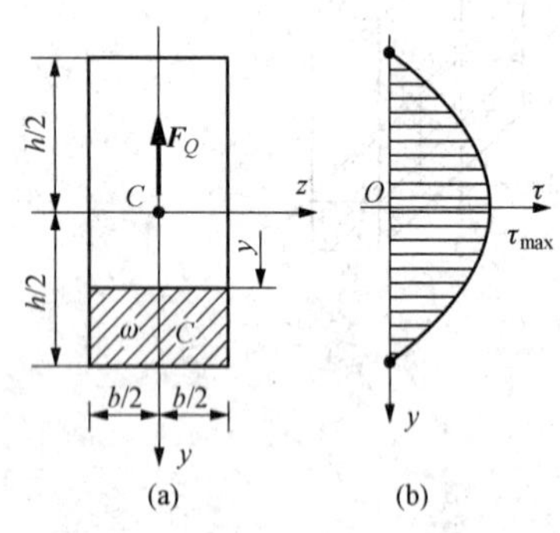

图7-46 切应力分布规律

（1）矩形截面：矩形截面梁的弯曲切应力沿截面高度呈抛物线分布；在截面的上、下边缘切应力 $\tau=0$；在中性轴（$y=0$）上，切应力最大（见图7-46）。

$$S_z^* = b\left(\frac{h}{2} - y\right) \times \frac{1}{2}\left(\frac{h}{2} + y\right) = \frac{b}{2}\left(\frac{h^2}{4} - y^2\right)$$

$$\tau = \frac{3F_Q}{2bh}\left(1 - \frac{4y^2}{h^2}\right)$$

矩形梁的切应力最大公式：

$$\tau_{max} = \frac{3}{2}\frac{F_Q}{bh}$$

$$\tau_{max} = \frac{3}{2}\frac{F_Q}{A} = 1.5\bar{\tau}$$

（2）圆形截面：中性轴上有最大的切应力，方向与剪力方向相同。

$$\tau_{max} = \frac{4}{3}\frac{F_Q}{A}$$

（3）薄壁圆环：中性轴上有最大的切应力，方向与剪力方向相同。

$$\tau_{max}=2\frac{F_Q}{A}$$

7.6.2　切应力的强度计算

等直梁在横力弯曲时，最大弯曲切应力 τ_{max} 一般发生在最大剪力 Q_{max} 所在截面（称为危险截面）的中性轴上各点（称为危险点）处，其计算公式为

$$\tau_{max}=\frac{F_{Qmax}S_{z,max}^{*}}{I_z b}$$

式中　F_{Qmax}——梁上的最大剪力值；

$S_{z,max}^{*}$——中性轴一侧面积对中性轴的静矩；

I_z——横截面对中性轴的惯性矩；

b——τ_{max}截面的宽度。

由于中性轴上各点处的弯曲正应力为零，故最大弯曲切应力所在中性轴上各点均处于纯剪切应力状态，相应的强度条件为梁内的最大工作切应力 τ_{max} 不得超过材料在纯剪切时的许用切应力 $[\tau]$，即

$$\tau_{max}=\frac{F_{Qmax}S_{z,max}^{*}}{I_z b}\leqslant[\tau]$$

此式即为切应力的强度条件。

梁的切应力强度条件同样可以用于强度校核、截面设计和求许用荷载三方面的计算。

需要校核切应力的几种特殊情况如下：

（1）梁的跨度较短，M 较小，而 F_Q 较大时；

（2）铆接或焊接的组合截面，其腹板的厚度与高度比小于型钢的相应比值时；

（3）各向异性材料（如木材）的抗剪能力较差时。

【例 7-7】　如图 7-47 所示，矩形截面（$b\times h=0.12\text{m}\times0.18\text{m}$）木梁，$[\sigma]=7\text{MPa}$，$[\tau]=0.9\text{MPa}$，试求最大正应力和最大切应力之比，并校核梁的强度。

解　（1）画内力图，求危险面内力。

$$F_{Qmax}=\frac{qL}{2}=\frac{3600\times3}{2}=5400\text{N}$$

$$M_{max}=\frac{qL^2}{8}=\frac{3600\times3^2}{8}=4050\text{N}\cdot\text{m}$$

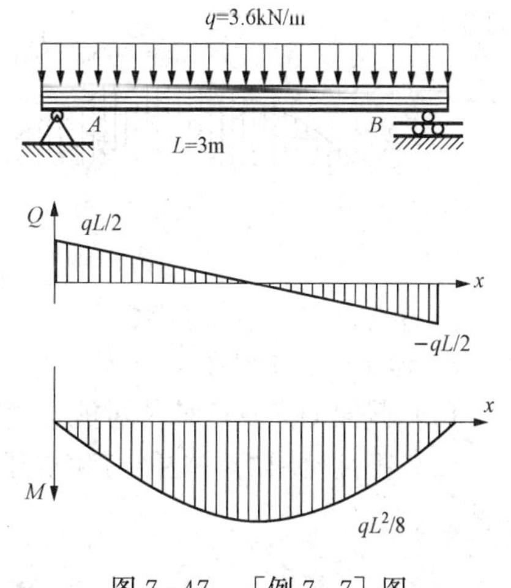

图 7-47　[例 7-7] 图

（2）求最大应力并校核强度。

$$\sigma_{max}=\frac{M_{max}}{W_z}=\frac{6M_{max}}{bh^2}=\frac{6\times4050}{0.12\times0.18^2}$$

$$=6.25\text{MPa}<[\sigma]=7\text{MPa}$$

$$\tau_{max}=\frac{3}{2}\times\frac{F_Q}{A}=\frac{1.5\times5400}{0.12\times0.18}$$

$$=0.375\text{MPa}<[\tau]=0.9\text{MPa}$$

（3）应力之比为

$$\frac{\sigma_{max}}{\tau_{max}}=\frac{M_{max}}{W_z}\times\frac{2A}{3Q}=\frac{L}{h}=16.7$$

7.6.3 提高梁强度的措施

在横力弯曲中，控制梁强度的主要因素是梁的最大正应力，梁的正应力强度条件为

$$\sigma_{\max}=\frac{M_{\max}}{W}\leqslant[\sigma]$$

1. 合理安排梁的支承

例如剪支梁受均布荷载，若将两端的支座均向内移动 $0.2L$，则最大弯矩只有原来最大弯矩的 1/5，见图 7-48。

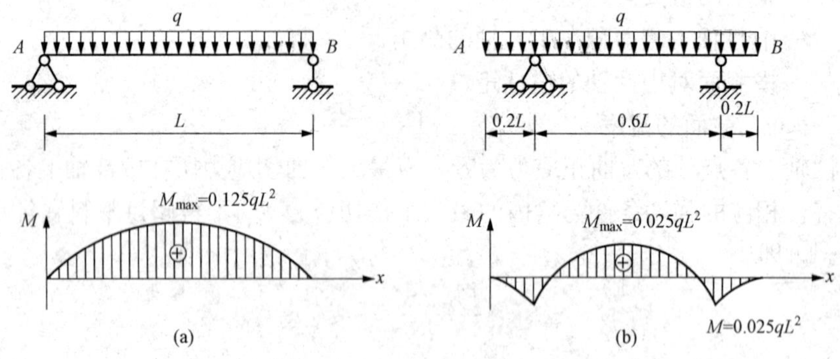

图 7-48 合理安排梁的支承

2. 合理布置荷载

将集中力变为分布力将减小最大弯矩的值，见图 7-49。

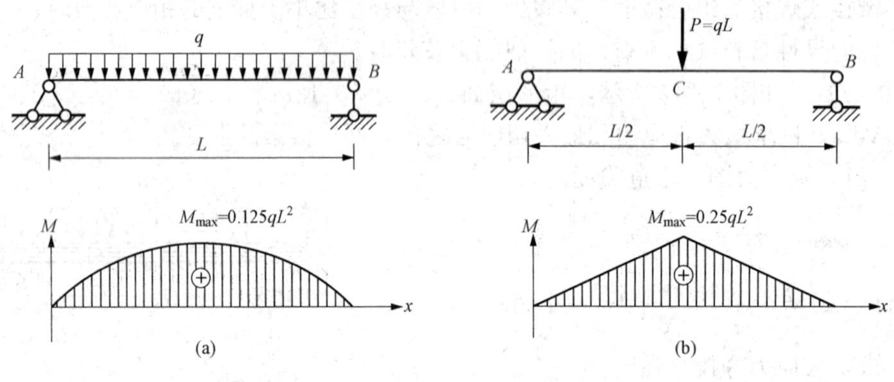

图 7-49 合理布置荷载

3. 选择合理的截面

(1) 截面的布置应该尽可能远离中性轴。工字形、槽形和箱形截面都是很好的选择。

(2) 脆性材料的抗拉能力和抗压能力相差很大，应选择上下不对称的截面，例如 T 形截面。

本章主要介绍了杆件的应力和强度条件的应用。

1. 拉压杆件的应力和强度条件

(1) 拉压杆横截面上的应力为

$$\sigma = \frac{F_N}{A}$$

(2) 材料在拉压时的力学性能。力学性能是指材料在外力作用下表现出的强度和变形方面的特性，它是通过试验测定的。

(3) 拉压杆的强度条件为

$$\sigma_{max} \leqslant [\sigma]$$

(4) 根据拉压杆的强度条件，可以解决以下几类问题。

1) 强度校核，即

$$\sigma_{max} = \frac{F_{N,max}}{A} \leqslant [\sigma]$$

2) 设计截面，即

$$A \geqslant \frac{F_{N,max}}{[\sigma]}$$

3) 确定承载能力，即

$$F_{N,max} \leqslant A[\sigma]$$

2. 扭转轴的应力与强度计算

(1) 扭转轴的应力计算公式为

$$\tau_\rho = \frac{T\rho}{I_p}$$

(2) 圆轴扭转的强度计算公式为

$$\tau_{max} = \left(\frac{T}{W_p}\right)_{max} \leqslant [\tau]$$

(3) 扭转强度条件的应用。

1) 扭转强度校核，即

$$\tau_{max} = \frac{T_{max}}{W_t} \leqslant [\tau]$$

2) 圆轴截面尺寸设计，即

$$W_t \geqslant \frac{T_{max}}{[\tau]},\ W_t\left\{\begin{array}{l}\text{实心：}\dfrac{\pi D^3}{16}\\[2ex]\text{空心：}\dfrac{\pi D^3}{16}(1-\alpha^4)\end{array}\right\}$$

3) 确定圆轴的许可荷载，即

$$T_{max} \leqslant W_t[\tau]$$

3. 对称弯曲梁的应力

(1) 纯弯曲时梁横截面上的正应力为

$$\sigma = \frac{My}{I_z}$$

(2) 梁的正应力强度计算公式为

$$\sigma_{max} = \frac{M}{I_z} y_{max} = \frac{M}{W_z}$$

(3) 梁的正应力强度条件为

$$\sigma_{\max}=\frac{M_{\max}}{W_z}\leqslant[\sigma]$$

(4) 梁的正应力强度条件的应用。

1) 扭转强度校核，即

$$\sigma_{\max}=\frac{M_{\max}}{W_z}\leqslant[\sigma]$$

2) 截面尺寸设计，即

$$W_z\geqslant\frac{M_{\max}}{[\sigma]}$$

3) 确定许用荷载，即

$$M_{\max}\leqslant W_z[\sigma]$$

4. 梁横截面上的切应力

(1) 梁横截面上的切应力公式为

$$\tau=\frac{F_S S_z^*}{I_z b}$$

(2) 梁的切应力强度条件为

$$\tau_{\max}=\frac{F_{Q\max}S_{z,\max}^*}{I_z b}\leqslant[\tau]$$

1. 求图 7-50 所示杆件在指定截面上的应力。已知横截面面积 $A=400\text{mm}^2$。

2. 如图 7-51 所示变截面圆杆，其直径分别为 $d_1=20\text{mm}$、$d_2=10\text{mm}$。试求两段的横截面上正应力大小的比值。

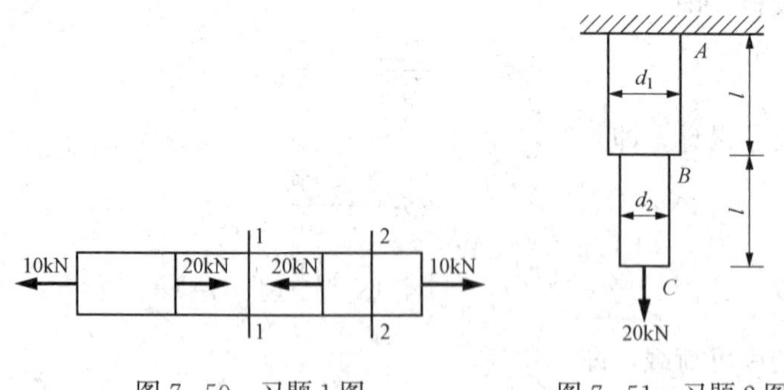

图 7-50 习题 1 图　　图 7-51 习题 2 图

3. 已知：如图 7-52 所示三角架 ABC 的 $[\sigma]=120\text{MPa}$，AB 杆为 2 根 80mm×80mm×7mm 的等边角钢，BC 为 2 根 10 号槽钢，AB、BC 两杆的夹角为 30°。求：此结构所能承担的最大外荷载 $F_{\max}$。

4. 三角构架如图 7-53 所示 AB 杆的横截面面积为 $A_1=1000\text{mm}^2$，BC 杆的横截面面积为 $A_2=600\text{mm}^2$，若材料的许用应力拉应力为 $[\sigma_+]=40\text{MPa}$，许用压应力为 $[\sigma_-]=20\text{MPa}$，试校核其强度。

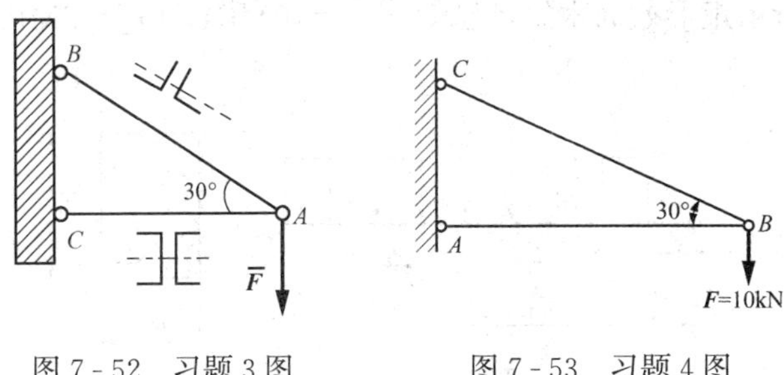

图 7-52　习题 3 图　　图 7-53　习题 4 图

5. 如图 7-54 所示某传动轴设计要求转速 $n=500\mathrm{r/min}$，输入功率 $P_1=500$ 马力，输出功率分别为 $P_2=200$ 马力、$P_3=300$ 马力，已知 $G=80\mathrm{GPa}$，$[\tau]=70\mathrm{MPa}$，$[\theta]=1°/\mathrm{m}$，试确定 AB 段直径 d_1 和 BC 段直径 d_2。

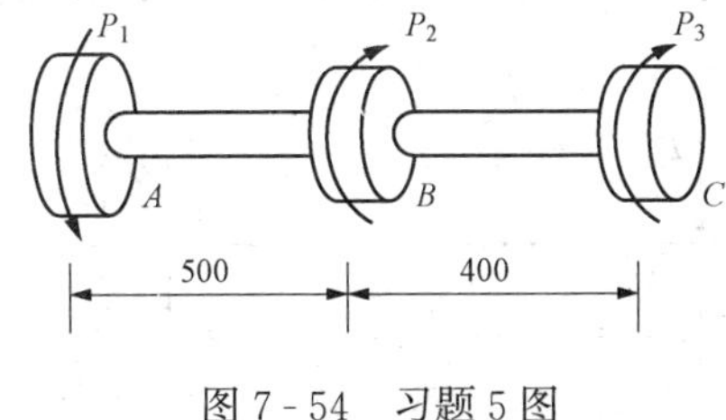

图 7-54　习题 5 图

6. 如图 7-55 所示简支梁，试求其截面 D 上 a、b、c、d、e 五点处的正应力。

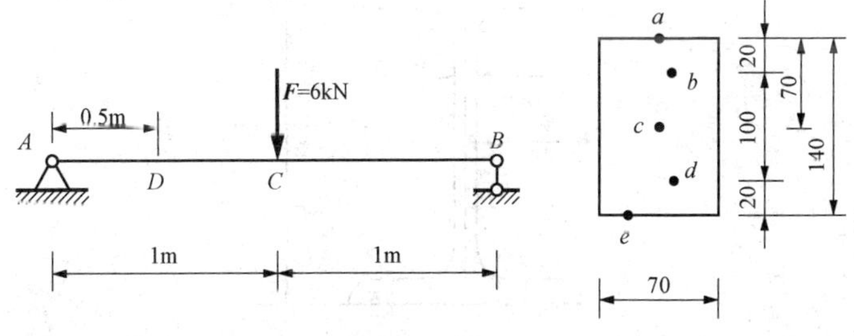

图 7-55　习题 6 图（单位：mm）

7. 如图 7-56 所示，$F_1=6.7\mathrm{kN}$，$F_2=50\mathrm{kN}$，跨度 $l=9.5\mathrm{m}$ 材料的许用应力 $[\sigma]=140\mathrm{MPa}$，$W_z=980\mathrm{mm}^3$，校核梁的强度。

8. 图 7-57 所示矩形截面简支梁，材料的许用应力 $[\sigma]=1.0\times10^4\mathrm{kPa}$，试求梁能承受的最大荷载 $F_{\max}$。

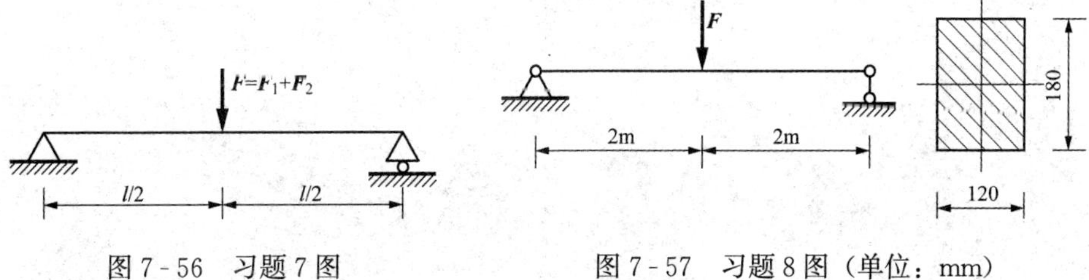

图 7-56　习题 7 图　　图 7-57　习题 8 图（单位：mm）

9. 如图 7-58 所示矩形截面木梁，已知 $[\sigma]=10\text{MPa}$，$[\tau]=2\text{MPa}$，试校核梁的正应力强度和切应力强度。

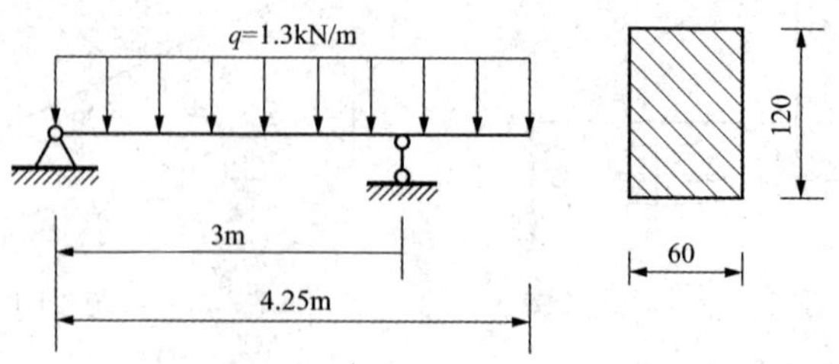

图 7-58 习题 9 图（单位：mm）

10. 如图 7-59 所示悬臂工字钢梁 AB，长 $l=1.2\text{m}$，在自由端有一集中荷载 F，工字钢的型号为 18 号，已知钢的许用应力 $[\sigma]=170\text{MPa}$，略去梁的自重，试计算集中荷载 F 的最大许可值。

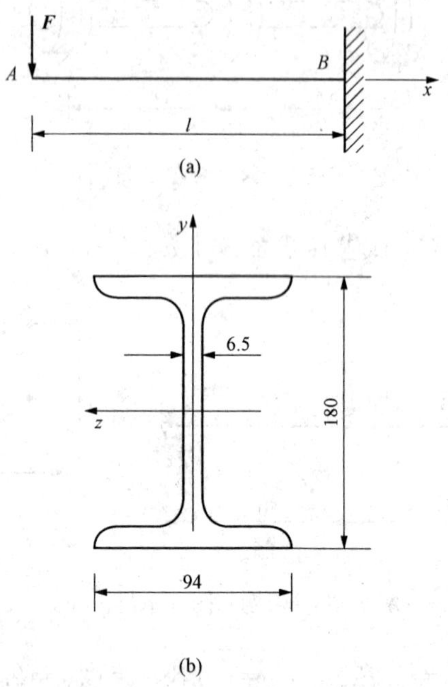

图 7-59 习题 10 图（单位：mm）

第 8 章　构件的变形和静定结构的位移计算

【要点提示】在本章将学到轴向拉压杆的变形、扭转轴的变形、平面弯曲梁的变形、梁的刚度条件、结构位移计算、静定结构在荷载作用下的位移计算、图乘法等内容。通过学习，大家应熟练掌握胡克定律的含义，掌握轴向拉压杆和圆轴扭转的变形计算，能够对梁进行刚度计算，说明提高梁弯曲刚度的途径与措施，了解杆系结构位移计算一般公式的推导，熟练应用图乘法求刚架的位移。

8.1 轴向拉压杆的变形

8.1.1 纵向变形和横向变形的概念

纵向变形：杆件沿轴线方向的变形（轴向尺寸的伸长或缩短），见图 8 - 1。

$$\Delta l = l_1 - l$$

横向变形：杆件沿垂直于轴线方向的变形（横向尺寸的缩小或扩大），见图 8 - 1。

$$\Delta b = b_1 - b$$

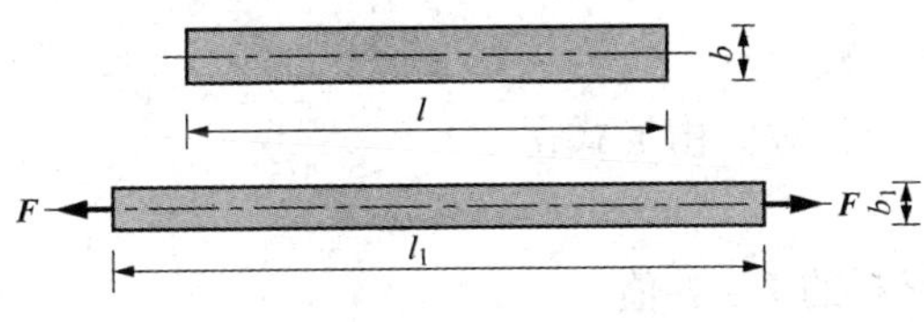

图 8 - 1　纵向受拉杆件

8.1.2 纵向正应变和胡克定律

正应变：在指定方向上，单位长度的伸长量。

纵向正应变：沿轴线方向的正应变。

正应变公式：

$$\varepsilon = \frac{\Delta l}{l} = \frac{l_1 - l}{l}$$

注意：值为“+”即拉应变；值为“−”即压应变。

对于大多数工程材料的小应变阶段，实验表明，在弹性范围内，正应力与正应变成线性正比关系，即胡克定律：

$$\sigma = E\varepsilon$$

将 $\sigma=\frac{F_N}{A}$、$\varepsilon=\frac{\Delta l}{l}$代入上式

得

$$\frac{F_N}{A} = E\frac{\Delta l}{l}$$

解得

$$\Delta l=\frac{F_{\mathrm{N}}l}{EA}$$

式中 Δl——拉压杆轴向变形的胡克定律；

E——材料的弹性模量，与材料有关，单位同应力；

EA——杆的抗拉（抗压）刚度。

上式只适用于在杆长为 l 长度内 F_{N}、E、A 均为常值的情况下，即在杆为 l 长度内变形是均匀的情况。

使用条件：轴向拉压杆，弹性范围内工作。

应力与应变的关系（胡克定律的另一种表达方式）：

$$\Delta L=\frac{F_{\mathrm{N}}L}{EA}\rightarrow\frac{F_{\mathrm{N}}}{A}=E\,\frac{\Delta L}{L}\rightarrow\sigma=E\varepsilon$$

8.1.3 横向正应变和泊松比

横向正应变：沿垂直于轴线方向的正应变，公式为

$$\varepsilon'=\frac{\Delta b}{b}=\frac{b_1-b}{b}$$

分析可知，杆件在轴向拉（压）变形时，横向线应变与纵向线应变的符号总是相反的。

试验表明，对于小应变阶段，横向正应变 ε' 与纵向正应变 ε 的比数的绝对值 μ 是一个材料常数，称为材料的泊松比，即

$$\mu=\left|\frac{\varepsilon'}{\varepsilon}\right|$$

显然，泊松比 μ 是一个负数。由上式得

$$\varepsilon'=-\mu\varepsilon$$

表 8-1 给出了常用材料的 E、μ 值。

表 8-1　常用材料的 E、μ 值

材料名称	牌号	E	μ
低碳钢	Q235	200～210	0.24～0.28
中碳钢	45	205	0.24～0.28
低合金钢	16Mn	200	0.25～0.30
合金钢	40CrNiMoA	210	0.25～0.30
灰口铸铁		60～162	0.23～0.27
球墨铸铁		150～180	
铝合金	LY12	71	0.33
硬铝合金		380	
混凝土		15.2～36	0.16～0.18
木材（顺纹）		9.8～11.8	0.0539
木材（横纹）		0.49～0.98	

8.1.4　小结

变形——构件在外力作用下或温度影响下所引起的形状尺寸的变化。

弹性变形——外力撤除后，能消失的变形。

塑性变形——外力撤除后，不能消失的变形。

位移——构件内的点或截面，在变形前后位置的改变量。

线应变——微小线段单位长度的变形。

8.1.5　变截面直杆纵向变形的计算

1. 阶梯形直杆

分段计算，然后求代数和，即

$$\Delta l = \sum \frac{F_{\mathrm{N}} l}{EA}$$

2. 连续性变截面直杆

$$\Delta l = \int_l \frac{F_{\mathrm{N}}(x)\mathrm{d}x}{EA(x)}$$

【例 8-1】　如图 8-2 所示，已知 $F_1=30\text{kN}$，$F_2=10\text{kN}$，AC 段的横截面面积 $A_{AC}=500\text{mm}^2$，CD 段的横截面面积 $A_{CD}=200\text{mm}^2$，弹性模量 $E=200\text{GPa}$。试求：

（1）各段杆横截面上的内力和应力；

（2）杆件内最大正应力；

（3）杆件的总变形。

解　（1）计算支座反力：

$$\sum F_x = 0,\ F_2 - F_1 - F_{RA} = 0$$

$$F_{RA} = F_2 - F_1 = 10 - 30 = -20\text{kN}$$

（2）计算各段杆件横截面上的轴力。

AB 段：

$$F_{NAB} = F_{RA} = -20\text{kN}$$

BD 段：

$$F_{NBD} = F_2 = 10\text{kN}$$

（3）画出轴力图，如图 8-2 所示。

（4）计算各段应力。

AB 段：

$$\sigma_{AB} = \frac{F_{NAB}}{A_{AC}} = \frac{-20\times10^3}{500} = -40\text{MPa}$$

BC 段：

$$\sigma_{BC} = \frac{F_{NBD}}{A_{AC}} = \frac{10\times10^3}{500} = 20\text{MPa}$$

CD 段：

$$\sigma_{CD} = \frac{F_{NBD}}{A_{CD}} = \frac{10\times10^3}{200} = 50\text{MPa}$$

（5）计算杆件内最大应力：

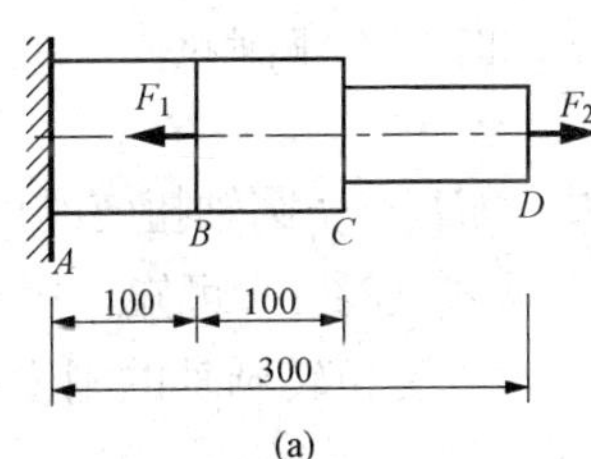

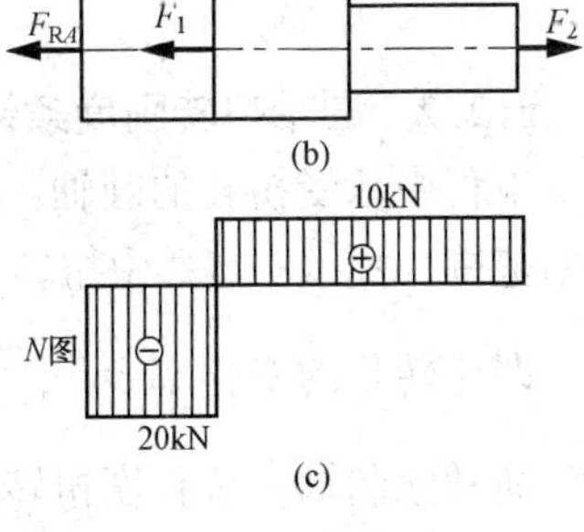

图 8-2　［例 8-1］图

$$\sigma_{max}=\frac{10\times10^3}{200}=50\text{MPa}$$

(6) 计算杆件的总变形：

$$\Delta l=\Delta l_{AB}+\Delta l_{BC}+\Delta l_{CD}=\frac{F_{NAB}l_{AB}}{EA_{AC}}+\frac{F_{NBD}l_{BC}}{EA_{AC}}+\frac{F_{NBD}l_{CD}}{EA_{CD}}$$

$$=\frac{1}{200\times10^3}\left(\frac{-20\times10^3\times100}{500}+\frac{10\times10^3\times100}{500}+\frac{10\times10^3\times100}{200}\right)$$

$$=0.015\text{mm}$$

整个杆件伸长 0.015mm。

8.2 扭转轴的变形

8.2.1 圆轴扭转时的变形（相对扭转角）

轴的扭转变形用两横截面的相对扭转角表示，见图 8-3。

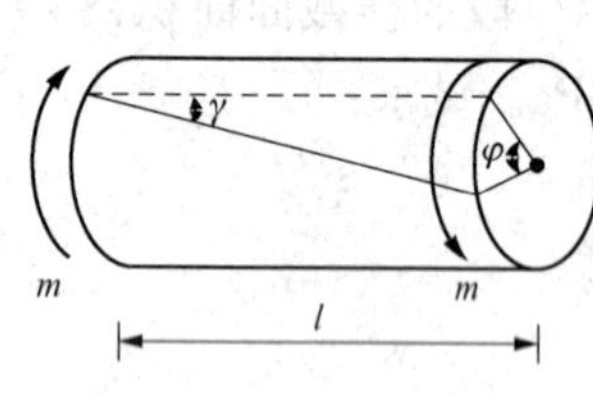

图 8-3 圆轴扭转

$$\frac{d\varphi}{dx}=\frac{T}{GI_p}$$

$$d\varphi=\frac{T}{GI_p}dx$$

当扭矩为常数，且 GI_p 也为常量时，相距长度为 l 的两横截面相对扭转角为

$$\varphi=\int_l d\varphi=\int_l\frac{T}{GI_p}dx=\frac{Tl}{GI_p}\tag{8-1}$$

式中 GI_p——圆轴扭转刚度，表示轴抵抗扭转变形的能力，rad。

从式（8-1）可知，扭转角与扭矩和轴的长度成正比，与轴的抗扭刚度成反比。

对于受扭转圆轴的刚度通常用相对扭转角沿杆长度的变化率 θ 表示，称为单位长度扭转角（单位为 rad/m），即

$$\theta=\frac{d\varphi}{dx}=\frac{T}{GI_p}\tag{8-2}$$

8.2.2 圆轴扭转刚度条件

工程中承受扭转的圆轴，除应满足强度条件外，一般还要求扭转变形不能超过工程上允许的范围。式（8-1）中扭转角与轴的长度 l 有关，为了消除长度的影响，以单位长度扭转角，即扭转角的变化率 $\theta=\frac{d\varphi}{dx}$ 表示扭转变形的程度。

通常限制轴单位长度扭转角的最大值 θ_{max}，使其不超过规定的许用值 $[\theta]$。由于 $[\theta]$ 的单位为（°）/m，将式（8-2）中的弧度换算为度，可得圆轴扭转的刚度条件为

$$\theta_{max}=\left(\frac{T}{GI_p}\right)_{max}\times\frac{180}{\pi}\leqslant[\theta]$$

对于等截面圆轴为

$$\theta_{max}=\frac{T_{max}}{GI_p}\times\frac{180}{\pi}\leqslant[\theta]$$

许用扭转角的数值应根据轴的使用精密度、生产要求和工作条件等因素确定。

对于一般传动轴：$\theta = 0.5 \sim 1.0(^\circ)/\text{m}$。

对于精密机器的轴：$\theta = 0.15 \sim 0.30(^\circ)/\text{m}$。

8.2.3　刚度计算

（1）校核刚度：

$$\theta_{\max} \leqslant [\theta]$$

（2）设计截面尺寸：

$$I_p \geqslant \frac{|T|_{\max}}{G[\theta]}$$

（3）确定外荷载：

$$|T|_{\max} \leqslant GI_p[\theta]$$

【例 8-2】　图 8-4 所示轴的直径 d=50mm，切变模量 G=80GPa，试计算该轴两端面之间的扭转角。

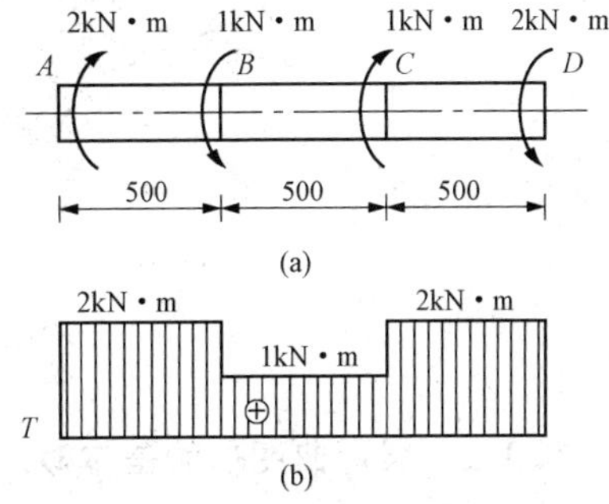

图 8-4　［例 8-2］图

解　两端面之间的扭转角为

$$\varphi_{AD} = \frac{T_{AB}l}{GI_p} + \frac{T_{BC}l}{GI_p} + \frac{T_{CD}l}{GI_p} = \frac{l}{GI_p}(2T_{AB} + T_{BC})$$

$$I_p = \frac{\pi d^4}{32} = \frac{\pi}{32} \times 50^4 = 61.36 \times 10^4 \text{mm}^4$$

$$\varphi_{AD} = \frac{500}{80 \times 10^3 \times 61.36 \times 10^4} \times (2 \times 2 \times 10^6 + 1 \times 10^6)$$

$$= 0.051\text{rad}$$

【例 8-3】　主传动钢轴，传递功率 P=60kW，转速 n=250r/min，传动轴的许用切应力 $[\tau]$=40MPa，许用单位长度扭转角 $[\theta]$=0.5（°）/m，切变模量 G=80GPa，求传动轴所需的直径。

解　（1）计算轴的扭矩：

$$T = 9549 \times \frac{60}{250} = 2292\text{N} \cdot \text{m}$$

（2）根据强度条件求所需直径：

$$\tau = \frac{T}{W_p} = \frac{16T}{\pi d^3} \leqslant [\tau]$$

$$d \geqslant \sqrt[3]{\frac{16T}{\pi[\tau]}} = \sqrt[3]{\frac{16 \times 2292 \times 10^3}{\pi \times 40}} = 66.3\text{mm}$$

（3）根据圆轴扭转的刚度条件求直径：

$$\theta = \frac{T}{GI_p} \times \frac{180}{\pi} \leqslant [\theta]$$

$$d \geqslant \sqrt[4]{\frac{32T}{G\pi\theta} \times \frac{180}{\pi}} = \sqrt[4]{\frac{32 \times 2292 \times 10^3}{80 \times 10^3 \times 0.5 \times \frac{\pi}{180} \times \pi}} = 76\text{mm}$$

故应按刚度条件确定传动轴直径，取 d=76mm。

8.3 平面弯曲梁的变形

梁平面弯曲时其变形特点是：梁轴线既不伸长也不缩短，其轴线在纵向对称面内弯曲成一条平面曲线，而且处处与梁的横截面垂直，而横截面在纵向对称面内相对于原有位置转动了一个角度，如图 8-5 所示。显然，梁变形后轴线的形状及截面偏转的角度是十分重要的，实际上它们是衡量梁刚度好坏的重要指标。

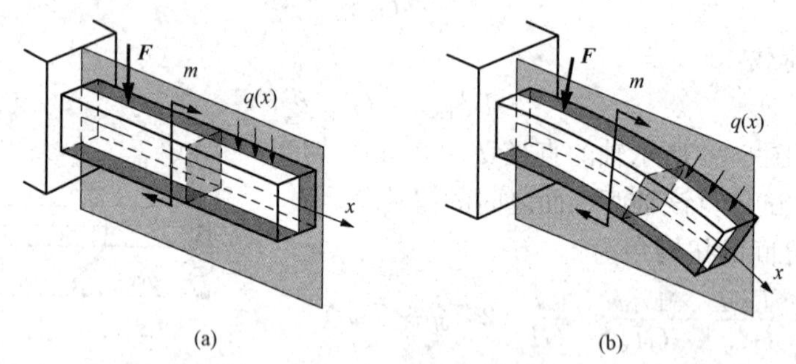

图 8-5 梁平面弯曲时的变形

8.3.1 梁弯曲变形的基本概念

1. 挠度

在线弹性小变形条件下，梁在横力作用时将产生平面弯曲，则梁轴线由原来的直线变为纵向对称面内的一条平面曲线，很明显，该曲线是连续、光滑的曲线，这条曲线称为梁的挠曲线，如图 8-6 所示。

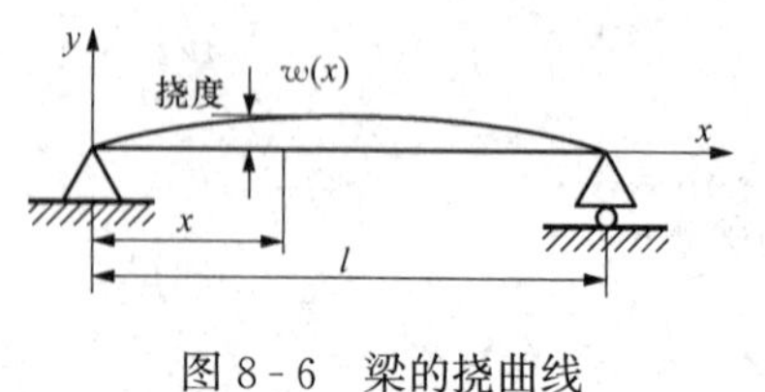

图 8-6 梁的挠曲线

梁轴线上某点在梁变形后沿竖直方向的位移（横向位移）称为该点的挠度。在小变形情况下，梁轴线上各点在梁变形后沿轴线方向的位移（水平位移）可以证明是横向位移的高阶小量，因而可以忽略不计。

挠曲线的曲线方程为

$$w = w(x) \tag{8-3}$$

式（8-3）称为挠曲线方程或挠度函数。实际上就是轴线上各点的挠度，一般情况下规定：挠度沿 y 轴的正向（向上）为正，沿 y 轴的负向（向下）为负，如图 8-7 所示。

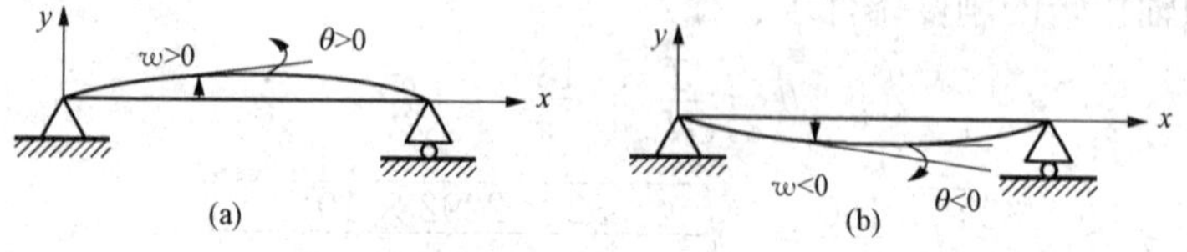

图 8-7 梁的挠度和转角符号

（a）正的挠度和转角；（b）负的挠度和转角

必须注意，梁的坐标系选取可以是任意的，即坐标原点可以放在梁轴线的任意地方。另外，由于梁的挠度函数往往在梁中是分段函数，因此梁的坐标系既可采用整体坐标，也可采用局部坐标。

2. 转角

梁变形后其横截面在纵向对称面内相对于原有位置转动的角度称为转角，如图 8－8 所示。

转角随梁轴线变化的函数为

$$\theta=\theta(x) \tag{8-4}$$

式（8－4）称为转角方程或转角函数。

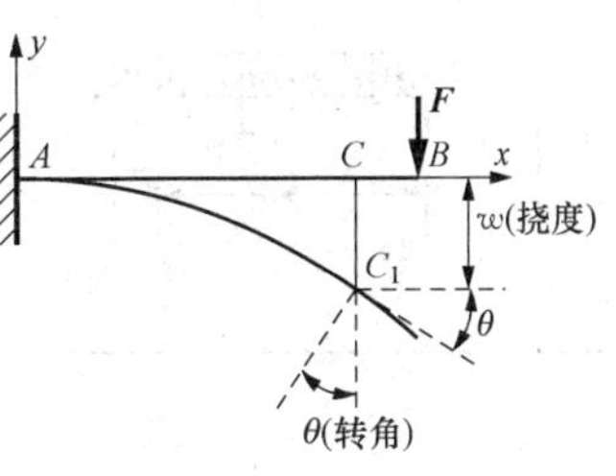

图 8－8　梁的转角

由图 8－8 可以看出，转角实质上就是挠曲线的切线与梁的轴线坐标轴 x 的正方向之间的夹角。所以有 $\tan\theta=\dfrac{\mathrm{d}w(x)}{\mathrm{d}x}$，由于梁的变形是小变形，则梁的挠度和转角都很小，所以 θ 和 $\tan\theta$ 是同阶小量，即 $\theta\approx\tan\theta$，于是有

$$\theta(x)=\frac{\mathrm{d}w(x)}{\mathrm{d}x} \tag{8-5}$$

即转角函数等于挠度函数对 x 的一阶导数。一般情况下规定：转角逆时针转动时为正，而顺时针转动时为负，如图 8－7 所示。

需要注意，转角函数和挠度函数必须在相同的坐标系下描述，由式（8－5）可知，如果挠度函数在梁中是分段函数，则转角函数也是分段数目相同的分段函数。

8.3.2　梁在常见荷载作用下的位移

为了使用方便，将各种常见的简单荷载作用下梁的挠度和转角计算公式及梁的挠曲线方程按表 8－2 中规定表示。

表 8－2　　**简单荷载作用下梁的挠度和转角计算公式及梁的挠曲线方程**

序号	梁的计算简图	挠度曲线方程	端截面转角	最大挠度
1	A, M, B, x, θ_B, y_B, l, y	$y-\dfrac{Mx^2}{2EI}$	$\theta_B=\dfrac{Ml}{EI}$	$y_B=\dfrac{Ml^2}{2EI}$
2	A, M, B, x, θ_B, y_B, a, l, y	$y=\dfrac{Mx^2}{2EI}$，$0\leqslant x\leqslant a$ $y=\dfrac{Ma}{EI}\left[(x-a)+\dfrac{a}{2}\right]$，$a\leqslant x\leqslant l$	$\theta_B=\dfrac{Ma}{EI}$	$y_B=\dfrac{Ma}{EI}\left(l-\dfrac{a}{2}\right)$
3	F_P, A, B, x, θ_B, y_B, l, y	$y=\dfrac{F_Px^2}{6EI}(3l-x)$	$\theta_B=\dfrac{F_Pl^2}{2EI}$	$y_B=\dfrac{F_Pl^3}{3EI}$
4	F_P, A, B, x, θ_B, y_B, a, l, y	$y=\dfrac{F_Px^2}{6EI}(3a-x)$，$0\leqslant x\leqslant a$ $y=\dfrac{F_Pa^2}{6EI}(3x-a)$，$a\leqslant x\leqslant l$	$\theta_B=\dfrac{F_Pa^2}{2EI}$	$y_B=\dfrac{F_Pa^2}{6EI}(3l-a)$

续表

序号	梁的计算简图	挠度曲线方程	端截面转角	最大挠度
5		$y=\frac{qx^2}{24EI}(x^2-4lx+6l^2)$	$\theta_B=\frac{ql^3}{6EI}$	$y_B=\frac{ql^4}{8EI}$
6		$y=\frac{F_Px}{48EI}(3l^2-4x^2)$，$0\leqslant x\leqslant l/2$	$\theta_A=+\frac{F_Pl^2}{16EI}$ $\theta_B=-\frac{F_Pl^2}{16EI}$	$y_{max}=\frac{F_Pl^3}{48EI}$
7		$y=\frac{qx}{24EI}(l^3-2lx^2+x^3)$	$\theta_A=\frac{ql^3}{24EI}$ $\theta_B=-\frac{ql^3}{24EI}$	$y_{max}=\frac{5ql^4}{384EI}$

8.3.3 叠加法求挠度和转角

根据表 8-2 可以直接求出梁在简单荷载作用下的挠度和转角。当梁受到多个荷载作用时，可以用叠加法计算梁的挠度和转角。叠加法的适用条件是梁的变形很小，并且符合胡克定律，挠度和转角都与荷载成线性关系，即某一荷载引起的变形不受其他荷载的影响。

叠加法求挠度和转角的步骤如下：

(1) 将作用在梁上的复杂荷载分解成几个简单荷载。

(2) 查表求出简单荷载作用下的挠度和转角。

(3) 叠加简单荷载作用下的各挠度和转角，求出复杂荷载作用下的挠度和转角。

【例 8-4】 如图 8-9 (a) 所示，按叠加原理求 A 点转角和 C 点挠度。

解 (1) 荷载分解见图 8-9 (b)、(c)。

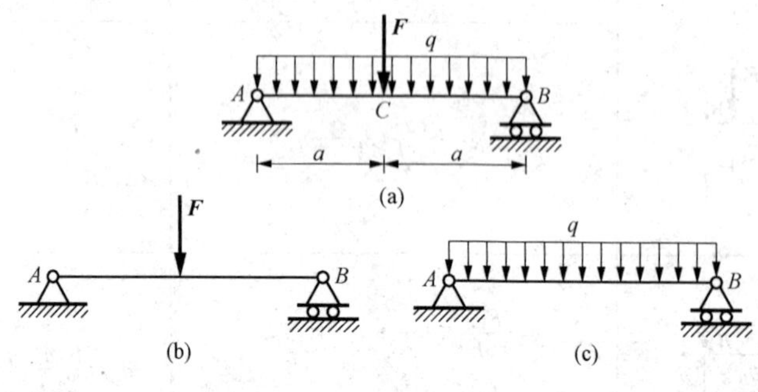

图 8-9 [例 8-4] 图

(2) 由表 8-2 查简单荷载引起的变形。

F 单独作用时，由表 8-2 可得

$$(\theta_A)_F = \frac{Fa^2}{4EI},\ (y_C)_F = \frac{Fa^3}{6EI}$$

q 单独作用时，由表 8-2 可得

$$(\theta_A)_q = -\frac{qa^3}{3EI},\ (y_C)_q = \frac{5qa^4}{24EI}$$

(3) 叠加：

$$\theta_A = (\theta_A)_F + (\theta_A)_q = \frac{a^2}{12EI}(3F + 4qa)$$

$$y_C = (y_C)_F + (y_C)_q = \left(\frac{5qa^4}{24EI} + \frac{Fa^3}{6EI}\right)$$

8.4 梁的刚度条件

8.4.1 梁的刚度条件

计算梁的变形的主要目的是为了判别梁的刚度是否满足要求，以及进行梁的设计。工程中梁的刚度主要由梁的最大挠度和最大转角来限定，因此梁的刚度条件可写为

$$\begin{cases} w_{\max} \leqslant [w] \\ \theta_{\max} \leqslant [\theta] \end{cases} \tag{8-6}$$

其中，$w_{\max} = |w(x)|_{\max}$，$\theta_{\max} = |\theta(x)|_{\max}$，分别是梁中的最大挠度和最大转角；$[w]$、$[\theta]$ 分别是许可挠度和许可转角，它们由工程实际情况确定。工程中 $[\theta]$ 通常以度（°）表示，而许可挠度通常表示为

$$[w] = \frac{l}{m} \quad (l\text{ 是梁长},m\text{ 是人的自然数})$$

式（8-6）的两个刚度条件中，挠度的刚度条件是主要的刚度条件，而转角的刚度条件是次要的刚度条件。

8.4.2 刚度条件的应用

与拉伸压缩及扭转类似，梁的刚度条件有下面三个方面的应用。

1. 校核刚度

给定了梁的荷载、约束、材料、长度及截面的几何尺寸等，还给定了梁的许可挠度和许可转角。计算梁的最大挠度和最大转角，判断其是否满足梁的刚度条件，满足则梁在刚度方面是安全的，不满足则不安全。

很多时候工程中的梁只要求满足挠度刚度条件即可，而梁的最大转角由于很小，一般情况下不需要校核。

2. 计算许可荷载

给定了梁的约束、材料、长度及截面的几何尺寸等，根据梁的挠度刚度条件式可确定梁的荷载上限值。如果还要求转角刚度条件满足，可由刚度条件式确定出梁的另一个荷载上限值，两个荷载上限值中最小的那个就是梁的许可荷载。

3. 计算许可截面尺寸

给定了梁的荷载、约束、材料及长度等，根据梁的挠度刚度条件可确定梁的截面尺寸下

限值。如果还要求转角刚度条件满足，可确定出梁的另一个截面尺寸下限值，两个截面尺寸下限值中最大的那个就是梁的许可截面尺寸。

【例 8-5】 如图 8-10 所示工字钢梁，$l=8\text{m}$，$I_z=2370\text{cm}^4$，$W_z=237\text{cm}^3$，$[w]=\dfrac{1}{500}$，$E=200\text{GPa}$，$[\sigma]=100\text{MPa}$。试根据梁的刚度条件，确定梁的许可荷载 $[P]$，并校核强度。

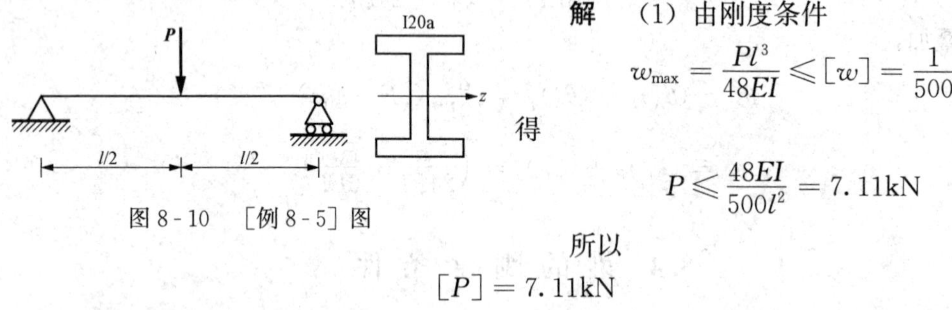

图 8-10 ［例 8-5］图

解 （1）由刚度条件

$$w_{\max}=\frac{Pl^3}{48EI}\leqslant[w]=\frac{1}{500}$$

得

$$P\leqslant\frac{48EI}{500l^2}=7.11\text{kN}$$

所以

$$[P]=7.11\text{kN}$$

（2）由强度条件

$$\sigma_{\max}=\frac{M_{\max}}{W_z}=\frac{Pl}{4W_z}=60\text{MPa}\leqslant[\sigma]$$

所以满足强度条件。

8.4.3 提高梁刚度的方法

如前所述，梁的变形与梁的弯矩及抗弯刚度有关，而且与梁的支承形式及跨度有关（见图 8-11）。所以，在梁的设计中，当一些因素确定后，可根据情况调整其他一些因素以达到提高梁的刚度的目的，具体方法如下：

（1）调整荷载的位置、方向和形式。目的是降低梁的弯矩，这与提高梁强度的方法相同。

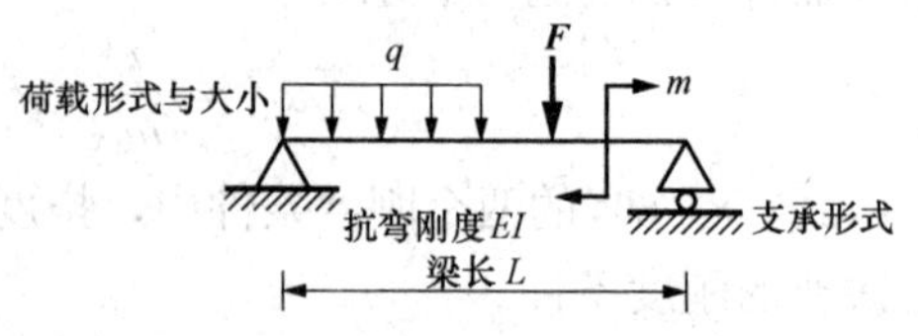

图 8-11 影响梁变形的因素

（2）调整约束位置，加强约束或增加约束。梁的变形通常与梁跨度的高次方成正比，因此减小梁的跨度是降低变形的有效途径。如图 8-12（a）所示，工程中常采用调整梁的约束位置或增加约束来减小梁的跨度［见图 8-12（b）、（c）］，还可以加强梁的约束以减小梁的最大挠度［见图 8-12（d）］。

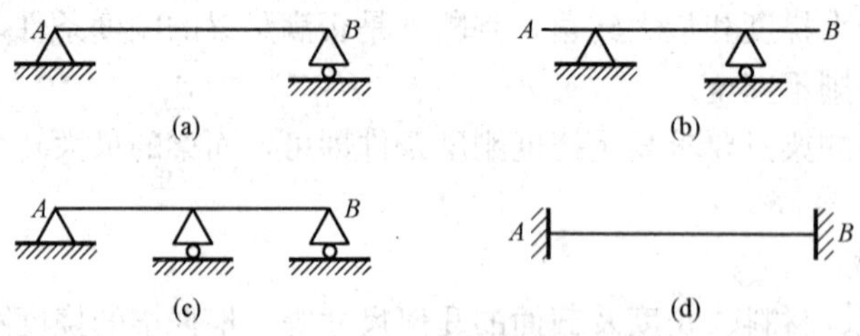

图 8-12 提高梁刚度的措施

（3）提高梁的抗弯刚度。选用弹性模量大的材料可提高梁的刚度，但采用此种方法是不经济的，即弹性模量大的材料价格较高。

选择合理的截面形状可提高梁的刚度，如采用工字形、箱形或空心截面等，增加截面对中性轴的惯性矩，能提高梁的强度和刚度。但必须指出：小范围内改变梁截面的惯性矩，对全梁的刚度影响很小，因为梁的变形是梁的各段变形累积而成。

8.5　结构位移计算概述

8.5.1　杆系结构的位移

杆系结构在荷载或其他因素作用下会发生变形。由于变形，结构上各点的位置将会移动，杆件的横截面会转动，这些移动和转动称为结构的位移。

如图 8 - 13 所示，刚架在荷载作用下发生图中虚线所示的变形，使 A 点移到 A' 点，线段 AA' 称为 A 点的线位移，记为 Δ_A。若将 Δ_A 沿水平和竖向分解，则其分量 Δ_{AH} 和 Δ_{AV} 分别称为 A 点的水平线位移和竖向线位移。截面 A 还转动了一个角度，称为截面 A 的角位移，用 φ_A 表示。

上述线位移和角位移称为绝对位移，此外还有相对位移。如图 8 - 14 所示，刚架在荷载作用下发生虚线所示变形。CD 两点的水平线位移 Δ_C 和 Δ_D 之和 $\Delta_{CDH}=\Delta_C+\Delta_D$，称为 C、D 两点的水平相对线位移。A、B 两个截面的转角 φ_A 和 φ_B 之和 $\varphi_{AB}=\varphi_A+\varphi_B$，称为 A、B 两个截面的相对转角。

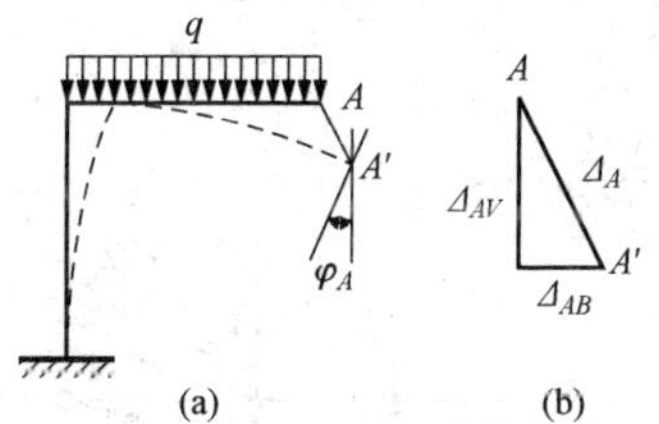

图 8 - 13　在荷载作用下的刚架

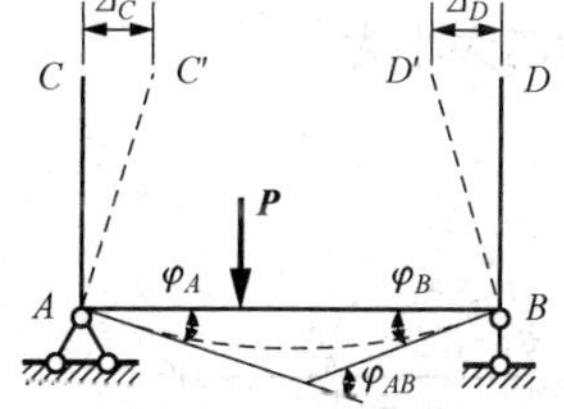

图 8 - 14　相对位移

我们将以上线位移、角位移及相对位移统称为广义位移。

除荷载外，温度改变、支座移动、材料收缩、制造误差等因素也会引起位移，如图 8 - 15所示。

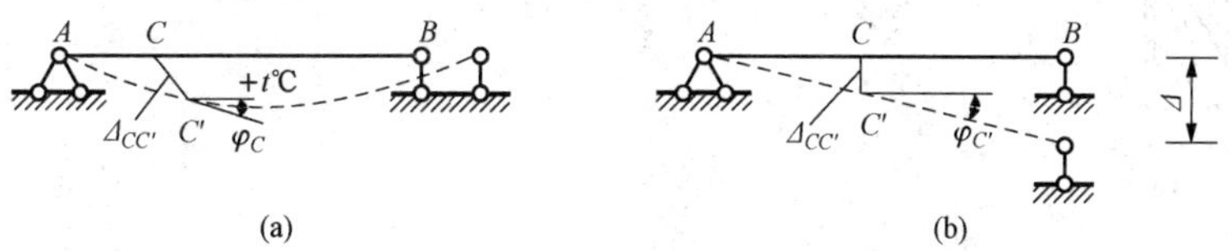

图 8 - 15　其他因素引起的位移

8.5.2　计算位移的目的

在工程设计和施工过程中，结构的位移计算是很重要的，概括地说，计算位移的目的有以下三个方面：

(1) 验算结构刚度，即验算结构的位移是否超过允许的位移限制值。

(2) 为超静定结构的计算打基础。在计算超静定结构内力时，除利用静力平衡条件外，还需要考虑变形协调条件，因此需计算结构的位移。

(3) 在结构的制作、架设、养护过程中，有时需要预先知道结构的变形情况，以便采取一定的施工措施，因而也需要进行位移计算。

8.6 结构位移计算的一般公式

8.6.1 变形体的虚功原理

功是力对物体在一段路程上累积效应的量度，也是传递和转换能量的量度。如图 8-16(a) 所示的简支梁上，集中荷载 F_{P1} 的作用点 1 沿力方向的线位移用 Δ_{11} 表示。Δ_{11} 的第一下标表示位移的性质（点 1 沿力 F_{P1} 方向的位移），第二下标表示产生该位移的原因（由力 F_{P1} 引起）。

荷载为静力荷载，即由零逐渐增加至 F_{P1}。与此相应，位移也由零逐渐增加至 Δ_{11}。在线性弹性变形条件下，荷载变化的关系图线如图 8-16 (b) 所示。力在加载的过程中，力做了功。作用在弹性体系上的力在自身引起的位移上所做的功，称为实功。力 F_{P1} 在位移 Δ_{11} 上做的实功 W_{11} 的大小等于图 8-16 (b) 中三角形的面积，即

$$W_{11}=\frac{1}{2}F_{P1}\Delta_{11}$$

梁弯曲后，再在点 2 处加静力荷载 F_{P2}，梁产生新的弯曲如图 8-16 (c) 所示。位移 Δ_{12} 为力 F_{P2} 引起的 F_{P1} 的作用点沿 F_{P1} 方向的位移。力 F_{P1} 在位移 Δ_{12} 上做了功，只是此过程中 F_{P1} 的大小未变，功的大小为

$$W_{12}=\frac{1}{2}F_{P1}\Delta_{12}$$

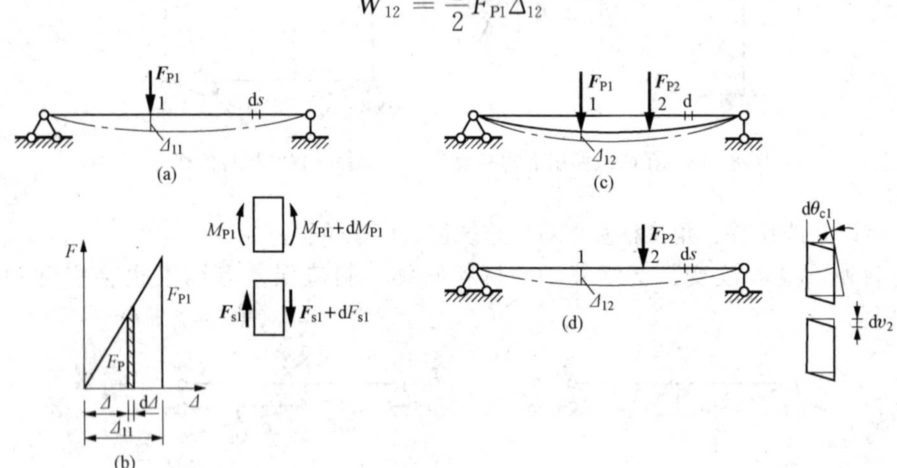

图 8-16 变形体的虚功原理

(a) 第一状态（力状态）；(b) 实功；(c) 在第一状态的基础上加 F_{P2}；(d) 第二状态（位移状态）

力在其他因素引起的位移上做的功，称为虚功。实功是常力做的功，表达式中力与位移乘积之前无“1/2”。由于是其他因素产生的位移，可能顺着力 F_{P1} 的指向，也可能与之相逆。因此，虚功可以为正，也可以为负。

1. 外力虚功

如图 8-16 (c) 所示，先加 F_{P1} 再加 F_{P2}，外力做的总功为

$$W_{外} = \frac{1}{2}F_{P1}\Delta_{11} + \frac{1}{2}F_{P2}\Delta_{22} + \frac{1}{2}F_{P1}\Delta_{12}$$

先加 F_{P2} 再加 F_{P1}，外力做的总功为

$$W_{外} = \frac{1}{2}F_{P2}\Delta_{22} + \frac{1}{2}F_{P1}\Delta_{11} + \frac{1}{2}F_{P2}\Delta_{21}$$

显然加力顺序既不影响变形，也不影响内力做功，因此外力虚功 $W_e = F_{P1}\Delta_{12} = F_{P2}\Delta_{21}$。

2. 内力虚功

在小变形条件下，Δ_{12} 由图 8-16（d）所示的原始形状和尺寸计算，并称此状态为虚功计算的位移状态。与之相应，F_{P1} 单独作用的状态如图 8-16（a）所示，为虚功计算的力状态。

当力状态的外力在位移状态的位移上做外力虚功时，力状态的内力也在位移状态各微段的变形上做内力虚功，有

$$W_1 = \sum\int \overline{M}\mathrm{d}\theta + \sum\int \overline{F}_s \mathrm{d}\nu + \sum\int \overline{F}_N \mathrm{d}\theta$$

根据功和能的原理可得变形体的虚功原理：任何一个处于平衡状态的变形体，当发生任意一个虚位移时，变形体所受外力在虚位移上所做虚功的总和 W_e，等于变形体的内力在虚位移的相应变形上所做虚功的总和，即取 $W_e = W_1$。

8.6.2　单位荷载法

可以利用变形体的虚功原理求结构的位移。其方法是：将结构所处的平衡状态（实际状态）作为位移状态，另外虚拟结构的一种状态（虚拟状态）为力状态。如图 8-17（b）所示，在虚拟状态上只作用一个单位力，即力的作用点、方位与欲求位移 Δ_K 的位置、方位相同，大小为“1”，即该力为单位荷载，$\overline{F}=1$。这样，力状态的外力（包括支座反力）在位移状态的位移（包括支座位移）上所做外力虚功的总和，等于力状态的内力在位移状态微段的相应变形上所做内力虚功的总和，即

$$\overline{F}\Delta_K + \sum \overline{F}_{Ri}C_i = \sum\int \overline{M}\mathrm{d}\theta + \sum\int \overline{F}_N \mathrm{d}u + \sum\int \overline{F}_s \mathrm{d}\nu$$

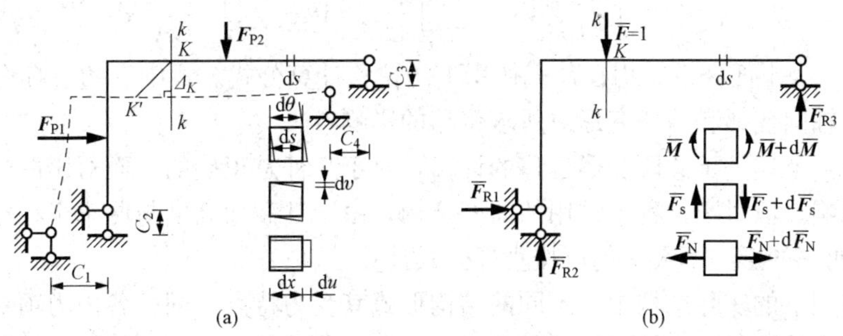

图 8-17　单位荷载法

（a）位移状态（实际状态）；（b）力状态（虚拟状态）

式中 $\overline{F}=1$，则

$$\Delta_K = \sum\int \overline{M}\mathrm{d}\theta + \sum\int \overline{F}_N \mathrm{d}u + \sum\int \overline{F}_s \mathrm{d}\nu - \sum \overline{F}_{Ri}C_i$$

对于实际状态，微段的变形与内力的关系为

$$d\theta=\frac{ds}{\rho}=\frac{1}{\rho}ds=\frac{M_P}{EI}ds，du=\varepsilon ds=\frac{\sigma}{E}ds=\frac{F_{NP}}{EA}ds，d\nu=\frac{kF_{sP}}{GA}ds$$

则有

$$\Delta_K=\sum\int\frac{\overline{M}M_P}{EI}ds+\sum\int\frac{\overline{F}F_{NP}}{EA}ds+\sum\int\frac{k\overline{F}F_{sP}}{GA}ds-\sum\overline{F}_{Ri}C_i \qquad (8-7)$$

式中 Δ_K——在荷载作用下 K 点的位移；

M_P、F_{NP}、F_{sP}——结构在荷载作用下的内力；

C_i——结构在荷载作用下的支座位移；

$\overline{M}$、$\overline{F}_N$、$\overline{F}_s$——结构在单位荷载作用下的内力；

EI、EA、GA——结构的抗弯刚度、抗拉压刚度、抗剪刚度；

$\overline{F}_{Ri}$——结构在单位荷载作用下的支座反力；

k——切变形在横截面上应力不均匀分布的不均匀系数（如矩形截面不均匀系数 $k=1.2$）。

对式（8-7）按等内力、等截面分段积分求和。设虚拟状态，用式（8-7）计算结构指定位移的方法称为单位荷载法。

8.7 静定结构在荷载作用下的位移计算

这里所说的结构在荷载作用下的位移计算仅限于线弹性结构，即位移与荷载成线性关系，因而计算位移时荷载的影响可以叠加，而且当荷载全部撤除后位移也完全消失。这样的结构，位移应是微小的，应力与应变的关系符合胡克定律。

设位移仅是荷载引起，而无支座移动，故式

$$\Delta_K=\sum\int\frac{\overline{M}M_P}{EI}ds+\sum\int\frac{\overline{F}F_{NP}}{EA}ds+\sum\int\frac{k\overline{F}F_{sP}}{GA}ds-\sum\overline{F}_{Ri}C_i$$

中的 $\sum\overline{F}_{Ri}C_i$ 一项为零，位移计算公式为

$$\Delta_K=\sum\int\frac{\overline{M}M_P}{EI}ds+\sum\int\frac{\overline{F}F_{NP}}{EA}ds+\sum\int\frac{k\overline{F}F_{sP}}{GA}ds \qquad (8-8)$$

式（8-8）为平面杆系结构在荷载作用下的位移计算公式。式中右边三项分别代表结构的弯曲变形、轴向变形和剪切变形对所求位移的影响。

应该指出：上述关于微段变形位移的计算，对于直杆是正确的，而对于曲杆还需考虑曲率对变形的影响。但对于工程中常用的曲杆结构，由于其截面高度与曲率半径相比很小（称小曲率杆），曲率的影响不大，仍可按直杆公式计算。

在荷载作用下的实际结构中，不同的结构形式其受力特点不同，各内力项对位移的影响也不同。为简化计算，对不同结构常忽略对位移影响较小的内力项，这样既能满足工程精度的要求，又能使计算简化。

各类结构的位移计算简化公式如下：

（1）梁和刚架。位移主要是由弯矩引起，为简化计算可忽略剪力和轴力对位移的影响，即

$$\Delta_{KP}=\sum\int\frac{\overline{M}M_P}{EI}ds$$

（2）桁架。各杆件只受轴力，即

$$\Delta_{KP}=\sum\int\frac{\overline{F}_{N}F_{NP}}{EA}ds$$

（3）拱。对于拱，当其轴力与压力线相近（两者的距离与拱截面高度为同一数量级）或者为扁平拱$\left(\frac{f}{l}<\frac{1}{5}\right)$时，要考虑弯矩和轴力对位移的影响，即

$$\Delta_{KP}=\sum\int\frac{\overline{M}M_{P}}{EI}ds+\sum\int\frac{\overline{F}_{N}F_{NP}}{EA}ds$$

其他情况下一般只考虑弯矩对位移的影响。

$$\Delta_{KP}=\sum\int\frac{\overline{M}M_{P}}{EI}ds$$

（4）组合结构。此类结构中梁式杆以受弯为主，只计算弯矩一项的影响，对于链杆只有轴力影响，即

$$\Delta_{KP}=\sum\int\frac{\overline{M}M_{P}}{EI}ds+\sum\frac{\overline{F}_{N}F_{NP}}{EA}ds$$

【例 8-6】　如图 8-18 所示刚架，各杆段抗弯刚度均为 EI，试求 B 截面的水平位移 Δ_{Bx}。

解　已知实际位移状态如图 8-18（a）所示，设立虚拟单位力状态如图 8-18（b）所示。

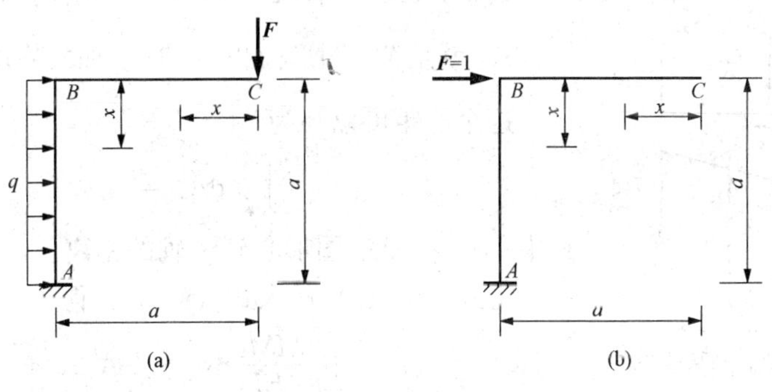

图 8-18　［例 8-6］图

刚架弯矩以内侧受拉为正，有

BA 杆：

$$M_{P}(x)=-Fa-\frac{qx^{2}}{2}$$

$$\overline{M}(x)=-1\times x$$

BC 杆：

$$M_{P}(x)=-Fx$$

$$\overline{M}(x)=0$$

将内力及 $ds=dx$ 代入公式有

$$\Delta_{Bx}=\int_{0}^{a}\frac{-x}{EI}\left(-Fa-\frac{qx^{2}}{2}\right)dx+\int_{0}^{a}\frac{1}{EI}(-Fx)dx=\frac{1}{EI}\left(\frac{Fa^{3}}{2}+\frac{qa^{4}}{8}\right)\quad(\rightarrow)$$

8.8 图　乘　法

计算梁和刚架在荷载作用下的位移时，先要写出 M_P 和 $\overline{M}$ 的方程式，然后代入公式

$$\Delta_{KP} = \sum\int \frac{\overline{M}M_P}{EI}ds$$

进行积分运算。当荷载比较复杂时，两个函数乘积的积分计算很繁琐。当结构的各杆段符合下列条件时，问题可以简化：

(1) 杆轴线为直线。

(2) EI 为常数。

(3) $\overline{M}$ 和 M_P 两个弯矩图至少有一个为直线图形。

若符合上述条件，则可用下述图乘法来代替积分运算，使计算工作简化。

如图 8-19 所示为等截面直杆 AB 段上的两个弯矩图，$\overline{M}$ 图为一段直线，M_P 图为任意形状。对于图示坐标，$\overline{M}=x\tan\alpha$，于是有

$$\int_A^B \frac{\overline{M}M_P}{EI}ds = \frac{1}{EI}\int_A^B \overline{M}M_P ds = \frac{1}{EI}\int_A^B x\tan\alpha M_P dx$$

$$= \frac{1}{EI}\tan\alpha\int_A^B xM_P dx = \frac{1}{EI}\tan\alpha\int_A^B x\,dA_\omega \tag{8-9}$$

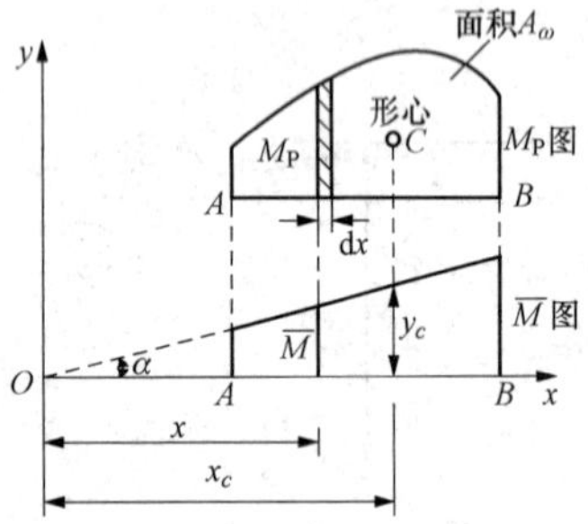

式中，$dA_\omega = M_P dx$，表示 M_P 图的微面积，因而积分 $\int_A^B x\,dA_\omega$ 就是 M_P 图形面积 A_ω 对 y 轴的静矩。

这个静矩可以写为

$$\int_A^B x\,dA_\omega = A_\omega x_c \tag{8-10}$$

式中　x_c——M_P 图形心到 y 轴的距离。

图 8-19　AB 段上的弯矩图

将式（8-10）代入式（8-9），得

$$\int_A^B \frac{\overline{M}M_P}{EI}ds = \frac{1}{EI}A_\omega x_c\tan\alpha \tag{8-11}$$

而 $x_c\tan\alpha = y_c$，y_c 为 $\overline{M}$ 图中与 M_P 图形心相对应的竖标。于是式（8-11）可写为

$$\int_A^B \frac{\overline{M}M_P}{EI}ds = \frac{1}{EI}A_\omega y_c \tag{8-12}$$

式（8-12）相当于一个弯矩图的面积 A_ω 乘以其形心所对应的另一个直线弯矩图的竖标 y_c 再除以 EI，这种利用图形相乘来代替两函数乘积的积分运算称为图乘法。

根据上面的推证过程，在应用图乘法时要注意以下几点：

(1) 必须符合前述的条件。

(2) 竖标只能取自直线图形。

(3) A_ω 与 y_c 若在杆件同侧，图乘取正号，异侧取负号。

(4) 需要掌握几种简单图形的面积及形心位置。

(5) 当遇到面积和形心位置不易确定时，可将其分解为几个简单的图形，分别与另一图形相乘，然后将结果叠加。

例如图 8-20 (a) 所示两个梯形相乘时，梯形的形心不易定出，我们可以把它分解为两

个三角形，$M_P = M_{Pa} + M_{Pb}$，形心对应竖标分别为 y_a 和 y_b，则

$$\frac{1}{EI}\int \overline{M}M_P \mathrm{d}x = \frac{1}{EI}\int \overline{M}(M_{Pa} + M_{Pb})\mathrm{d}x = \frac{1}{EI}\int \overline{M}M_{Pa}\mathrm{d}x + \frac{1}{EI}\int \overline{M}M_{Pb}\mathrm{d}x$$

$$= \frac{1}{EI}\left(\frac{al}{2}y_a + \frac{bl}{2}y_b\right)$$

式中

$$y_a = \frac{2}{3}c + \frac{1}{3}d$$

$$y_b = \frac{1}{3}c + \frac{2}{3}d$$

当 M_P 图或 $\overline{M}$ 图的竖标 a、b、c、d 不在基线的同一侧时，可继续分解为位于基线两侧的两个三角形，如图 8-20（b）所示，则

$$A\omega_a = \frac{al}{2}(\text{基线上})$$

$$A\omega_b = \frac{bl}{2}(\text{基线下})$$

$$y_a = \frac{2}{3}c - \frac{d}{3}(\text{基线下})$$

$$y_b = \frac{c}{3} - \frac{2}{3}d(\text{基线下})$$

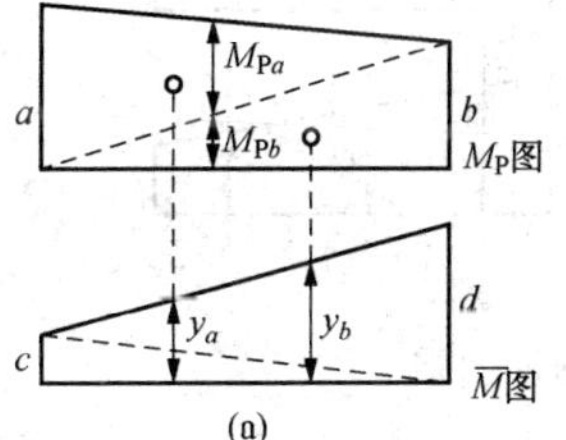

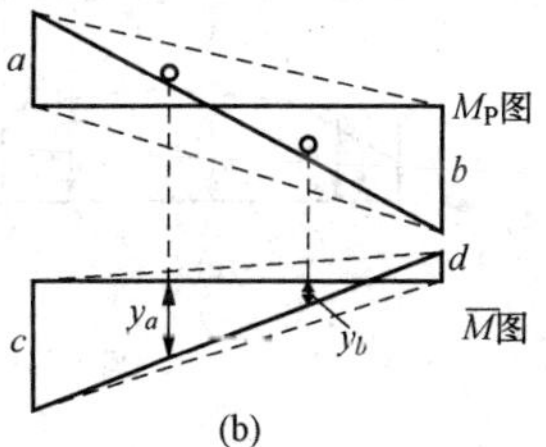

图 8-20　两个梯形图乘

如图 8-21 所示为几种简单图形，其中各抛物线图形均为标准抛物线图形。在采用图形数据时，一定要分清楚是否为标准抛物线图形。

所谓标准抛物线图形，是指抛物线图形具有顶点（顶点是指切线平行于底边的点），并且顶点在中点或者端点。

（6）当 y_c 所在图形是折线时，或各杆段截面不相等时，均应分段图乘，再进行叠加，如图 8-22 所示。

图 8-22（a）所示应为

$$\Delta = \frac{1}{EI}(A_{\omega 1}y_1 + A_{\omega 2}y_2 + A_{\omega 3}y_3)$$

图 8-22（b）所示应为

$$\Delta = \frac{A_{\omega 1}y_1}{EI_1} + \frac{A_{\omega 2}y_2}{EI_2} + \frac{A_{\omega 3}y_3}{EI_3}$$

【例 8-7】　利用图乘法求解图 8-23 所示简支梁在均布荷载 q 作用下 B 端的转角 Δ。

解　绘出 M_P 和 $\overline{M}$ 图，图乘计算有

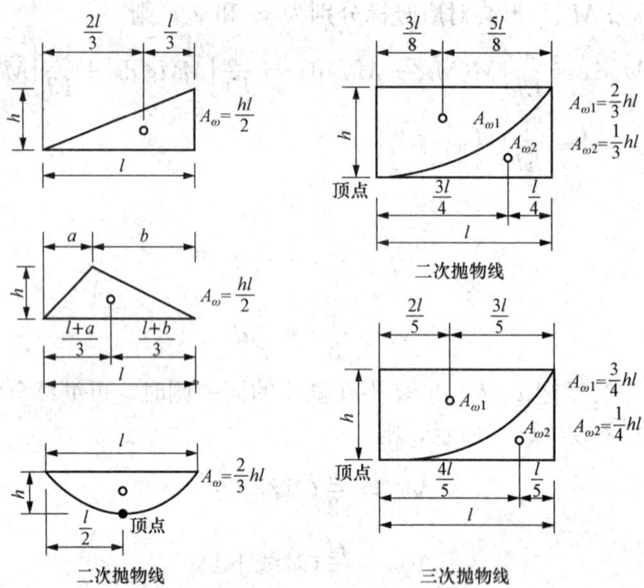

图 8-21 简单图形的面积及形心位置

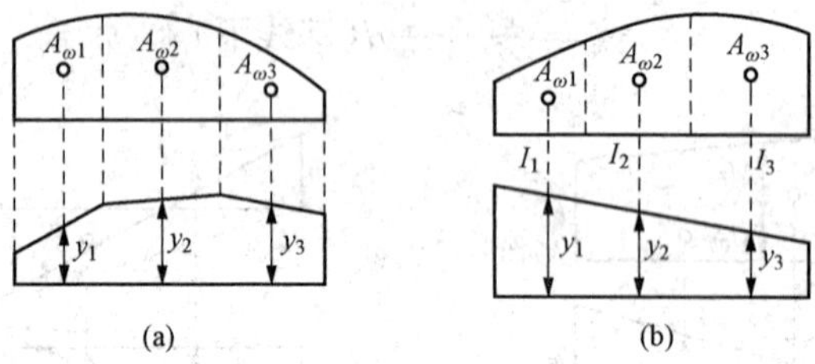

图 8-22 折线图形图乘

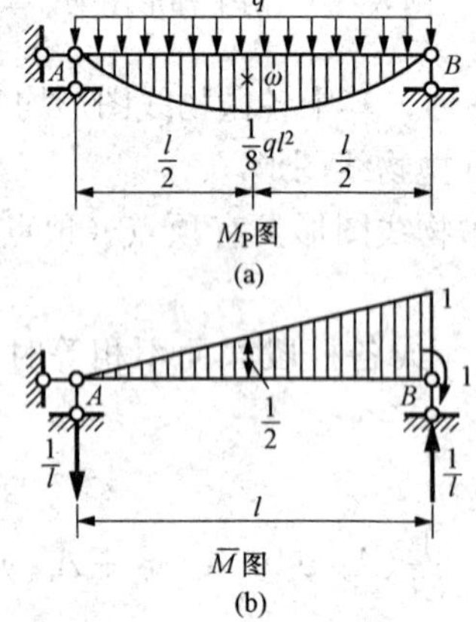

图 8-23 [例 8-7] 图

$$\Delta=\sum\int\frac{\overline{M}M_P}{EI}ds=\frac{1}{EI}\omega y_0=-\frac{1}{EI}\left(\frac{2}{3}\times\frac{ql^2}{8}\times l\right)\times\frac{1}{2}=-\frac{ql^3}{24EI}\quad(\circlearrowleft)$$

8.9　静定结构由于温度改变、支座位移所引起的位移

8.9.1　静定结构温度改变引起的位移计算

静定结构温度变化时不产生内力，但产生变形，从而产生位移。

如图 8-24（a）所示，结构外侧升高 t_1 时内侧升高 t_2，现要求由此引起的 K 点竖向位移 Δ_{Kt}。此时，位移计算的一般公式成为

$$\Delta_{Kt}=\sum\int\overline{F}_{\mathrm{N}}\mathrm{d}u_t+\sum\int\overline{M}\mathrm{d}\varphi_t+\sum\int\overline{F}_{\mathrm{s}}\gamma_t\mathrm{d}s \tag{8-13}$$

为求 Δ_{Kt}，需先求微段上由于温度变化而引起的变形位移 $\mathrm{d}u_t$、$\mathrm{d}\varphi_t$、$\gamma_t\mathrm{d}s$。

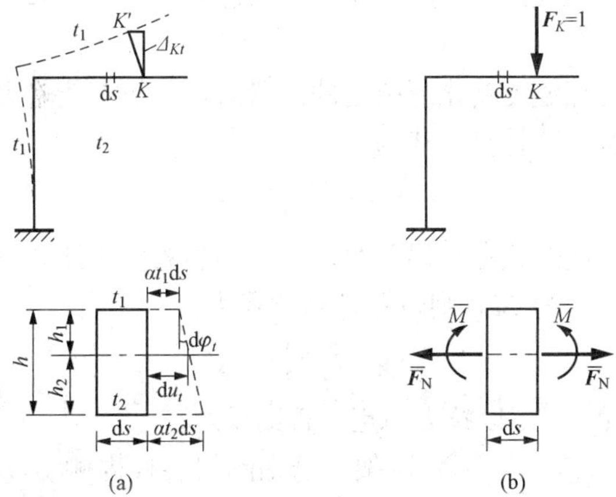

图 8-24　实际位移状态与虚拟单位力状态

（a）实际位移状态；（b）虚拟单位力状态

取实际位移状态中的微段 ds，如图 8-24（a）所示，微段上、下边缘处的纤维由于温度升高而伸长，分别为 $\alpha t_1\mathrm{d}s$ 和 $\alpha t_2\mathrm{d}s$，这里 α 是材料的线膨胀系数。为简化计算，可假设温度沿截面高度成直线变化，这样在温度变化时截面仍保持为平面。由几何关系可求微段在杆轴处的伸长为

$$\mathrm{d}u_{\mathrm{t}}=\alpha t_1\mathrm{d}s+(\alpha t_2\mathrm{d}s-\alpha t_1\mathrm{d}s)\frac{h_1}{h}=\alpha\left(\frac{h_2}{h}t_1+\frac{h_1}{h}t_2\right)\mathrm{d}s=\alpha t\mathrm{d}s \tag{8-14}$$

式中，$t=\frac{h_2}{h}t_1+\frac{h_1}{h}t_2$，为杆轴线处的温度变化。若杆件的截面对称于形心轴，即

$$h_1=h_2=\frac{h}{2}$$

则

$$t=\frac{t_1+t_2}{2}$$

而微段两端截面的转角为

$$\mathrm{d}\varphi_{\mathrm{t}}=\frac{\alpha t_2\mathrm{d}s-\alpha t_1\mathrm{d}s}{h}=\frac{\alpha(t_2-t_1)\mathrm{d}s}{h}=\frac{\alpha\Delta t\mathrm{d}s}{h} \tag{8-15}$$

式中，$\Delta t=t_2-t_1$，为两侧温度变化之差。

对于杆件结构，温度变化并不会引起剪切变形，即 $\gamma_t=0$。

将以上微段的温度变形，即式（8-14）、式（8-15）代入式（8-13），可得

$$\Delta_{Kt}=\sum\int\overline{F}_{\mathrm{N}}\alpha t\,\mathrm{d}s+\sum\int\overline{M}\frac{\alpha\Delta t\mathrm{d}s}{h}=\sum\alpha t\int\overline{F}_{\mathrm{N}}\mathrm{d}s+\sum\frac{\alpha\Delta t}{h}\int\overline{M}\mathrm{d}s$$

若各杆均为等截面杆，则

$$\Delta_{Kt}=\sum\alpha t\int\overline{F}_{\mathrm{N}}\mathrm{d}s+\sum\frac{\alpha\Delta t}{h}\int\overline{M}\mathrm{d}s=\sum\alpha tA_{\omega\overline{F}_{\mathrm{N}}}+\sum\frac{\alpha\Delta t}{h}A_{\omega\overline{M}}\qquad(8-16)$$

式中 $A_{\omega\overline{F}_{\mathrm{N}}}$——$\overline{F}_{\mathrm{N}}$ 图的面积；

$A_{\omega\overline{M}}$——$\overline{M}$ 图的面积。

式（8-16）中 Δ_{Kt} 是温度变化所引起的位移计算的一般公式。公式右边两项的正负号做如下规定：若虚拟力状态的变形与实际位移状态的温度变化所引起的变形方向一致，则取正号；反之，取负号。

对于梁和刚架，在计算温度变化所引起的位移时，一般不能略去轴向变形的影响。对于桁架，在温度变化时，其位移计算公式为

$$\Delta_{Kt}=\sum\overline{F}_{\mathrm{N}}\alpha tl$$

当桁架的杆件长度因制造而存在误差时，由此引起的位移计算与温度变化引起的位移计算相类似。设各杆长度误差为 Δl，则位移计算公式为

$$\Delta_K=\sum\overline{F}_{\mathrm{N}}\Delta l$$

式中，Δl 以伸长为正，$\overline{F}_{\mathrm{N}}$ 以拉力为正；否则反之。

【例 8-8】 如图 8-25（a）所示刚架，已知刚架各杆内侧温度无变化，外侧温度下降 16℃，各杆截面均为矩形，高度为 h，线膨胀系数 α。试求温度变化引起的 C 点竖向位移 ΔCy。

解 设立虚拟单位力状态 $F=1$，绘出相应的 $\overline{F}_{\mathrm{N}}$ 和 $\overline{M}$ 图，分别如图 8-25（b）、（c）所示。

$$t_1=-16℃\quad t_2=0$$

$$t=\frac{t_1+t_2}{2}=\frac{-16+0}{2}=-8℃$$

$$\Delta t=t_2-t_1=0-(-16)=16℃$$

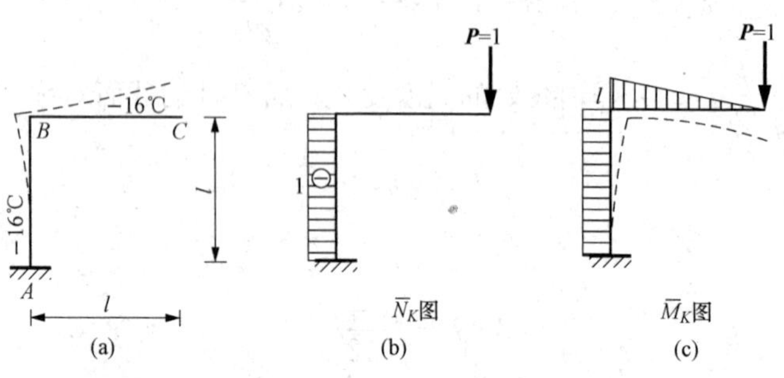

图 8-25 ［例 8-8］图

AB 杆由于温度变化产生轴向收缩变形，与 $\overline{F}_{\mathrm{N}}$ 所产生的变形（压缩）方向相同。而 AB 和 BC 杆由于温度变化产生的弯曲变形（外侧纤维缩短，向外侧弯曲）与由 $\overline{M}$ 所产生的弯

曲变形（外侧受拉，向内侧弯曲）方向相反，故计算时，第一项取正号，而第二项取负号。代入公式得

$$\Delta Cy = \alpha \times 8 \times l - \alpha \times \frac{16}{h} \times \frac{3}{2} l^2 = 8\alpha l - 24 \frac{\alpha l^2}{h} \quad (\uparrow)$$

由于 $l>h$，所得结果为负值，表示 C 点竖向位移与单位力方向相反，即实际位移向上。

8.9.2　静定结构支座位移引起的位移计算

由于静定结构在支座移动时不会引起结构的内力和变形，只会使结构发生刚体位移，此时，位移计算的一般公式或为

$$\Delta_{Kc} = -\sum \overline{F}_R C$$

上式为静定结构在支座移动时的位移计算公式。

式中　$\overline{F}_R$——虚拟单位力状态的支座反力。

$\sum \overline{F}_R C$ 为反力虚功的总和。当 $\overline{F}_R$ 与实际支座位移 C 方向一致时，其乘积取正；相反时为负。

此外，式中右项，前有一负号，系原来移项时产生，不可漏掉。

【例 8-9】　如图 8-26（a）所示三铰刚架，若支座 B 发生图中所示位移 $a=4$cm，$b=6$cm，$l=8$m，$h=6$m，求由此而引起的左支座处杆端截面的转角 φ_A。

解　在 A 点处加一单位力偶，建立虚拟力状态。依次求得支座反力，如图 8-26（b）所示。由公式得

$$\varphi_A = -\left[\left(-\frac{1}{2h} \times a\right) + \left(-\frac{1}{l} \times b\right)\right]$$

$$= \frac{a}{2h} + \frac{b}{l} = \frac{4}{2 \times 600} + \frac{6}{800} = 0.0108\text{rad}$$

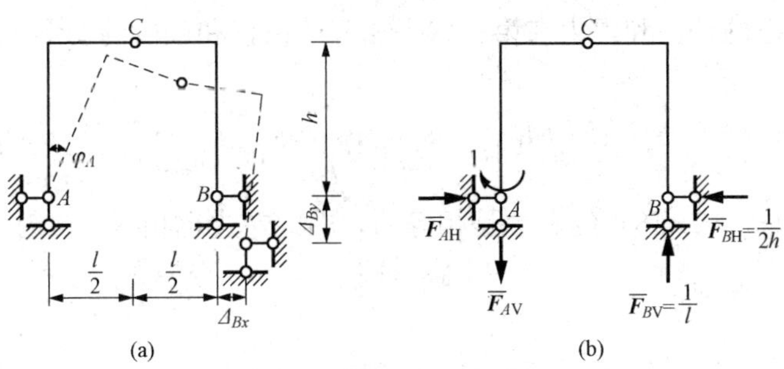

图 8-26　［例 8-9］图

（a）实际状态；（b）虚拟状态

若静定结构同时承受荷载、温度变化和支座移动的作用，则计算结构位移的一般公式为

$$\Delta_K - \sum \int \frac{\overline{M} M_P}{EI} ds + \sum \int \frac{\overline{F}_N F_{NP}}{EA} ds + \sum \int \frac{k \overline{F}_s F_{sP}}{GA} ds + \sum (\pm) \int \overline{F}_N \alpha t \, ds$$
$$+ \sum (\pm) \int \overline{M} \frac{\alpha \Delta t}{h} ds - \sum \overline{F}_R C$$

8.10 互 等 定 理

对于线性变形体，由虚功原理可推导出 4 个互等定理，其中虚功互等定理是最基本的，其他几个互等定理皆可由虚功互等定理推出。

1. 虚功互等定理（也称功的互等定理）

定义：第一状态的外力在第二状态的位移上所做的功等于第二状态的外力在第一状态的位移上所做的功，即 $W_{12}=W_{21}$。

证明：设有两组外力 F_1 和 F_2 分别作用于同一线弹性结构上，如图 8 - 27（a）、（b）所示。

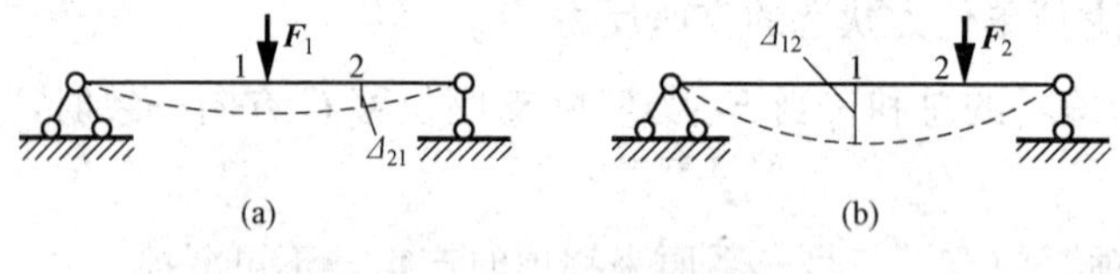

图 8 - 27 虚功互等定理
（a）第一状态；（b）第二状态

我们用第一状态的外力和内力在第二状态相应的位移和微段的变形位移上做虚功，根据虚功原理有

$$F_1\Delta_{12}=\sum\int\frac{M_1M_2}{EI}\mathrm{d}s+\sum\int\frac{F_{N1}F_{N2}}{EA}\mathrm{d}s+\sum\int k\frac{F_{S1}F_{S2}}{GA}\mathrm{d}s \tag{8-17}$$

Δ_{12}的两个脚标含义为：脚标 1 表示位移发生的地点和方向（这里表示 F_1 作用点沿 F_1 方向）；脚标 2 表示产生位移的原因（这里表示位移是由 F_2 作用引起的）。

然后用第二状态的外力和内力在第一状态相应的位移和微段的变形位移上做虚功，根据虚功原理有

$$F_2\Delta_{21}=\sum\int\frac{M_2M_1}{EI}\mathrm{d}s+\sum\int\frac{F_{N2}F_{N1}}{EA}\mathrm{d}s+\sum\int k\frac{F_{S2}F_{S1}}{GA}\mathrm{d}s \tag{8-18}$$

式（8 - 17）和式（8 - 18）的右边是相等的，因此左边也相等，故有

$$F_1\Delta_{12}=F_1\Delta_{21}$$

由于

$$F_1\Delta_{12}=W_{12}$$
$$F_2\Delta_{21}=W_{21}$$

因此有

$$W_{12}=W_{21}$$

证毕。

2. 位移互等定理

定义：第二个单位力所引起的第一个单位力作用点沿其方向的位移 δ_{12} 等于第一个单位力所引起的第二个单位力作用点沿其方向的位移 δ_{21}，即

$$\delta_{12}=\delta_{21}$$

证明：设两个状态中的荷载都是单位力，即 $F_1=1$、$F_2=1$，如图 8 - 28 所示。

图 8 - 28　位移互等定理
（a）第一个状态；（b）第二个状态

由功的互等定理有

$$W_{12}=F_1\delta_{12}=\delta_{12}$$
$$W_{21}=F_2\delta_{21}=\delta_{21}$$

由 $W_{12}=W_{21}$ 得到

$$\delta_{12}=\delta_{21}$$

证毕。

注：这里的单位力可以认为是广义的单位力，位移也可以认为是广义位移。虽然会出现角位移和线位移相等，二者含义不同，但二者数值上相等，量纲也相同，定理也成立。

3. 反力互等定理

反力互等定理用来说明在超静定结构中，假设两个支座分别产生单位位移时，两个状态中反力的互等关系。

定义：支座 1 发生单位位移所引起的支座 2 的反力等于支座 2 发生单位位移所引起的支座 1 的反力，即

$$\gamma_{21}=\gamma_{12}$$

证明：如图 8 - 29（a）所示，支座 1 发生单位位移 $\Delta_1=1$，此时使支座 2 产生反力 γ_{21}，称此为第一状态。如图 8 - 29（b）所示，支座 2 发生单位位移 $\Delta_2=1$，此时使支座 1 产生反力 γ_{12}. 称此为第二状态。

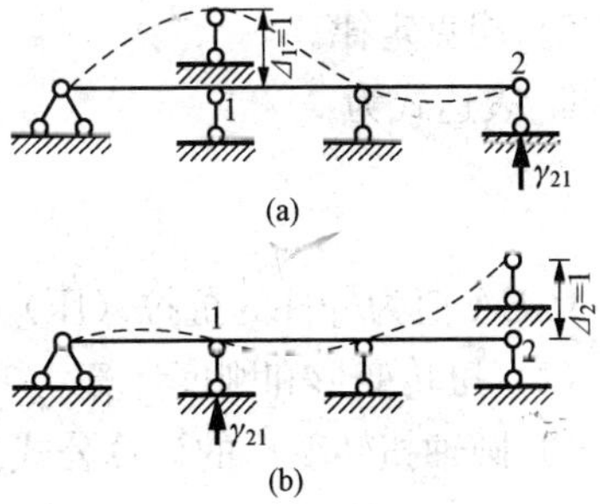

根据功的互等定理有

$$W_{12}=W_{21}$$
$$\gamma_{21}\Delta_2=\gamma_{12}\Delta_1$$
$$\Delta_2=\Delta_1=1$$

所以有

$$\gamma_{21}=\gamma_{12}$$

证毕。

图 8 - 29　反力互等定理
（a）第一状态；（b）第二状态

4. 反力位移互等定理

反力位移互等定理说明在超静定结构中，一个状态中的反力与另一个状态中的位移具有互等关系，即

$$\gamma_{12}=-\delta_{21}$$

证明：如图 8 - 30（a）所示，单位荷载 $F_2=1$ 作用时，支座 1 的反力偶为 γ_{12}，称此为第一状态。如图 8 - 30（b）所示，当支座沿 γ_{12} 的方向发生单位转角 $\varphi_1=1$ 时，F_2 作用点沿其方向的位移为 δ_{21}，称此为第二状态。

根据功的互等定理有

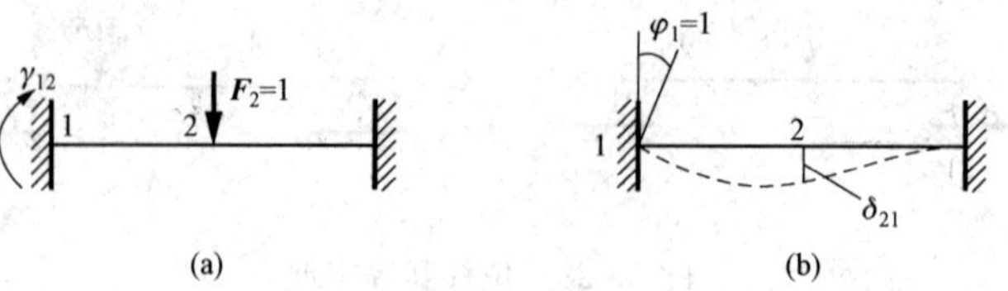

图 8-30 反力位移互等定理

(a) 第一状态；(b) 第二状态

$$W_{12} = W_{21}$$
$$\gamma_{12}\varphi_1 + F_2\delta_{21} = 0$$

由于

$$\varphi_1 = 1 \quad F_2 = 1$$

因此有

$$\gamma_{12} = -\delta_{21}$$

证毕。

本章主要介绍了杆件的应力和强度条件的应用。

(1) 拉（压）杆的变形。

1) 拉（压）杆的纵向、横向变形。

2) 胡克定律。

a. 表达式为

$$\Delta L = \frac{F_N L}{EA} \text{或} \sigma = E\varepsilon$$

b. EA 值为杆件的抗拉（压）刚度

(2) 扭转变形和刚度计算。

1) 圆轴扭转变形的计算公式为

$$\varphi = \frac{Tl}{GI_p}$$

2) 圆轴扭转的刚度条件为

$$\theta_{max} = \left(\frac{T}{GI_p}\right)_{max} \times \frac{180}{\pi} \leqslant [\theta]$$

(3) 梁的变形和刚度计算。

1) 梁的变形量用挠度 y 和转角 θ 度量。

a. 通过积分法求出梁的挠曲线、转角方程，确定指定截面的挠度和转角。

b. 梁的变形与作用荷载成线性关系，利用叠加法求复杂荷载作用下梁的变形。

2) 提高梁刚度的措施。

a. 调整荷载的位置、方向和形式。

b. 调整约束位置，加强约束或增加约束。

c. 提高梁的抗弯刚度。

（4）了解杆系结构位移计算的一般公式。

（5）掌握用虚单位力法求各类静定结构的位移，熟练应用图乘法求刚架的位移。

1. 图 8 - 31 所示钢制阶梯形直杆，各段横截面面积分别为：$A_1=100\text{mm}^2$，$A_2=80\text{mm}^2$，$A_3=120\text{mm}^2$，钢材的弹性模量 $E=200\text{GPa}$。试求：

（1）各段的轴力，指出最大轴力发生在哪一段，最大应力发生在哪一段。

（2）计算杆的总变形。

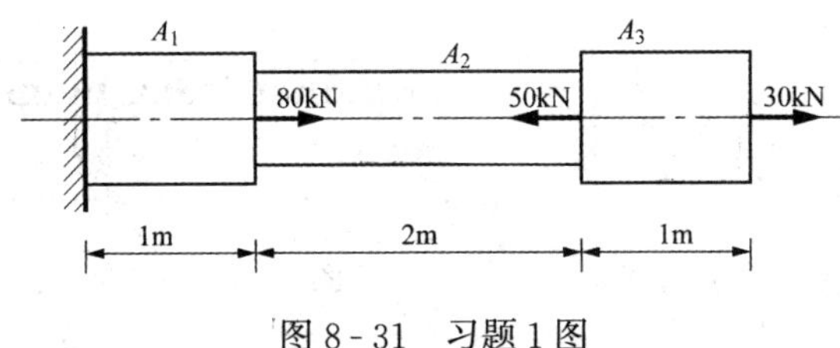

图 8 - 31　习题 1 图

2. 图 8 - 32 所示轴的直径 $d=50\text{mm}$，切变模量 $G=80\text{GPa}$，试计算该轴两端面之间的扭转角（$\varphi_{AD}=0.051\text{rad}$）。

3. 图 8 - 33 所示简支梁，用 32a 工字钢制成。已知 $q=8\text{kN/m}$，$l=6\text{m}$，$E=200\text{GPa}$，$[\sigma]=170\text{MPa}$，$\left[\frac{f}{l}\right]=\frac{1}{400}$，试校核梁的强度和刚度。

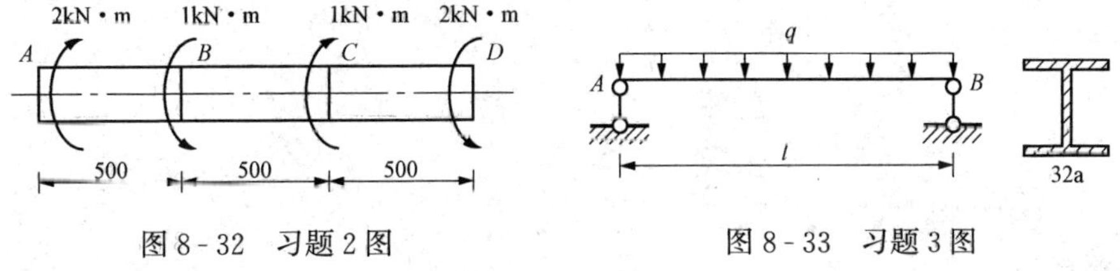

图 8 - 32　习题 2 图　　图 8 - 33　习题 3 图

4. 如图 8 - 34 所示，试用叠加法求等自由端截面的转角和挠度。

5. 在图 8 - 35 所示梁上 $M=\frac{1}{20}ql^2$，梁的弯曲刚度为 EI。试用叠加法求跨中截面的挠度和 A、B 截面的转角。

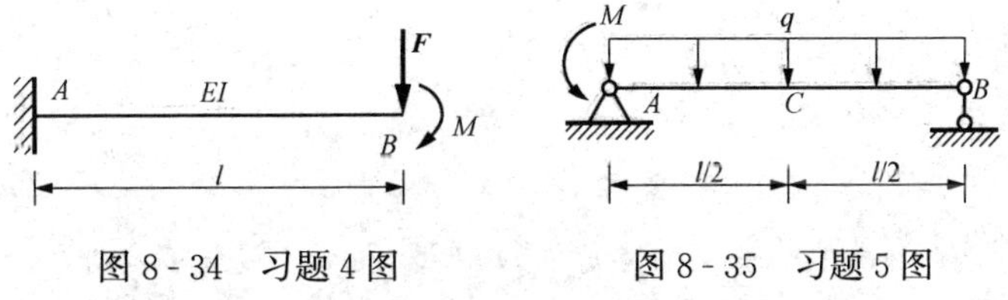

图 8 - 34　习题 4 图　　图 8 - 35　习题 5 图

6. 求图 8 - 36 所示简支梁中点 C 的竖向位移及 A 截面的转角（梁 EI 为常数）。

7. 求图 8 - 37 所示外伸梁 C 点的竖向位移（梁 EI 为常数）。

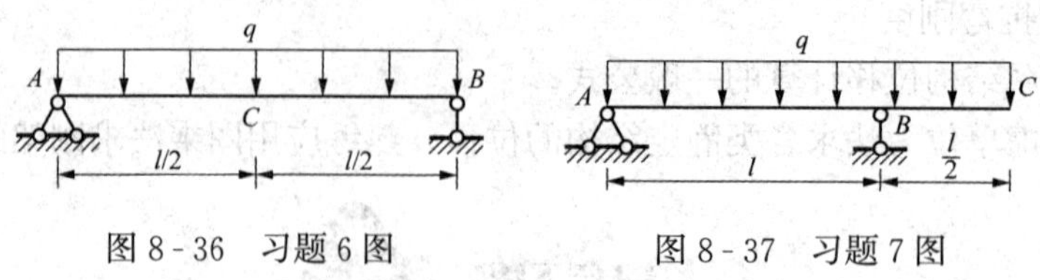

图 8-36 习题 6 图　　图 8-37 习题 7 图

8. 求图 8-38 所示刚架结点 B 的水平位移（梁 EI 为常数）。

9. 求图 8-39 所示外伸梁 C 点的竖向位移（梁 EI 为常数）。

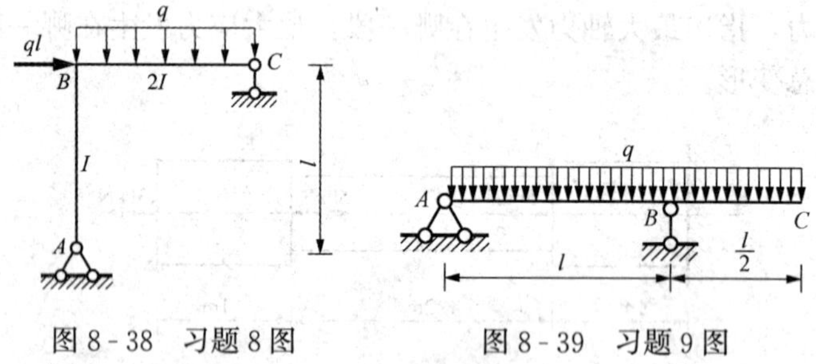

图 8-38 习题 8 图　　图 8-39 习题 9 图

第 9 章　超静定结构的内力计算

【要点提示】本章讨论了用力法和力矩分配法求解超静定结构的问题。通过学习采用力法、位移法计算超静定结构内力的基本原理及方法，能够正确判定超静定次数，选取力法的基本结构，掌握在各种荷载作用下力法、位移法计算超定结构的方法和步骤，掌握利用结构的对称性简化计算的方法，理解在支座移动时用力法计算超静定结构的方法。

9.1　超静定结构的概念

9.1.1　超静定结构的基本特征

超静定结构不同于我们熟悉的静定结构，静定结构是指结构的支座反力和各截面的内力均可用静力平衡条件唯一确定，如图 9 - 1（a）所示的简支梁是一个静定结构，它的支座反力和各截面的内力都可以由平衡方程确定。

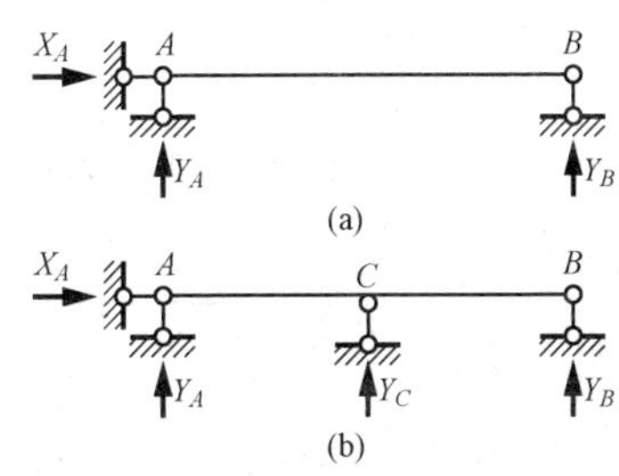

图 9 - 1　静定结构与超静定结构

（a）静定结构；（b）超静定结构

如果对简支梁 AB 增加一个支座 C，就得到了图 9 - 1（b）所示的连续梁。它有四个未知反力 X_A、Y_A、Y_B、Y_C，却只有三个平衡方程，因而不能用平衡方程把反力计算出来，这种结构称为超静定结构。故超静定结构是指结构的支座反力和各截面的内力不能单凭静力平衡条件唯一确定的结构。

从几何组成来看，静定结构为没有多余联系的几何不变体系；超静定结构为有多余联系的几何不变体系。

9.1.2　超静定次数的确定

由于多余约束的存在，超静定结构的约束反力未知量的数目多于平衡方程数目，仅靠平衡方程不能确定结构的支座反力和内力。由超静定次数的定义可知，确定超静定次数的方法是：去掉超静定结构的多余联系，使其变成静定结构，则去掉多余联系的个数，或多余未知力的个数就是超静定结构的超静定次数。这种确定超静定次数的方法称为解除约束法。超静定去除多余约束的方法有以下几种：

（1）去掉支座处的一根链杆或切断一根链杆，相当于去掉一个联系，如图 9 - 2（a）、（b）所示。

（2）去掉一个铰支座或拆开一个单铰，相当于解除两个约束，如图 9 - 2（c）、（d）所示。

（3）切断连续杆或者去掉一个固定端，相当于去掉三个约束，如图 9 - 2（e）所示。

（4）将一刚结点改为单铰连接或将一个固定支座改为固定铰支座，相当于去掉一个联系，如图 9 - 2（f）所示。

用上述方法去掉多余约束的方法，可以确定任何超静定结构的超静定次数。然而，对于

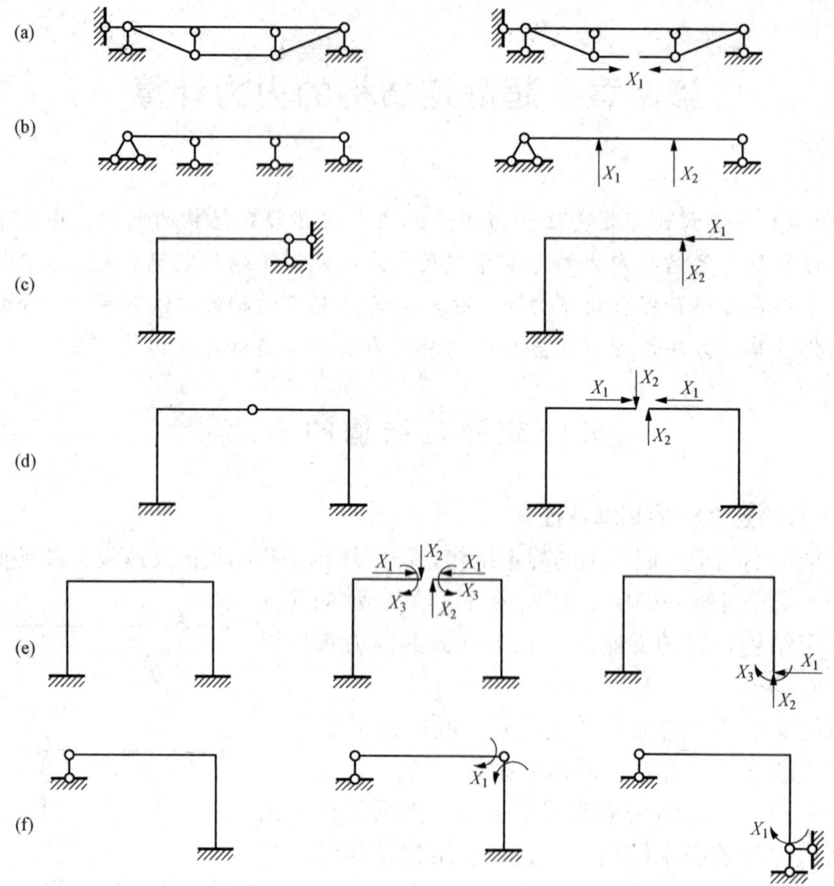

图 9-2 超静定结构

同一超静定结构，可以采用不同的方式解除多余约束，而得到不同的超静定结构，但所解除多余约束的数目总是相同。

由于去掉多余约束方式的多样性，在力法计算中，同一结构的基本结构可有多种不同的形式。但是，去掉多余约束后基本结构必须是几何不变的。为了保证基本结构的几何不变性，有时结构中的某些约束是不能去掉的。如图 9-3（a）所示刚架，具有一个多余联系。若将横梁某处改为铰接，即相当于去掉一个联系得到如图 9-3（b）所示的静定结构；若去掉支座的水平链杆，则得到如图 9-3（c）所示的静定结构，它们都可作为基本结构。但是，若去掉支座 A 的竖向链杆或 B 支座的竖向链杆，即成瞬变体系，如图 9-3（d）所示，显然是不允许的，当然也就不能作为基本结构。

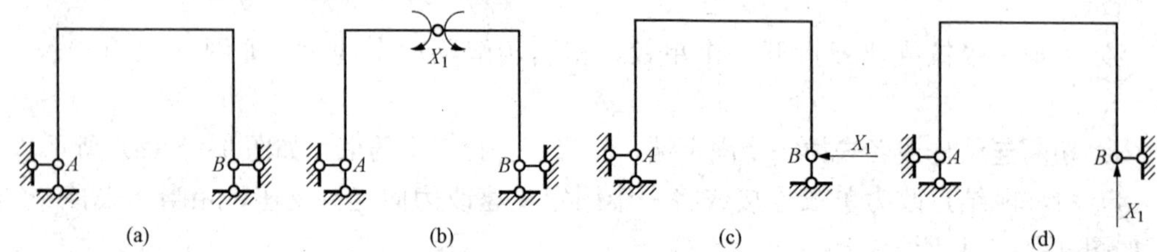

图 9-3 超静定刚架

对于具有多个框格的结构，按框格的数目来确定超静定的次数是较方便的。一个封闭的无铰框格，其超静定次数为 3，如图 9-4（e）所示。故当一个结构有 n 个封闭无铰框格时，其超静定次数为 $3n$。如图 9-4（a）所示结构的超静定次数为 3×8=24。当结构的某些结点为铰接时，则一个单铰减少一个超静定次数，如图 9-4（b）所示结构的超静定次数为 3×8−4=20。

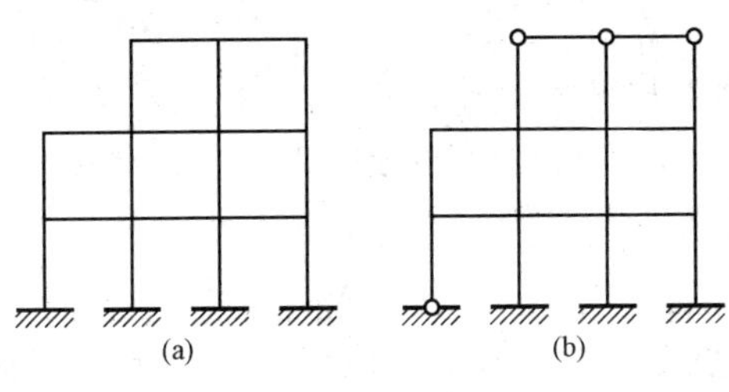

图 9-4　多个框格的结构

9.2　力法的基本概念

力法是计算超静定结构最基本的方法之一，其基本思路是把超静定结构的计算问题转化为静定结构的计算问题，即可以达到用静定结构的计算方法来解决超静定结构的目的。现以一个简单的例子来阐述力法的基本概念。

图 9-5 是一次超静定结构，它的支座反力分别为 A 处 F_{Ax}、F_{Ay}、M_A，B 处的支座反力为 F_B，不能由静力平衡方程求出。若将支座 B 处链杆视为多余约束，解除掉并代之以相应的多余未知力 X_1，得到图 9-5（b）所示的悬臂梁。如设法将 X_1 求出，则原结构就转化为在荷载 q 和 X_1 共同作用下求解静定结构的问题，则其支座反力和内力均可用平衡方程求出。故力法求解超静定问题的主要问题就是如何确定多余未知力，这种以多余未知力替代超静定结构多余联系的作用，变成静定结构，我们称为原结构的基本结构。下面着重介绍如何求解 X_1。

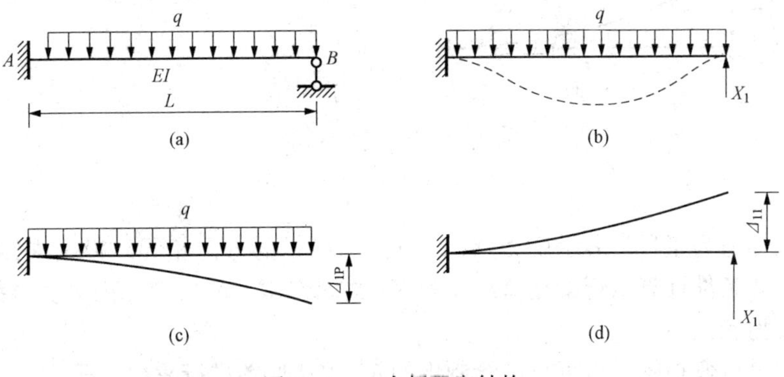

图 9-5　一次超静定结构

对比原结构与基本结构可知，原结构在支座 B 处由于有多余约束，因此不可能有竖向位移；而基本结构则因去掉了多余约束，在 B 点处即可能产生竖向位移，所以只有当 X_1 的数值与原结构支座链杆 B 实际发生的反力相等时，才能使基本结构在荷载 q 和多余力 X_1 的共同作用下，B 点的竖向位移等于零，即

$$\Delta_1 = 0 \quad (9-1)$$

式（9-1）称为变形协调条件。由变形协调条件，便可确定多余未知力 X_1 的唯一解。

我们假设 Δ_{11} 和 Δ_{1P} 分别表示基本结构在多余未知力 X_1 和均布荷载 q 单独作用下 B 点沿 X_1 方向的位移图，根据叠加原理，有

$$\Delta_{11} + \Delta_{1P} = 0 \quad (9-2)$$

其中 Δ_{11}、Δ_{1P} 的方向如果与未知力 X_1 的正方向相同，则规定为正；反之为负。

为了使位移条件式（9-2）中显现出多余未知力 X_1，将 $X_1=1$ 时 B 点沿 X_1 方向所产生的位移设为 δ_{11}，则 $\Delta_{11}=\delta_{11}X_1$，于是式（9-2）可写成

$$\delta_{11}X_1 + \Delta_{1P} = 0 \quad (9-3)$$

式中 δ_{11} 是静定结构 B 点在 $X_1=1$ 作用下的位移；Δ_{1P} 是均布荷载 q 作用下的位移，可用图乘法求得。将求得的 δ_{11}、δ_{1P} 代入式（9-3）中即可求出 X_1。由求出的 X_1，基本结构就演变为已知均布荷载和集中力 X_1 作用下的悬臂梁结构，其反力和内力均可以求出。该反力和内力即为原超静定的反力和内力。

对于图 9-6（a）、（b）所示结构，有

$$\delta_{11} = \frac{1}{EI}\left(\frac{1}{2}l \times l \times \frac{2}{3}l\right) = \frac{l^3}{3EI}$$

$$\Delta_{1P} = -\frac{1}{EI}\left(\frac{1}{3} \times \frac{1}{2}ql^2 \times l \times \frac{3}{4}l\right) = -\frac{ql^4}{8EI}$$

将求得的 δ_{11}、δ_{1P} 代入式（9-3）解得

$$X_1 = \frac{-\Delta_{1P}}{\delta_{11}} = \frac{3}{8}ql$$

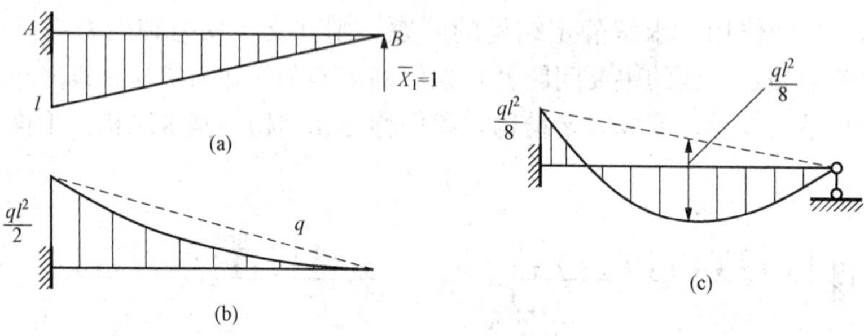

图 9-6 超静定结构举例

（a）$\overline{M}_1$ 图；（b）M_P 图；（c）M 图

求得的未知力为正号，表示反力 X_1 的方向与原设的方向相同。多余未知力求出以后，就可以利用平衡条件计算悬臂梁在荷载 q 和 X_1 共同作用下的反力和内力。显然，它们也就是原结构的反力和内力。

然后绘制最后弯矩图，也可将已绘制出的 $\overline{M}_1$ 和 M_P 图进行叠加，即

$$M = \overline{M}_1 X_1 + M_P$$

其中 $\overline{M}_1$ 是单位力 $X_1=1$ 在基本结构中一截面所产生的弯矩；M_P 是荷载在基本结构中产生的弯矩。

这里也可不用叠加法绘制最后弯矩图，而将已求得的多余力 X_1 与荷载 q 共同作用在基本结构上，按求解静定结构弯矩图的方法即可绘出原结构的最后弯矩图。

9.3 力法典型方程

用力学计算超静定结构的关键在于根据位移条件建立力法的基本方程，以求解多余力。对于多次超静定结构，其计算原理与一次超静定结构完全相同。下面对多次超静定结构用力法求解的基本原理作进一步说明。

如图 9-7 所示两次超静定刚架，将 A 支座的两根链杆视为多余约束解除掉，得到如图 9-7（b）所示基本结构。被去掉的支座链杆的作用以多余力 X_1、X_2 来代替，X_1、X_2 就是力法的基本未知量。因为原结构的 A 处没有任何方向的位移，所以基本结构在荷载及 X_1、X_2 共同作用下，A 点沿 X_1、X_2 方向的位移都等于零，即

$$\Delta_1 = 0$$

$$\Delta_2 = 0 \tag{9-4}$$

式（9-4）便是求解多余未知力 X_1、X_2 的变形协调方程。

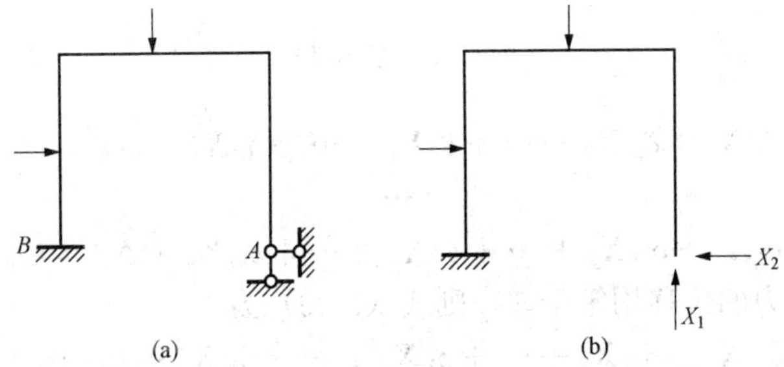

图 9-7　两次超静定刚架

根据叠加原理，位移 Δ_1、Δ_2 应该是多余未知力 X_1、X_2 和荷载分别作用在基本结构上时 A 点沿 X_1、X_2 方向的位移叠加，即

$$\Delta_1 = \delta_{11}X_1 + \delta_{12}X_2 + \Delta_{1P} = 0$$

$$\Delta_2 = \delta_{21}X_1 + \delta_{22}X_2 + \Delta_{2P} = 0 \tag{9-5}$$

式中每项位移两个下脚标的意义是：第一个脚标表示位移发生的地点和方向；第二个脚标表示产生该位移的原因。由此：

δ_{11}表示 $X_1=1$ 单独作用在基本结构上时，X_1 作用点（A 点）沿 X_1 方向的位移，见图 9-8（a）；δ_{12}表示 $X_2=1$ 单独作用在基本结构上时，X_1 作用点沿 X_1 方向的位移，见图 9-8（b）；Δ_{1P}表示荷载单独作用在基本结构上时，X_1 作用点沿 X_1 方向的位移，见图 9-8（c）。同样可以说明 δ_{21}、δ_{22}含义，位移的位置、方向和产生该位移的原因。

式（9-5）的物理意义是：在基本结构中，在多余未知力 X_1、X_2 及已知荷载的共同作用下，在去掉多余联系处的位移与原结构中的相应位移相等。

同理，对于 n 次超静定结构，它有 n 个多余未知力，对应有 n 个已知的位移条件，能够建立 n 个方程，可以求解出 n 个多余未知力。其 n 个多余力的方程是：

$$\delta_{11}X_1 + \delta_{12}X_2 + \cdots + \delta_{1i}X_i + \cdots + \delta_{1n}X_n + \Delta_{1P} = \Delta_1$$

$$\delta_{21}X_1 + \delta_{22}X_2 + \cdots + \delta_{2i}X_i + \cdots + \delta_{2n}X_n + \Delta_{2P} = \Delta_2$$

$$\cdots$$

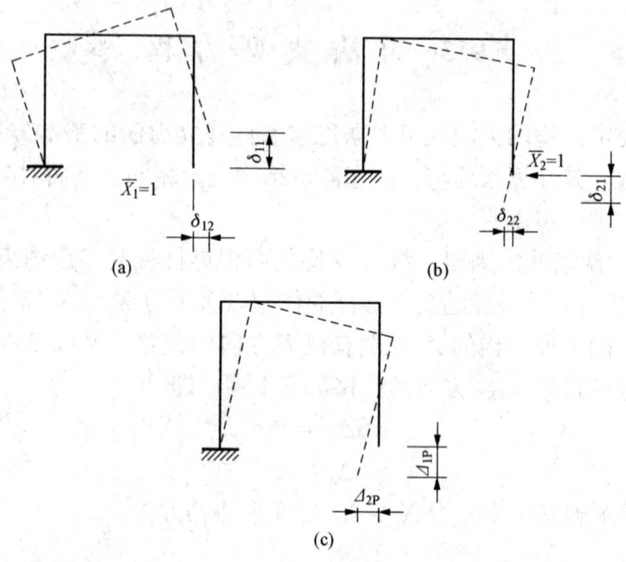

图 9-8　基本结构

$$\delta_{i1}X_1+\delta_{i2}X_2+\cdots+\delta_{ii}X_i+\cdots+\delta_{in}X_n+\Delta_{iP}=\Delta_i$$
$$\cdots$$
$$\delta_{n1}X_1+\delta_{n2}X_2+\cdots+\delta_{ni}X_i+\cdots+\delta_{nn}X_n+\Delta_{nP}=\Delta_n \tag{9-6}$$

如果沿所有多余力的位移均等于零，则式（9-6）为

$$\delta_{11}X_1+\delta_{12}X_2+\cdots+\delta_{1i}X_i+\cdots+\delta_{1n}X_n+\Delta_{1P}=0$$
$$\delta_{21}X_1+\delta_{22}X_2+\cdots+\delta_{2i}X_i+\cdots+\delta_{2n}X_n+\Delta_{2P}=0$$
$$\cdots$$
$$\delta_{i1}X_1+\delta_{i2}X_2+\cdots+\delta_{ii}X_i+\cdots+\delta_{in}X_n+\Delta_{iP}=0$$
$$\cdots$$
$$\delta_{n1}X_1+\delta_{n2}X_2+\cdots+\delta_{ni}X_i+\cdots+\delta_{nn}X_n+\Delta_{nP}=0 \tag{9-7}$$

式（9-7）称为力法典型方程。

式（9-7）中 δ_{ii} 称为主系数，表示当 $X_i=1$ 作用在基本结构上时，X_i 作用点沿 X_i 方向的位移。由于 δ_{ii} 是 $X_i=1$ 引起的自身方向上的位移，故永远为正。

δ_{ij} 称为副系数，表示当 $X_j=1$ 作用在基本结构上时，X_i 作用点沿 X_i 方向的位移，可能为正也可能为负或者为零。由位移互等定理可知

$$\delta_{ij}=\delta_{ji}$$

Δ_{iP} 称为自由项。

以上各系数均为基本结构在已知荷载和多余未知力作用下的位移。由于基本结构是静定结构，因此可用前面介绍的求解静定结构位移的公式进行计算或者利用图乘法，即

$$\begin{cases}\delta_{ii}=\sum\int\dfrac{\overline{M}_i^{\,2}}{EI}\mathrm{d}s\\[2ex]\delta_{ij}=\sum\int\dfrac{\overline{M}_i\overline{M}_j}{EI}\mathrm{d}s\\[2ex]\delta_{iP}=\sum\int\dfrac{\overline{M}_i\overline{M}_P}{EI}\mathrm{d}s\end{cases}$$

式中　$\overline{M}_i$、$\overline{M}_j$、M_P——当 $X_i=1$、$X_j=1$ 和荷载分别作用在基本结构上时，基本结构的弯矩或弯矩图。

将求得的各个系数和自由项分别代入式（9-7）中，便可以求出多余力。然后就可按静定结构求其反力和内力。力法中通常用叠加的方法求出弯矩并绘制弯矩图，即

$$M=\overline{M}_1X_2+\overline{M}_2X_2+\cdots+\overline{M}_nX_n+M_P$$

结构的剪力和轴力可以由平衡条件求出。

9.4　荷载作用下超静定结构的应用

用力法计算超静定结构的步骤可归纳如下：

（1）去掉原结构的多余约束得到一个静定的基本结构，并以多余力代替相应多余约束的作用，确定力法基本未知量的个数。

（2）建立力法典型方程。根据基本结构在多余力和原荷载的共同作用，在去掉多余约束处的位移与原结构中相应的位移条件下，建立力法典型方程。

（3）求系数和自由项。为此，需要分以下两步进行：

1）令 $X_i=1$，绘出基本结构的单位弯矩图 $\overline{M}_i$；绘出基本结构在原荷载作用下的弯矩图 M_P。

2）按照求静定结构位移的方法计算系数和自由项。

（4）解典型方程，求出多余未知力。

（5）求出原结构内力，绘制内力图。

9.4.1　超静定梁和超静定刚架

【例 9-1】　图 9-9 所示的刚架，EI 为常数，试绘出其内力图。

解　（1）确定超静定次数，选取基本结构。

此刚架具有一个多余约束，是一次超静定结构，去掉支座链杆 C 即为静定结构，并用 X_1 代替支座链杆 C 的作用，得基本结构如图 9-9（b）所示。

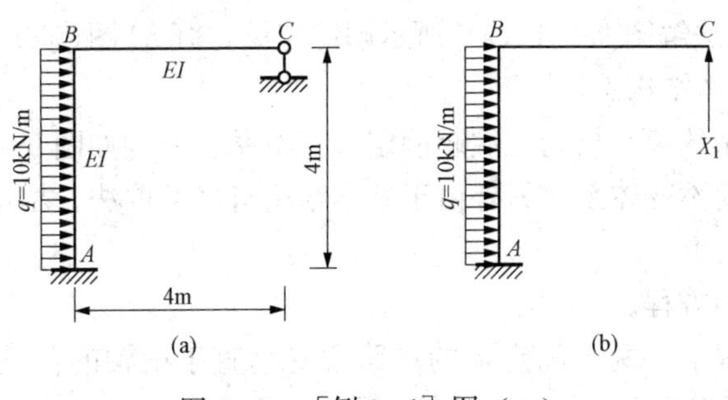

图 9-9　［例 9-1］图（一）

（a）原结构；（b）基本结构

（2）建立力法典型方程。

原结构在支座 C 处的竖向位移 $\Delta_1=0$。根据位移条件可得力法的典型方程为

$$\delta_{11}X_1+\Delta_{1P}=0$$

（3）求系数和自由项。

作 $X_1=1$ 单独作用于基本结构的弯矩图 M_1 图，如图 9-10（a）所示；作荷载单独作用于基本结构时的弯矩图 M_P 图，如图 9-10（b）所示。然后利用图乘法求系数和自由项如下：

$$\delta_{11}=\frac{1}{EI}\times\left(\frac{1}{2}\times1\times4\times4\times\frac{2}{3}\times4+4\times4\times4\right)=\frac{256}{3EI}$$

$$\Delta_{1P}=-\frac{1}{EI}\times\left(\frac{1}{3}\times80\times4\times4\right)=-\frac{1280}{3EI}$$

（4）求解多余力。

将 $\delta_{11}\Delta_{1P}$ 代入典型方程有

$$\frac{256}{3EI}X_1-\frac{1280}{3EI}=0$$

解方程得 $X_1=5\text{kN}$（↑）（正值说明实际方向与基本结构上假设的 X_1 方向相同，即垂直向上）。

（5）绘制内力图。

各杆端弯矩可按 $M=X_1\overline{M}_1+M_P$ 计算，最后弯矩图如图 9-10（c）所示。

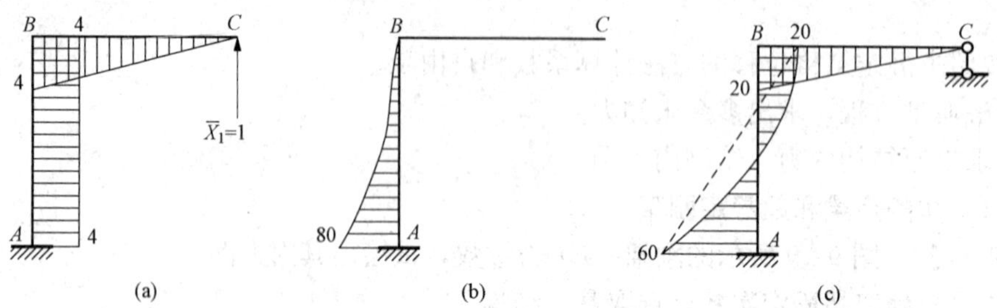

图 9-10 ［例 9-1］图（二）

（a）$\overline{M}_1$ 图；（b）$\overline{M}_P$ 图；（c）M 图（kN·m）

【例 9-2】 用力法解图 9-11（a）所示超静定梁，画 M 图（EI 为常数）。

解 （1）选取基本结构。

此梁具有三个多余约束，故为三次超静定梁。取基本结构如图 9-11（b）所示。取基本结构时注意必须为几何不变体系，另外由于基本结构有多种取法，尽量选取便于计算的基本结构。

（2）建立力法典型方程。

在变形较小的前提下，两端固定端的单跨梁受垂直于梁轴的荷载作用时，轴向多余力 $X_3=0$，此类问题可当作两次超静定来计算，即

$$\delta_{11}X_1+\delta_{12}X_2+\Delta_{1P}=\Delta_1$$

$$\delta_{21}X_1+\delta_{22}X_2+\Delta_{2P}=\Delta_2$$

（3）画单位弯矩图、荷载弯矩图，用图乘法求各系数和自由项。

$$\delta_{11}=\frac{1}{EI}\times\left(\frac{1}{2}\times1\times l\times\frac{2}{3}\right)=\frac{l}{3EI}$$

$$\delta_{12}=\delta_{21}=\frac{1}{EI}\times\left(\frac{1}{2}\times 1\times l\times\frac{1}{3}\right)=\frac{l}{6EI}$$

$$\delta_{22}=\frac{1}{EI}\times\left(\frac{1}{2}\times 1\times l\times\frac{2}{3}\right)=\frac{l}{3EI}$$

$$\Delta_{1P}=-\frac{1}{EI}\times\left(\frac{2}{3}\times\frac{1}{8}ql^2\times l\times\frac{1}{2}\right)=-\frac{ql^3}{24EI}$$

$$\Delta_{2P}=-\frac{ql^3}{24EI}$$

（4）解方程。

$$\frac{l}{3EI}X_1+\frac{l}{6EI}X_2-\frac{ql^3}{24EI}=0$$

$$\frac{l}{6EI}X_1+\frac{l}{3EI}X_2-\frac{ql^3}{24EI}=0$$

解得

$$X_1=\frac{ql^2}{12},\ X_2=\frac{ql^2}{12}$$

两个杆端弯矩相等，此类结构也可利用对称条件简化计算。

（5）叠加法画 M 图。

$$M=\overline{M}_1X_1+\overline{M}_2X_2+M_P$$

绘出的 M 图见图 9-11（f）。

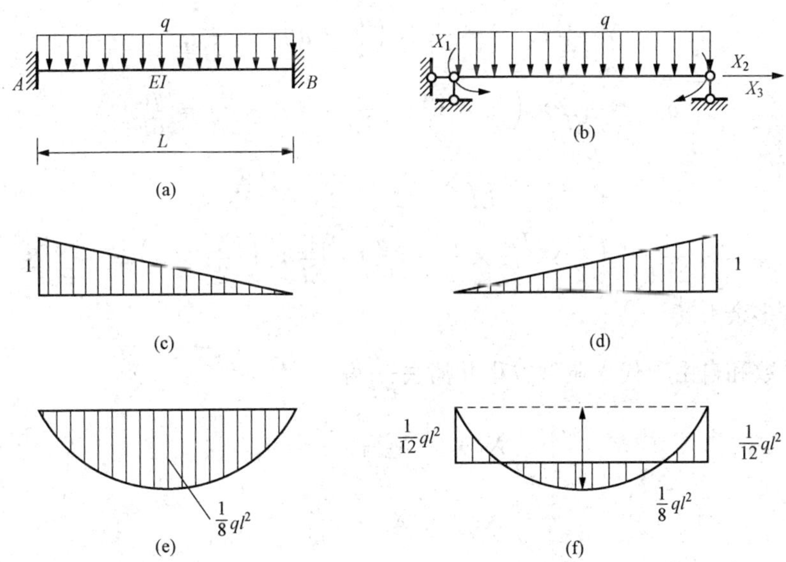

图 9-11　［例 9-2］图

(a) 原结构；(b) 基本结构；(c) $\overline{M}_1$ 图；(d) $\overline{M}_2$ 图；(e) M_P 图；(f) M 图

将求得的 X_1、X_2 放在基本结构上，按求解静定结构内力的方法来求解其剪力和轴力等。

【例 9-3】　图 9-12（a）所示的刚架，EI 为常数，试绘出其内力图。

解　（1）确定超静定次数，选取基本结构。

此刚架是两次超静定，去掉刚架 B 处的两根制作链杆，代以多余力 X_1 和 X_2，得到图 9-12（b）所示的基本结构。

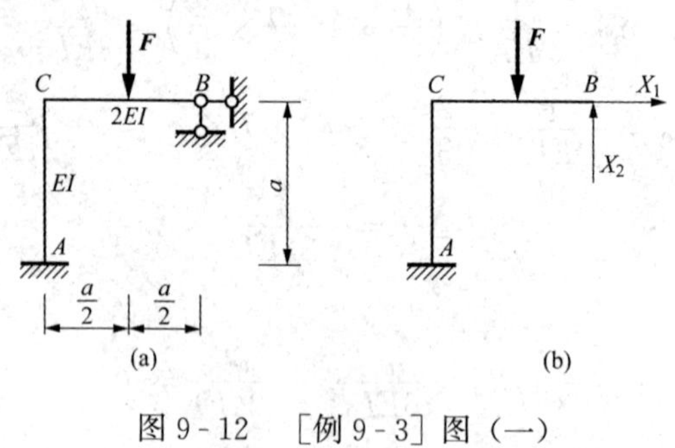

图 9-12 ［例 9-3］图（一）
（a）原结构；（b）基本结构

（2）建立力法典型方程，即

$$\delta_{11}X_1+\delta_{12}X_2+\Delta_{1P}=0$$
$$\delta_{21}X_1+\delta_{22}X_2+\Delta_{2P}=0$$

（3）绘制各单位弯矩和荷载弯矩图，如图 9-13（a）、（b）、（c）所示。利用图乘法求得各系数和自由项如下：

$$\delta_{11}=\frac{1}{EI}\times\left(\frac{a^2}{2}\times\frac{2a}{3}\right)=\frac{a^3}{3EI}$$

$$\delta_{12}=\delta_{21}=-\frac{1}{EI}\times\left(\frac{a^2}{2}\times a\right)=-\frac{a^3}{2EI}$$

$$\delta_{22}=\frac{1}{2EI}\times\left(\frac{a^2}{2}\times\frac{2a}{3}\right)+\frac{1}{EI}\times(a^2\times a)=\frac{7a^3}{6EI}$$

$$\Delta_{1F}=\frac{1}{EI}\times\left(\frac{a^2}{2}\times\frac{Fa}{2}\right)=\frac{Fa^3}{4EI}$$

$$\Delta_{2F}=-\frac{1}{2EI}\times\left(\frac{1}{2}\times\frac{Fa}{2}\times\frac{a}{2}\times\frac{5a}{6}\right)-\frac{1}{EI}\times\left(\frac{Fa^2}{2}\times a\right)=-\frac{53Fa^3}{96EI}$$

（4）求解多余力。

将以上系数和自由项代入典型方程并消去$\frac{a^3}{EI}$得

$$\frac{1}{3}X_1-\frac{1}{2}X_2+\frac{F}{4}=0$$

$$-\frac{1}{2}X_1+\frac{7}{6}X_2+\frac{53F}{96}=0$$

解联立方程得

$$X_1=-\frac{327}{80}F\quad(\leftarrow)$$

$$X_2=-\frac{89}{40}F\quad(\downarrow)$$

（5）绘制内力图。弯矩图及剪力图、轴力图如图 9-13（d）、（e）、（f）所示。

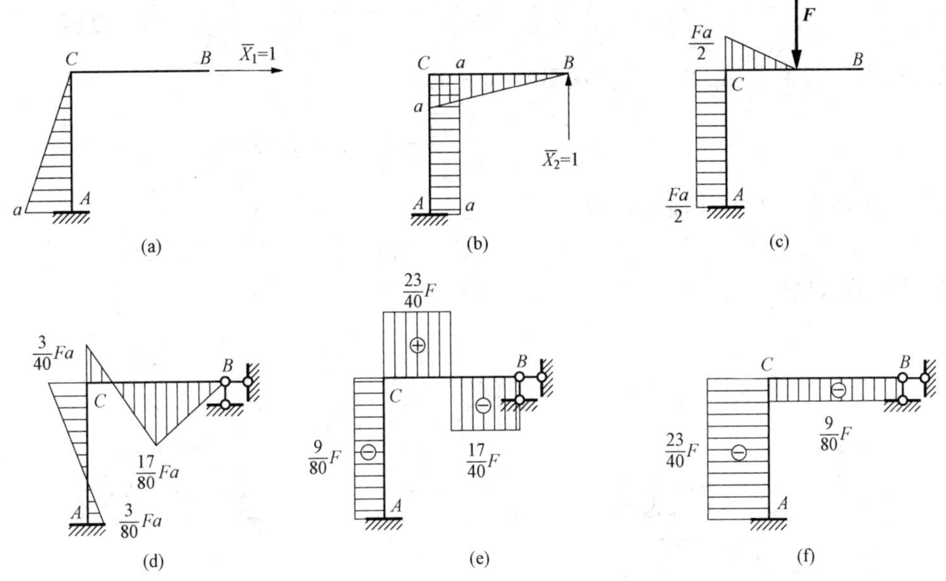

图 9 - 13　[例 9 - 3] 图（二）

(a) $\overline{M}_1$ 图；(b) $\overline{M}_2$ 图；(c) M_P 图；(d) M 图；(e) F_Q 图；(f) F_N 图

9.4.2　超静定桁架

【例 9 - 4】　用力法计算图 9 - 14（a）所示桁架，设各杆 EA 为常数。

解　前面介绍的均为超静定刚架的内力计算，而超静定桁架的计算方法与刚架相同，但是桁架的内力只有轴力，因此基本结构的位移仅由杆件的轴向变形引起。其力法典型方程中的系数和自由项不能用图乘法计算，应该按下式进行计算，即

$$\delta_{ii}=\sum\frac{\overline{N}_i{}^2L}{EA}$$

$$\delta_{ij}=\sum\frac{\overline{N}_i\overline{N}_j}{EA}L$$

$$\Delta_{1P}=\sum\frac{\overline{N}_iN_P}{EA}L$$

解　(1) 确定超静定次数，选取力法基本结构。

由解除约束法可知，此结构为一次内部超静定桁架。切断链杆 CD 代之以多余力 X_1，得到基本结构如图 9 - 14（b）所示。

(2) 建立力法典型方程。

基本结构在荷载及多余未知力的共同作用下，在 X_1 方向的位移，即切口处两截面的相对位移等于零。由此得

$$\delta_{11}X_1+\Delta_{1P}=0$$

(3) 计算系数和自由项。

分别求出 $X_1=1$、荷载 P 单独作用下基本结构各杆轴力［见图 9 - 14（c）、(d)］，然后利用桁架由位移公式求出系数和自由项为

$$\delta_{11}=\frac{l}{EA}\times(1\times1\times4)+\frac{\sqrt{2}l}{EA}\times[(-\sqrt{2})^2\times2]=\frac{4l}{EA}\times(1+\sqrt{2})$$

$$\Delta_{1P}=\frac{l}{EA}\times(1\times F_P)+\frac{\sqrt{2}l}{EA}\times[(-\sqrt{2})\times(-\sqrt{2}F_P)]=\frac{F_Pl}{EA}\times(1+2\sqrt{2})$$

（4）将求得的δ_{11}、Δ_{1P}代入力法典型方程，求出

$$X_1=-\frac{\Delta_{1P}}{\delta_{11}}=-\frac{(1+2\sqrt{2})}{4\times(1+\sqrt{2})}F_P=-0.396F_P$$

（5）用叠加法求出各杆轴力，即

$$N=\overline{N}_iX_1+N_P$$

求得桁架各杆轴力图，见图 9-14（e）。

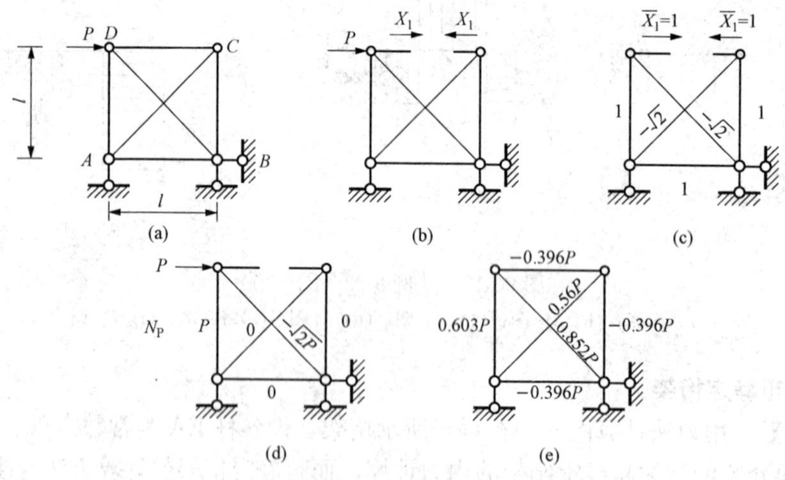

图 9-14 ［例 9-4］图

9.4.3 铰接排架

单层工业厂房是一个空间结构，平面布置见图 9-15（a），其主要承重结构是由屋架、柱子和基础组成的横向排架，见图 9-15（b）。柱子和基础刚结在一起，屋架与柱顶的连接简化为铰接，因此成为铰接排架。在屋面荷载作用下，对铰接排架进行计算时，屋架可单独取出进行计算；而对柱子进行内力分析时，可以认为屋架对柱顶仅起连接作用，将它看成是一根抗拉压刚度无限大的刚性链杆，EA 为无穷大。图 9-15（b）所示为一单跨厂房排架结构，其计算简图如图 9-15（c）所示，由于柱上需放置吊车梁，因此做成阶梯式。

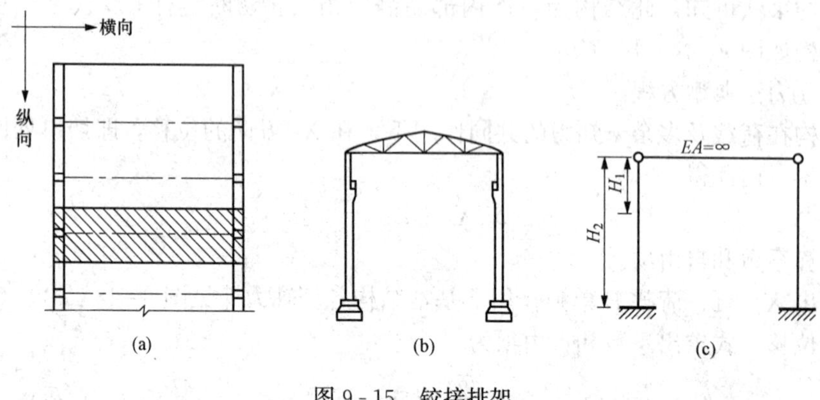

图 9-15 铰接排架

【例9-5】 计算图9-16（a）所示排架柱的内力，并绘出弯矩图。

解 切断横梁CD，代之以多余未知力X_1。取图9-16（b）所示的基本体系。建立力法方程，因横梁切口两侧截面在荷载和多余未知力共同作用下相对水平位移为零，故

$$\delta_{11}X_1+\Delta_{1F}=0$$

绘制基本体系在单位多余未知力作用下的弯矩图$\overline{M}_1$图和荷载作用下的M_F图，如图9-16（c）、（d）所示。

利用图乘法计算系数和自由项为

$$\delta_{11}=\frac{2}{EI}\times\left(\frac{1}{2}\times 2\times 2\times\frac{2}{3}\times 2\right)+\frac{2}{3EI}\times\left[\frac{6}{6}\times(2\times 2\times 2+2\times 8\times 8+2\times 8+2\times 8)\right]$$

$$=\frac{16}{3EI}+\frac{336}{3EI}=\frac{352}{3EI}$$

$$\Delta_{1F}=\frac{1}{EI}\times\left(\frac{1}{2}\times 2\times 20\times\frac{2}{3}\times 2\right)+\frac{1}{3EI}\times\left[\frac{6}{6}(2\times 20\times 2+2\times 80\times 8+20\times 8+80\times 2)\right]$$

$$=\frac{80}{3EI}+\frac{1680}{3EI}=\frac{1760}{3EI}$$

将上式系数和自由项代入力法方程，得

$$\frac{352}{3EI}X_1+\frac{1760}{3EI}=0$$

解得$X_1=-5\text{kN}$。

负号代表多余力X_1的方向与假设方向相反，即横梁内力为压力。根据叠加原理按公式$M=\overline{M}_1X_1+M_F$作排架的最后弯矩图，如图9-16（e）所示。

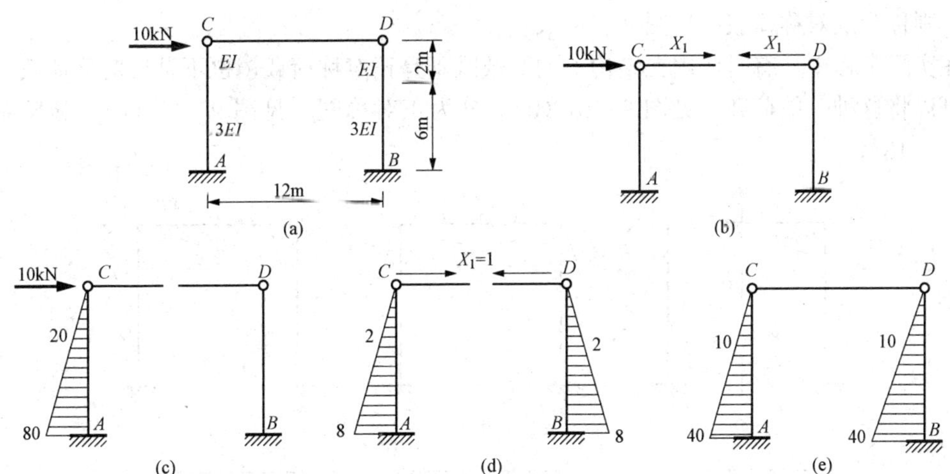

图9-16　［例9-5］图（kN·m）

（a）原结构；（b）基本结构；（c）M_F图；（d）$\overline{M}_1$图；（e）M图

9.5　结构对称性的利用

用力法解决超静定问题是要建立和求解力法方程，随着结构超静定次数的增加，计算力法方程中的系数和自由项的工作量也会大大增加，从而增大求解超静定问题的工作量。利用

结构的对称性，恰当地选取基本体系，可以使问题得到简化。

9.5.1 结构和荷载的对称性

1. 结构的对称性

结构的对称是指对结构沿某一个轴线对称，即将结构对折可以完全重合。故对称结构应该满足以下两个条件：

(1) 结构的几何形状和支座关于某一个轴线对称。

(2) 杆件截面和材料性质、物理性质（弹性模量等）也关于这个轴对称。

图 9-17 所示的结构均为对称结构。

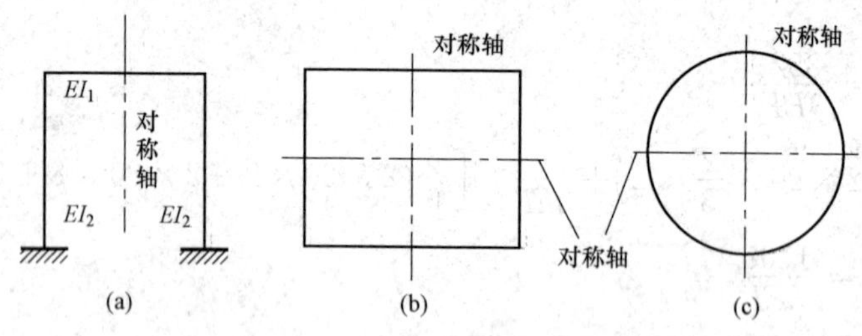

图 9-17 对称结构

2. 荷载的对称性

作用在结构上的荷载可理解为对称荷载和反对称荷载的叠加。如果对称轴两边的荷载大小相等，绕对称轴对折后，作用点重合且指向完全重合，称为正对称荷载［见图 9-18（b）］；如果当结构绕对称轴对折后，虽然力的大小相等，力的作用线重合，但是力的指向相反，则称为反对称荷载［见图 9-18（c）］。

在实际工程中，有时作用在结构上的荷载既不是正对称荷载，也不是反对称荷载，这时我们可以将这种一般荷载［见图 9-18（d）］分为正对称图［见图 9-18（e）］和反对称图［见图 9-18（f）］。

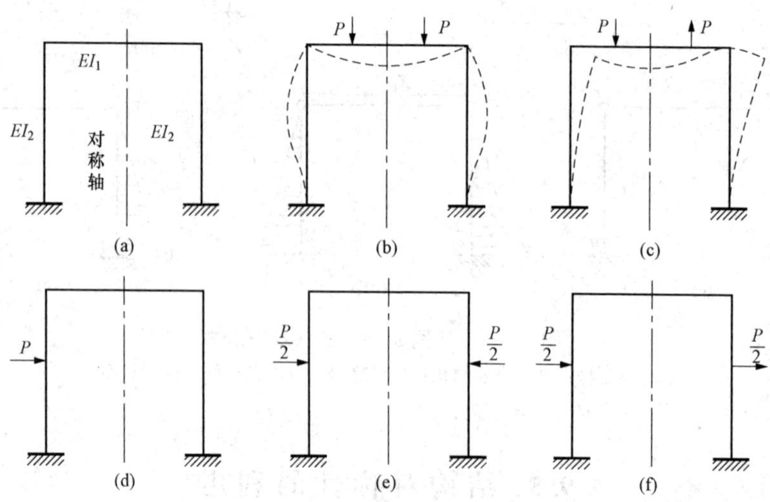

图 9-18 一般荷载作用下的对称结构

9.5.2 对称结构的计算

计算对称结构时，取对称的基本结构，就能使力法高元联立方程分解为两个低元方程，减轻计算工作量。如图 9-19（a）所示的三次超静定刚架，可从横梁中点对称轴处切开，选取图 9-19（b）所示的基本体系。横梁的切口两侧有三对大小相等而方向相反的多余未知力，包括其中一对弯矩 X_1、一对轴力 X_2 和一对剪力 X_3。其中 X_1、X_2 是对称的，X_3 是反对称的。基本结构在荷载及 X_1、X_2、X_3 作用下，切口两侧相对转角、相对水平位移、相对竖向位移均等于零。故力法典型方程为：

$$\delta_{11}X_1+\delta_{12}X_2+\delta_{13}X_3+\Delta_{1F}=0$$
$$\delta_{21}X_1+\delta_{22}X_2+\delta_{23}X_3+\Delta_{2F}=0$$
$$\delta_{31}X_1+\delta_{32}X_2+\delta_{33}X_3+\Delta_{3F}=0$$

对称的未知力 $X_1=1$、$X_2=1$ 所产生的弯矩图 $\overline{M}_1$ 图［见图 9-19（c)］、$\overline{M}_2$ 图［见图 9-19（d)］是对称的；反对称的未知力 $X_3=1$ 所产生的弯矩图 $\overline{M}_3$ 图［见图 9-19（e)］是反对称的。因此

$$\begin{cases}\delta_{13}=\delta_{31}=\sum\int_L \dfrac{\overline{M}_1\overline{M}_3}{EI}\mathrm{d}s=0\\ \delta_{23}=\delta_{32}=\sum\int_L \dfrac{\overline{M}_2\overline{M}_3}{EI}\mathrm{d}s=0\end{cases}$$

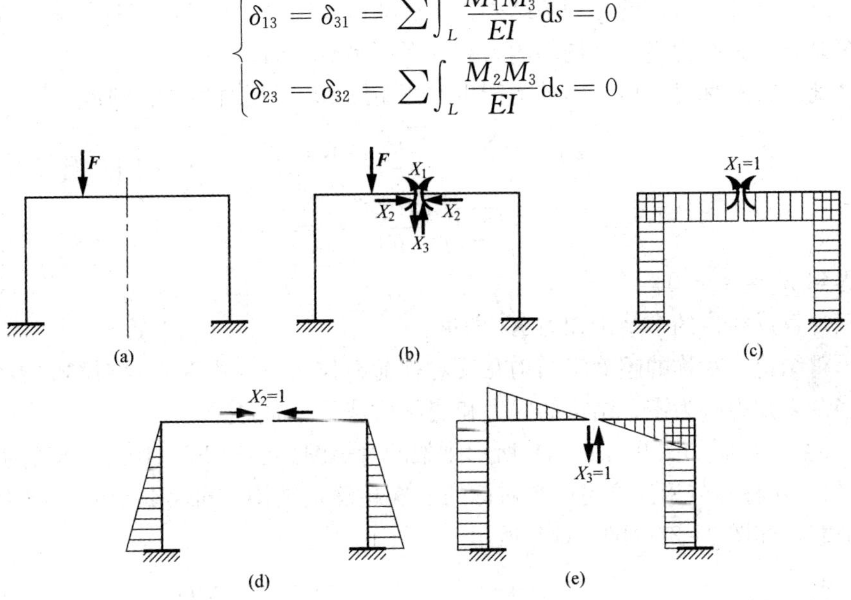

图 9-19　对称结构的计算

（a）原结构；（b）基本结构；（c）$\overline{M}_1$ 图；（d）$\overline{M}_2$ 图；（e）$\overline{M}_3$ 图

于是，力法方程简化为

$$\delta_{11}X_1+\delta_{12}X_2+\Delta_{1F}=0$$
$$\delta_{21}X_1+\delta_{22}X_2+\Delta_{2F}=0$$
$$\delta_{33}X_3+\Delta_{3F}=0$$

从而使得求解力法方程组的计算得到简化。

如果作用在结构上的外荷载是非对称的，可将荷载分为对称和反对称两种情况，如图 9-20（a)、（b）所示，计算还可以进一步简化。

（1）外荷载对称时，使基本结构产生的弯矩图 M'_F 是对称的，则得

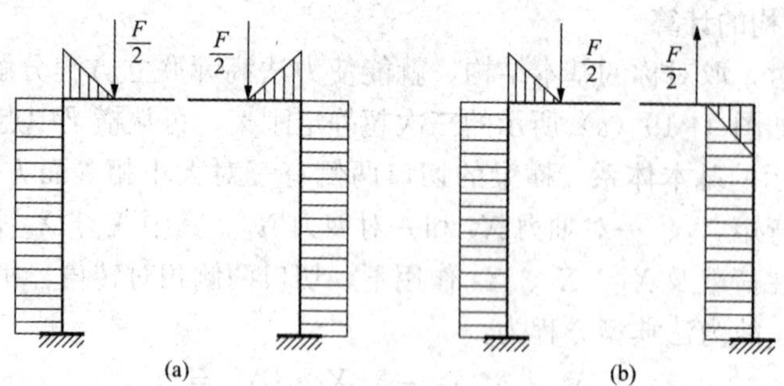

图 9-20 一般荷载作用下的对称结构的计算简图

(a) M'_F图；(b) M''_F图

$$\Delta_{3F}=\sum\int_L\frac{\overline{M}_3M'_F}{EI}\mathrm{d}s=0$$

使得 $X_3=0$。

由此可得出结论：对称的超静定结构在对称荷载作用下，只存在对称的多余未知力，而反对称的多余未知力必为零。结构的内力和变形都是对称的。

(2) 外荷载反对称时，使基本结构产生的弯矩图 M''_F是反对称的，则得

$$\Delta_{1F}=\sum\int_L\frac{\overline{M}_1\,M''_F}{EI}\mathrm{d}s=0$$

$$\Delta_{2F}=\sum\int_L\frac{\overline{M}_2\,M''_F}{EI}\mathrm{d}s=0$$

从而得到 $X_1=X_2=0$。

因此只计算反对称的多余未知力 X_3 即可。

由此可得结论：对称的超静定结构在反对称荷载作用下，只存在反对称的多余未知力，而对称的多余未知力必为零。结构的内力和变形都是反对称的。

【例 9-6】 绘制如图 9-21 (a) 所示刚架的弯矩图。已知 $F_P=10\text{kN}$，EI 为常数。

解 (1) 对称性分析。这是一个对称的三次超静定结构，可将其荷载分解为对称荷载和非对称荷载，如图 9-21 (b)、(c) 所示。

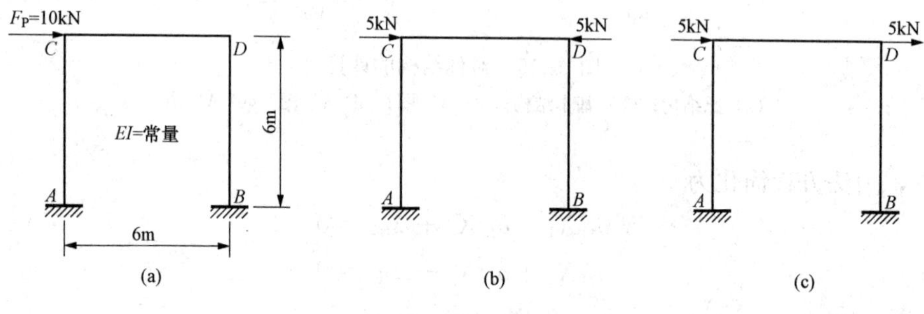

图 9-21 [例 9-6] 图 (一)

在对称荷载作用下 [见图 9-21 (b)]，如果忽略横梁 CD 轴向变形的影响，则所有杆无变形，只有横梁承受大小为$\frac{F_P}{2}$的压力，其他杆件没有内力。故原结构的弯矩都是由反对称

荷载［见图9-21（c）］引起的，所以只需要对反对称荷载作用的情况进行计算。

（2）选取基本体系。在反对称荷载作用下，对称的多余未知力为零，只有反对称多余未知力，其基本体系如图9-22（a）所示。

（3）列力法方程，即

$$\delta_{11}X_1+\Delta_{1P}=0$$

（4）计算系数和自由项。分别绘出$\overline{M}_1$和M_P图，如图9-22（b）、（c）所示。

$$\delta_{11}=\frac{2}{EI}\times\left(\frac{1}{2}\times3\times3\times\frac{2}{3}\times3+3\times6\times3\right)=\frac{126}{EI}$$

$$\Delta_{1P}=\frac{2}{EI}\times\left(\frac{1}{2}\times30\times6\times3\right)=\frac{540}{EI}$$

（5）计算基本未知量，即

$$X_1=-\frac{\Delta_{1P}}{\delta_{11}}=-4.29\text{kN}$$

（6）作弯矩图。由叠加公式$M=\overline{M}_1X_1+M_P$，可得刚架的弯矩图，如图9-22（d）所示。

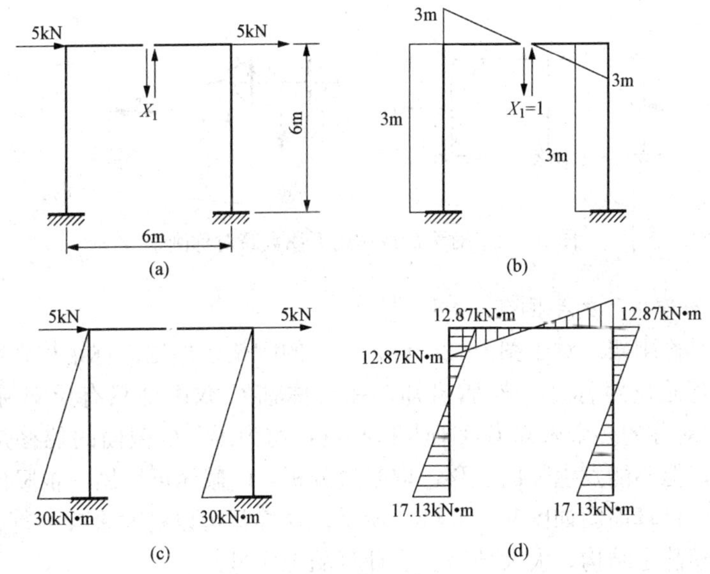

图9-22　［例9-6］图（二）

（a）基本结构；（b）$\overline{M}_1$图；（c）M_P图；（d）M图

9.5.3　取半边结构简化计算

对称结构在对称荷载作用下内力和变形都是对称的；在反对称荷载作用下内力和变形都是反对称的。根据这一特点，在计算对称结构时可以选取整个结构的一半来进行计算，简称半刚架法。

1. 对称荷载作用下的半刚架

（1）奇数跨对称刚架。对于图9-23（a）所示的单跨对称结构，在对称荷载作用下，其变形和内力均为对称，因此在横梁对称轴处C截面上对称的未知力（弯矩和轴力）不为零，而非对称的未知力（剪力）为零。由于在C截面上只有竖向位移，故取半边结构分析，C截面处可用一个定向支座代替原有的约束，如图 9-23（b）所示，从而使结构得到进一步简化。

（2）偶数跨对称刚架。对于图 9-24（a）所示的偶数跨对称结构，在对称荷载作用下，其变形和内力也是对称的，如果忽略 BD 杆大的轴向变形，根据变形对称的特点，可知 D 点的水平位移、竖向位移和转角均为零。从内力的对称性分析，BD 杆只受轴力作用，结点 D 的受力如图 9-24（b）所示。根据上述对变形和受力的分析，取半边结构计算时，必须在 D 处加一个固定支座，如图 9-24（c）所示。

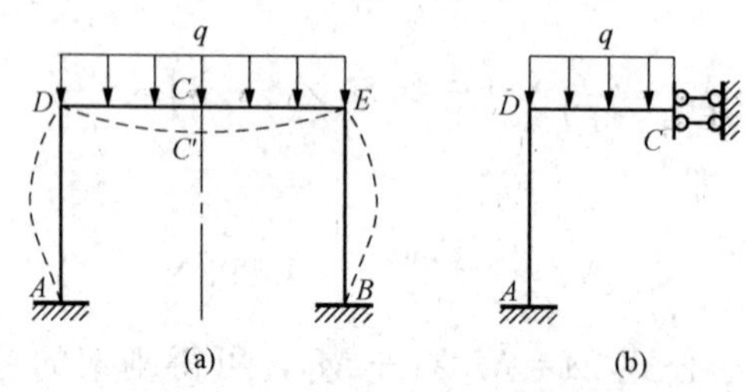

图 9-23 对称荷载作用下奇数跨对称刚架

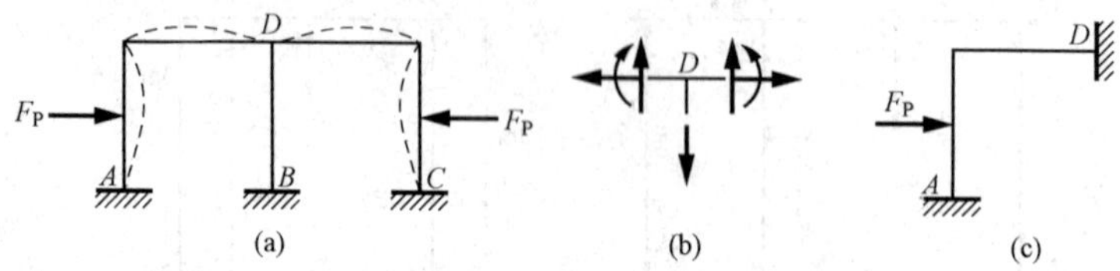

图 9-24 对称荷载作用下偶数跨对称刚架

2. 反对称荷载作用下的半刚架

（1）奇数跨对称刚架。对于图 9-25（a）所示的刚架，根据对称结构在反对称荷载作用下其内力和变形都是反对称这一性质可知，在对称轴 C 截面处只有反对称的多余未知力（剪力）不为零，对称的多余未知力（轴力和弯矩）均为零。C 截面的位移是能发生水平方向的侧移和转角，但不能发生竖向位移。取半边分析，C 截面可以用一根竖向支承链杆代替原有的约束作用，计算简图如图 9-25（b）所示。这样就可以将原来较为复杂的三次超静定结构简化为一次超静定结构，大大地减少了计算的工作量。

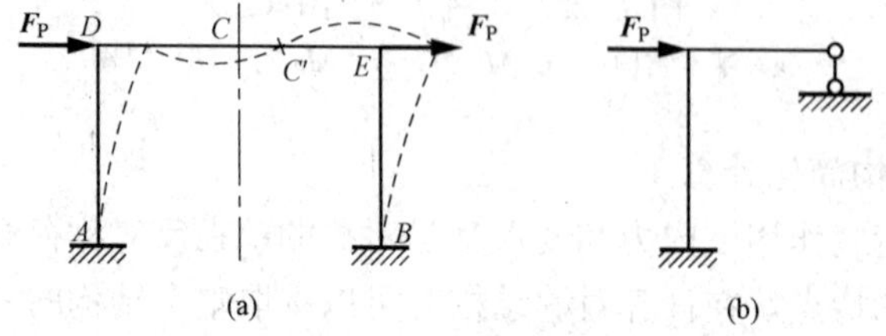

图 9-25 反对称荷载作用下奇数跨对称刚架

（2）偶数跨对称刚架。对于图 9-26（a）所示的两跨对称刚架，承受反对称荷载作用时，其内力和变形都是反对称的。为了取半边刚架分析，设想对称轴 D 截面的竖柱是由两根惯性矩为$\frac{I}{2}$的竖柱组成，将其沿对称轴切开，由于荷载是反对称的，则对称轴 D 截面上只有反对称的多余未知力（剪力），这对多余未知力的作用只能使对称轴两侧的两根竖柱产生轴向拉力和压力。而对于整个中间竖柱，由这一对多余未知力剪力产生的轴力的合力为零，即这一对多余未知力对原结构的内力和变形没有影响，由此我们可以略去多余未知力（剪力），取半刚架的计算简图为图 9-26（b）。

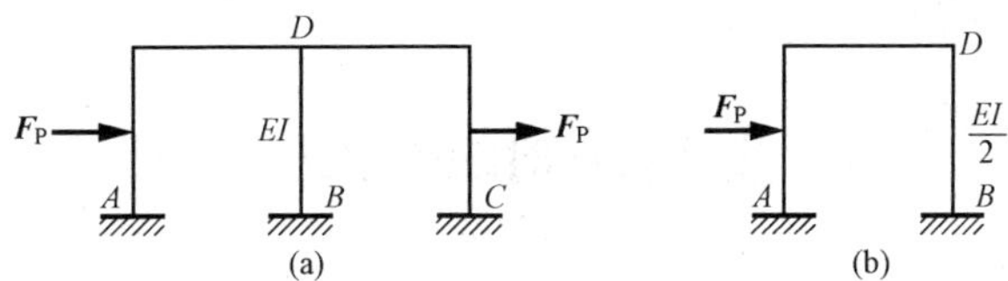

图 9-26　反对称荷载作用下偶数跨对称刚架

【例 9-7】　试作图 9-27（a）所示刚架的弯矩图。

解　（1）对称性分析。此结构为对称荷载作用下的两跨超静定结构。取半边结构计算简图为 9-27（b）。

（2）选取基本结构和基本未知量。图 9-27（b）为两次超静定刚架，将刚结点 D 变成铰结点，并将固定支座 E 改为铰支座，得到基本结构如图 9-27（c）所示。基本结构上铰结点 D 上作用的一对大小相等方向相反的力偶 X_1 和铰支座 E 的反力偶 X_2 为基本未知量。

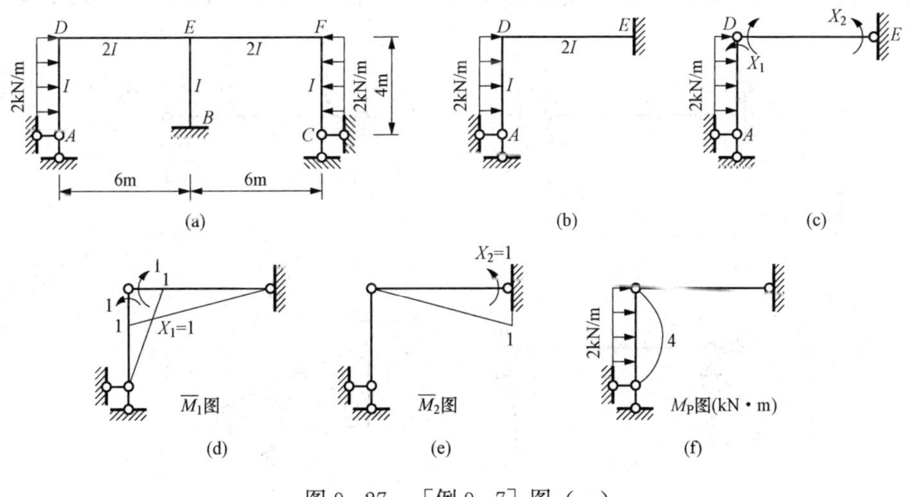

图 9-27　［例 9-7］图（一）

（3）力法方程。根据基本体系在 X_1、X_2 和荷载的共同作用下，在铰结点 D 处两侧截面相对转角和铰支座 E 的转角为零的变形条件，列出力法方程为

$$\delta_{11}X_1+\delta_{12}X_2+\Delta_{1P}=0$$
$$\delta_{21}X_1+\delta_{22}X_2+\Delta_{2P}=0$$

（4）计算系数和自由项。绘制 $\overline{M}_1$、$\overline{M}_2$、M_P 图，用图乘法可求得

$$\delta_{11}=\frac{1}{EI}\frac{7}{3},\ \delta_{12}=\delta_{21}=\frac{1}{EI}\frac{1}{2},\ \delta_{22}=\frac{1}{EI}$$

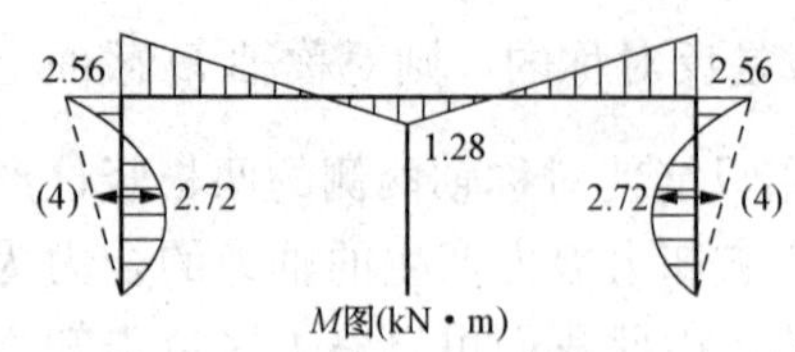

图 9-28 [例 9-7] 图(二)

$$\Delta_{1P}=\frac{1}{EI}\frac{16}{3}, \Delta_{2P}=0$$

(5)求基本未知量。解力法方程,可得

$$X_1=-2.56\text{kN}\cdot\text{m}$$

$$X_2=1.28\text{kN}\cdot\text{m}$$

(6)作弯矩图。利用叠加公式 $M=\overline{M}_1X_1+\overline{M}_2X_2+M_P$ 可得弯矩图如图 9-28 所示。

9.6 支座移动时超静定结构计算

在实际工程中,建筑结构不仅要承受直接荷载的作用,还需受支座移动、温度变化、制造误差及材料的收缩膨胀等影响。超静定结构和静定结构的一个重要区别就是超静定结构有多余约束,因此超静定结构只要有发生变形的因素,便会产生内力。本节研究支座移动时超静定结构的计算问题。

用力法计算超静定结构在温度改变和支座移动等因素产生的内力时,计算步骤与荷载作用下的情况基本相同,区别仅在于力法方程中自由项的不同。在外力作用下力法方程中的自由项为荷载作用引起的位移,而现在是温度改变或支座移动等因素在基本结构上引起的位移。下面通过例题说明计算过程及其特点。

【例 9-8】 图 9-29 所示为一等截面超静定梁。EI 为常数,设支座 B 沉降为 a,试作弯矩图。

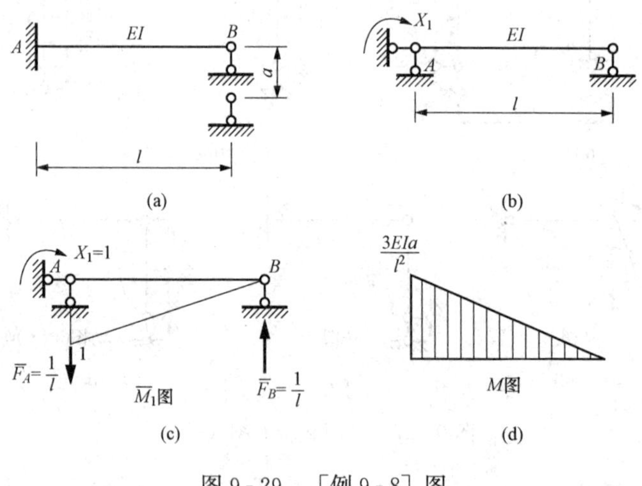

图 9-29 [例 9-8] 图

解 (1)选取基本结构。去掉支座 A 的抗转动约束,得到一简支梁的基本结构,如图 9-29(b)所示。

(2)列力法方程。原结构中 A 处的转角为零,故力法方程为

$$\delta_{11}X_1+\Delta_{1C}=0$$

(3)计算系数和自由项。先作 $\overline{M}_1$ 图[见图 9-29(c)],由图乘法得

$$\delta_{11}=\frac{1}{EI}\times\frac{1}{2}\times l\times 1\times\frac{2}{3}=\frac{l}{3EI}$$

自由项 Δ_{1C} 表示基本结构由于支座 B 的沉降在 A 处产生的转角，即

$$\Delta_{1C}=-\sum \bar{R}C=-\left(-\frac{1}{l}\times a\right)=\frac{a}{l}$$

（4）计算基本未知量，即

$$X_1=-\frac{\Delta_{1C}}{\delta_{11}}-\frac{3EIa}{l^2}$$

（5）作弯矩图。基本未知量求出后，各截面弯矩 $M=\overline{M}_1X_1$，弯矩图如图 9-29（d）所示。

由本例题弯矩图可以看出，超静定结构由于支座移动引起的内力，其大小与杆件刚度 EI 成正比，与杆长 L 成反比。

9.7　超静定结构的位移计算及最后内力图的校核

9.7.1　超静定结构的位移计算

在计算结构位移时可以采用单位荷载法，该方法不仅适用于静定结构，也适用于超静定结构。但是直接用单位荷载法不够简便，而对于超静定结构而言，根据力法原理，超静定结构的内力和变形与基本结构在荷载、多余未知力共同作用下的内力和变形相同，故对超静定结构，只要求出多余未知力，将其当作荷载加在基本结构上，再计算静定的基本结构在荷载和多余未知力共同作用下的位移，则这个位移即原超静定结构的位移。超静定结构计算位移的步骤如下：

（1）用力法计算超静定结构，绘出其内力图。这就是实际状态的内力。

（2）把单位力加到任一个基本结构上作为虚拟状态，求出相应的内力或作弯矩图。

（3）按位移计算公式或图乘法计算位移。

对于刚架和梁的位移计算公式为

$$\Delta_{iP}-\sum\int\frac{\overline{M}_iM}{EI}\mathrm{d}s$$

【例 9-9】　计算图 9-30（a）所示刚架 C 截面的水平线位移。

解　（1）解算超静定刚架，绘制 M 图。

选取简支刚架作为力法基本结构，最终弯矩图如图 9-30（b）所示。

（2）将单位荷载加在基本结构 C 结点上，绘制 $\overline{M}_1$ 图［见图 9-30（c）］。用图乘法求出 C 点位移，即

$$\begin{aligned}\Delta_C=&-\frac{1}{2EI}\times\left(\frac{1}{2}\times a\times a\right)\times\left(\frac{2}{3}\times\frac{19Pa}{232}\right)-\frac{1}{2EI}\\&\times\left[\left(\frac{1}{2}\times a\times a\right)\times\left(\frac{2}{3}\times\frac{19Pa}{232}+\frac{1}{3}\times\frac{13Pa}{232}\right)\right]+\frac{1}{2EI}\times\left(\frac{1}{2}\times a\times\frac{Pa}{4}\right)\times\frac{a}{2}\\=&-\frac{19Pa^3}{EI\times6\times232}-\frac{17Pa^3}{EI\times4\times232}+\frac{Pa^3}{EI\times32}\\=&-\frac{Pa^3}{1392EI}\quad(\leftarrow)\end{aligned}$$

计算结果为负值，说明 C 点位移方向与假设的单位力的方向相反，即实际方向应该是向左的。

注：如果选取 9-30（d）所示的基本结构作为虚拟状态，绘制 $\overline{M}_1$ 图，再用图乘法进行计算，则

$$\Delta_C = \frac{1}{EI} \times \left(\frac{1}{2} \times a \times a\right) \times \left(\frac{2}{3} \times \frac{6Pa}{232} - \frac{1}{3} \times \frac{13Pa}{232}\right) = -\frac{Pa^3}{1392EI} \quad (\leftarrow)$$

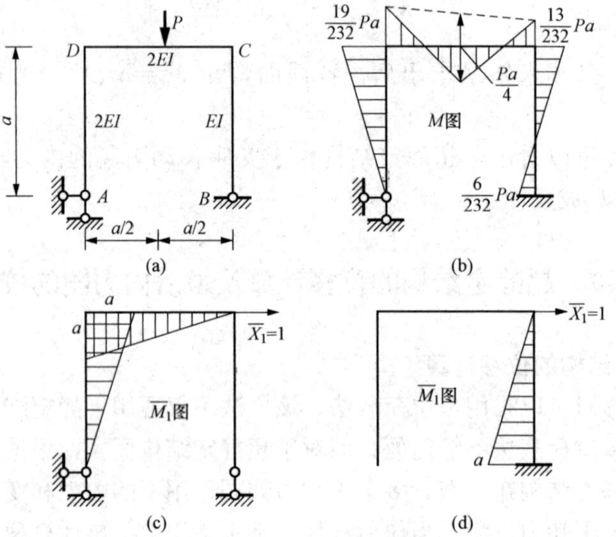

图 9-30 ［例 9-9］图

由此可选取两种基本结构，计算的位移数值是一样的，但是选取后者计算较为简便。

9.7.2 超静定结构计算的校核

计算超静定结构比静定结构的计算复杂，计算过程较长，数学运算较为繁琐，比较容易发生错误，为了保证计算结果的正确性，应该对计算过程、计算结果进行校核。

1. 平衡条件的校核

取结构的整体或任何部分作为隔离体，考察其受力是否满足平衡条件。如果不满足，则说明内力图有错误。

对于刚架的弯矩图，通常应检查刚结点处所受力矩是否满足 $\sum M = 0$ 的平衡条件，检查杆件是否满足平衡条件 $\sum X = 0$，$\sum Y = 0$。

例如图 9-31（a）所示刚架，其基本体系如图 9-31（b）所示，取其结点 E 为隔离体，显然应有

$$\sum M_E = M_{ED} + M_{EB} + M_{EF} = 0$$

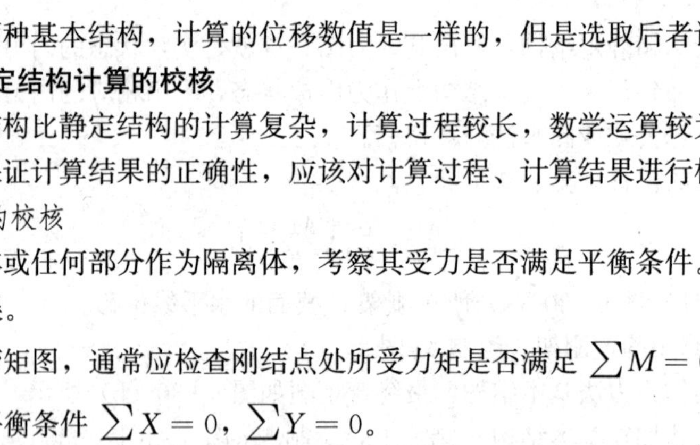

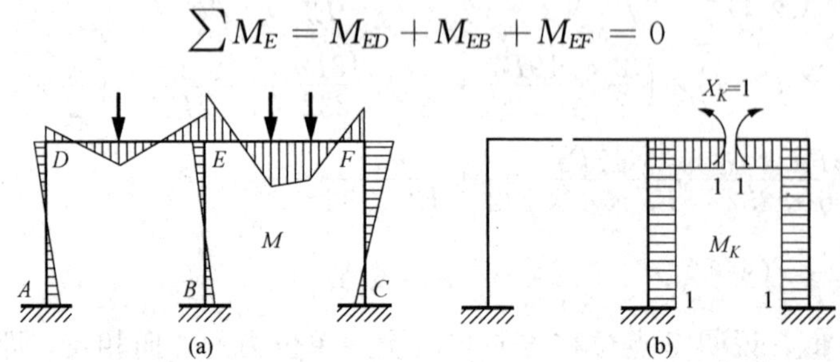

图 9-31 平衡条件的校核

如果最后弯矩图在各结点处不能满足上述平衡条件，则说明在绘制弯矩图时有错误。

对于剪力和轴力图的校核，可截取结点、杆件或结构的某一部分为隔离体，考察它是否满足 $\sum X=0$，$\sum Y=0$ 的平衡条件。

但是单单满足了平衡条件，还不能说明最后内力图是正确的。这是因为最后内力图是在求出了多余未知力之后按平衡条件作出的，而多余未知力的数值是否有错，由平衡条件是检查不出来的，还必须看是否满足位移条件。因此，更重要的是要进行位移条件的校核。

2. 位移条件的校核

校核位移条件，就是检查各多余联系处的位移是否与已知的实际位移相符。对超静定梁和刚架来说，就是要校核最终的 M 图是否满足下式：

$$\Delta_i=\sum\int\frac{\overline{M}_i M \mathrm{d}s}{EI}=0$$

式中 $\overline{M}_i$ 是基本体系的单位弯矩图。

例如图 9-32（a）中的刚架弯矩图如图 9-32（b）所示，为了检查支座 A 处的水平位移 Δ_1 是否为零，可以选取图 9-32（c）的基本结构并作其 $\overline{M}_1$ 图，将它与最后弯矩图相乘得

$$\begin{aligned}\Delta_1=&\frac{1}{EI_1}\times\frac{a^2}{2}\times\frac{2}{3}\times\frac{3}{88}Pa+\frac{1}{2EI_1}\\&\times\left[\left(\frac{1}{2}\times\frac{3Pa}{88}\times a\right)\times\frac{2a}{3}+\left(\frac{1}{2}\times\frac{15Pa}{88}\times a\right)\times\frac{a}{3}-\left(\frac{1}{2}\times\frac{Pa}{4}\times a\right)\times\frac{a}{2}\right]\\=&0\end{aligned}$$

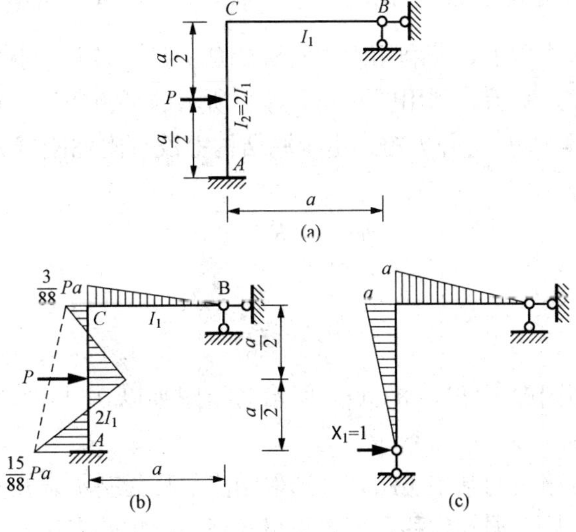

图 9-32　平面刚架的基本结构

（a）原结构；（b）M 图；（c）$\overline{M}_1$ 图

可见这一位移条件是满足的。

9.8　位移法的基本概念

采用力法计算超静定结构内力时，由于基本未知量的数目等于超静定次数，伴随着生产

力的发展，工程实际中出现了大量高次超静定结构。显然，由于基本未知量数目过多，继续用力法就非常繁琐了。这里介绍另外一种计算超静定结构的基本方法，这种方法叫做位移法。对于超静定结构，利用位移法求解比力法要简便得多。力法与位移法的主要区别是它们选取的基本未知量不同，力法是以结构的多余未知力作为基本未知量，求得后就可以求出结构的其他位移或其他内力；而位移法是以结构的结点位移作为基本未知量，求得后就可以求出结构的内力和其他位移。

9.8.1 位移法基本变形假设

位移法的计算对象是由等截面直杆组成的杆系结构，例如刚架、连续梁。在计算中认为结构仍然符合小变形假定。同时位移法假设：

（1）各杆端之间的轴向长度在变形后保持不变。

（2）刚性结点所连各杆端的截面转角是相同的。

9.8.2 位移法原理

对于如图 9-33（a）所示等截面连续梁，在均布荷载作用下产生虚线所示的变形。其中在 B 处两杆端发生共同的转角 θ_B，可以等效为如图 9-33（b）所示的形式。为了将图 9-33（a）转化为图 9-33（b），我们假设 B 处附加一刚臂约束 B 结点，如图 9-33（c）所示，相当于固定端。所以，原结构变成了由 AB 和 BC 两单跨超静定梁组成的组合体，即位移法基本体系。

在荷载作用下，为了不让 B 结点发生 θ_B 转角，需在附加刚臂施加外力矩 R_{1F}，如图 9-33（d）所示。再由 B 结点平衡求解 R_{1F}，如图 9-33（e）所示求出 $R_{1F}=\dfrac{1}{8}ql^2$。

基本结构在无荷载作用下，若利用附加刚臂施加 r_{11} 外力矩，则产生一单位转角 $\bar{z}_1=1$，其弯矩图如图 9-33（f）所示，利用图 9-33（g）所示的平衡条件，求解 $r_{11}=7i$，$i=EI/l$。

若要产生 θ_B 转角需加 $\theta_B r_{11}$ 外力矩，由于原结构上没有附加刚臂，故基本结构上附加刚臂的外力矩应为零，即

$$\theta_B r_{11}+R_{11}=0$$

则

$$\theta_B=\frac{ql^2}{56i}$$

显然，原结构弯矩图即为图 9-33（f）所示弯矩图乘以 θ_B 与图 9-33（d）所示弯矩图叠加，叠加的结果如图 9-33（h）所示。

综合上述可知，位移法的基本思路是：选取结点位移为基本未知量，把每段杆件视为独立的单跨超静定梁，然后根据其位移及荷载写出各杆端弯矩的表达式，再利用静力平衡条件求解出位移未知量，进而求解出各杆端弯矩。

9.8.3 位移法的基本未知量

力法的基本未知量是未知力，而位移法的基本未知量是结点位移。这里的结点是指计算结点，即结构各杆件的联结点。用位移法解题时，通常取刚结点的角位移（铰结点的角位移可由杆件另一端的位移求出，故不作为基本未知量）和独立的结点线位移作为基本未知量。在结构中，一般情况下刚结点的角位移数目和刚结点的数目相同，但结构独立的结点线位移数目则需要分析判断后才能确定。

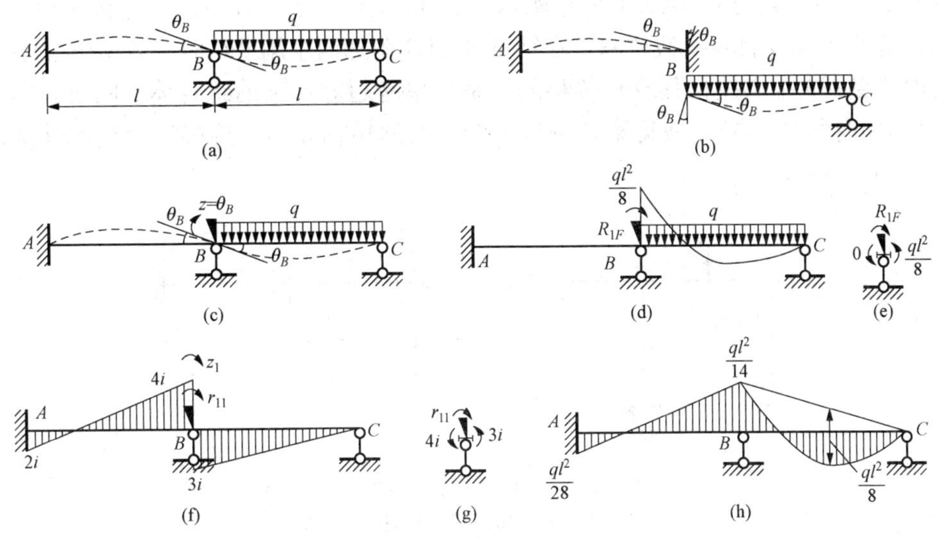

图 9-33　等截面连续梁

如图 9-34 所示刚架，有一个刚结点和一个铰结点，现在两个结点都发生了线位移，但在忽略杆件的轴向变形时，这两个线位移相等，即独立的结点线位移只有一个，因此用位移法求解时的基本未知量是一个角位移 θ 和一个线位移 Δ。

如图 9-35（a）所示刚架共有 C、D、E、F 四个刚结点，由于 A、B 是固定支座，A、B 两点没有竖向位移，注意到“变形后、杆长不变”，因此四个刚结点的竖向位移都受到了约束，不需添加链杆。分析结点水平位移，在 D、F 结点处分别添加一个水平链杆，如图 9-35（b）所示，这四个刚结点的水平位移也将被约束，从而四个结点的所有位移都被约束，添加的链杆数为 2，所以结构存在两个独立的结点水平线位移。所以该结构有四个刚结点，即四个结点角位移，总的位移法基本未知量数目为六。因此，我们可以得出：位移法基本未知量总数目等于全部结点中的所有刚性连接数目与独立的结点线位移数目的总和。

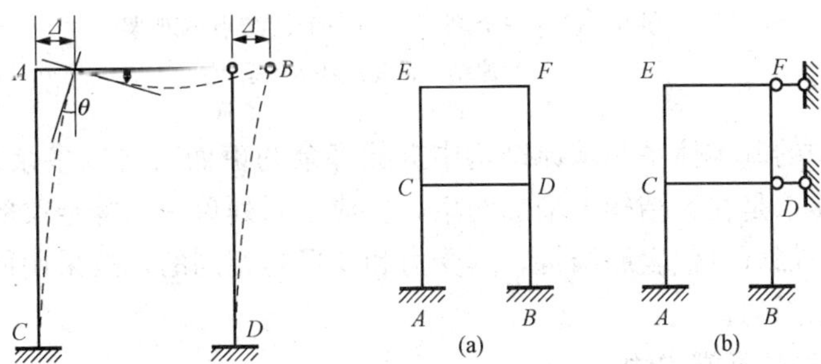

图 9-34　有线位移的刚架　　图 9-35　有两个线位移的刚架

9.8.4　位移法的基本体系

位移法计算是以一系列单跨超静定梁的组合体为基本体系，因此在确定了基本未知量后，就要附加约束限制所有结点位移，把原有结构转化成一系列相互独立的单跨超静定梁的组合体，即在产生角位移处附加刚臂约束转动，在产生线位移处附加支座链杆约束其线位移。

例如图 9-36（a）所示刚架有两个刚结点 A 和 B 点，在不考虑各杆件自身轴向变形的情况下，结点 A 和 B 都没有线位移，在结点 A 和 B 附加两个刚臂，阻止 A 和 B 的转动，那么原结构就变成无结点线位移及角位移的一系列单跨超静定梁的组合体。同时我们需要在 A、B 处作用荷载 Z_1、Z_2，使得附加刚臂的结构与原结构相似。位移法计算的基本体系如图 9-36（b）所示。

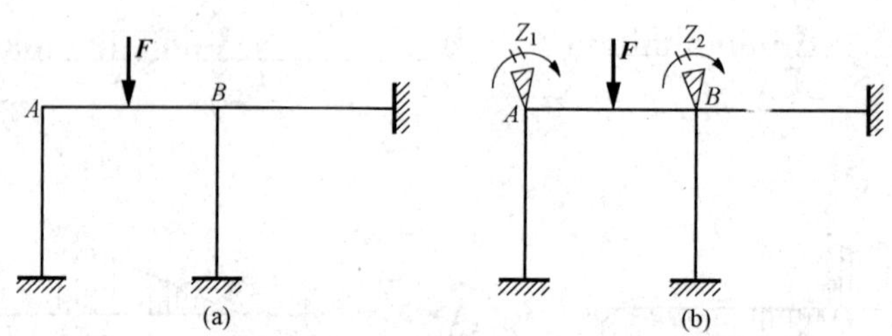

图 9-36 有两个刚节点的刚架

（a）原结构；（b）基本体系

例如图 9-37（a）所示刚架有一个刚结点 A 点和一个铰结点 B 点，分析可知在两根竖杆弯曲变形的影响下，结点 A 和 B 将发生一相同的水平位移，在刚结点 A 处附加刚臂，在结点 A 和 B 处附加一水平支座链杆，以阻止结点 A、B 的水平位移，其基本体系如图 9-37（b）所示。

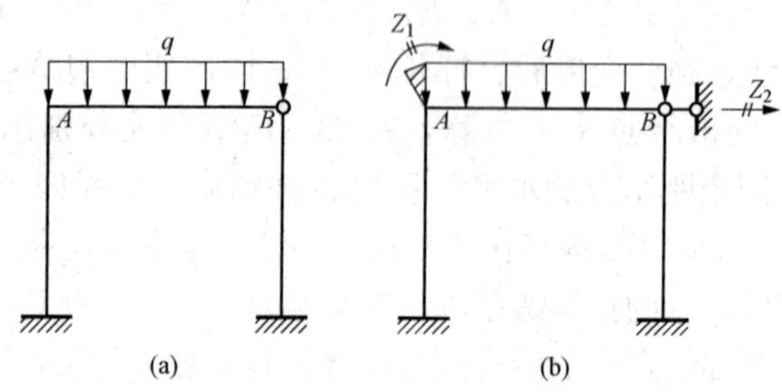

图 9-37 一个刚节点和一个铰结点的刚架

（a）原结构；（b）基本体系

结论：力法中的基本体系是从原结构中拆除多余约束而代之以多余未知力的静定体系。而位移法的基本体系是在原结构上增加约束，构成一系列单跨超静定梁的组合体。虽然二者的形式不一样，但都可以代表原结构，其受力和变形是相同的，故采用何种方法求解超静定问题结果应该是相同的。

9.8.5 位移法的杆端内力

1. 杆端内力符号

位移法对于单跨超静定梁弯矩的正负号规定如下：对杆端来说，弯矩绕杆端顺时针转动为正，逆时针转动为负；对支座或结点来说，顺时针转动为负，逆时针转动为正。如图 9-38 所示梁 AB，从端部截开，弯矩绕杆段 AB 的 B 截面顺时针转动，绕结点 A 逆时针转动，故为正。对于剪力和轴力的正负号规定与前面相同，即

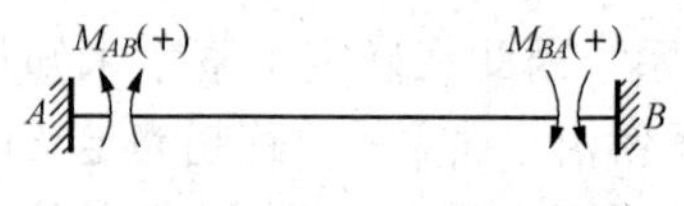

图 9-38 弯矩正负号规定

剪力绕脱离体或截面形心顺时针转为正；反之为负。轴力以拉力为正；反之为负。

2. 杆端弯矩和剪力

位移法的杆端内力主要是剪力和弯矩，由于位移法下的单杆都是超静定梁，因此不仅荷载会引起杆端内力，杆端支座位移也会引起内力，这些杆端内力可通过表 9-1 查得。由荷载引起的弯矩称为固端弯矩，由荷载引起的剪力称为固端剪力。固端剪力使杆端顺时针转向为正，逆时针转向为负（对于结点也是顺时针转向为正）。i 称为线刚度，其物理意义是表示杆件单位长度的抗弯刚度，即

$$i=\frac{EI}{l}$$

式中　EI——杆件的抗弯刚度；

　　　l——杆长。

表 9-1　　**杆 端 内 力 表**

序号	梁的简图	杆端弯矩		杆端剪力	
		M_{AB}	M_{BA}	$F_{Q,AB}$	$F_{Q,BA}$
1	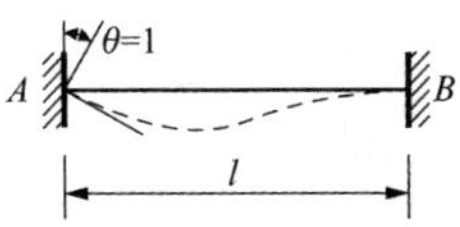	$4i$ $i=\frac{EI}{l}$（余同）	$2i$	$-\frac{6i}{l}$	$-\frac{6i}{l}$
2	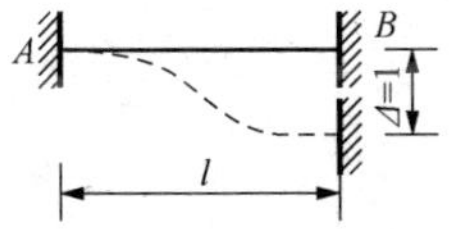	$-\frac{6i}{l}$	$-\frac{6i}{l}$	$\frac{12i}{l^2}$	$\frac{12i}{l^2}$
3	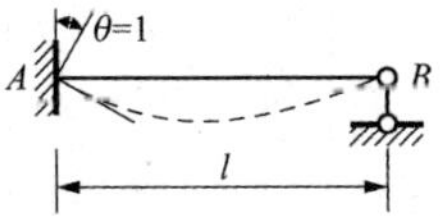	$3i$	0	$-\frac{3i}{l}$	$-\frac{3i}{l}$
4	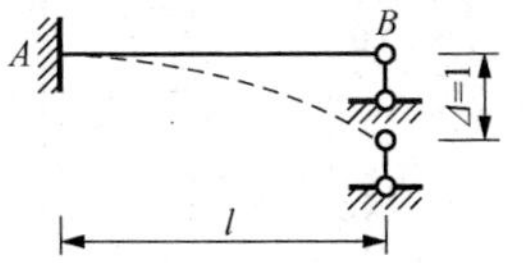	$-\frac{3i}{l}$	0	$\frac{3i}{l^2}$	$\frac{3i}{l^2}$
5	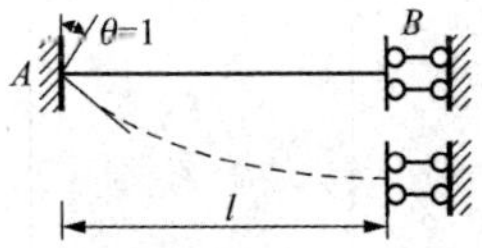	i	$-i$	0	0

续表

序号	梁的简图	杆端弯矩		杆端剪力	
		M_{AB}	M_{BA}	$F_{Q,AB}$	$F_{Q,BA}$
6	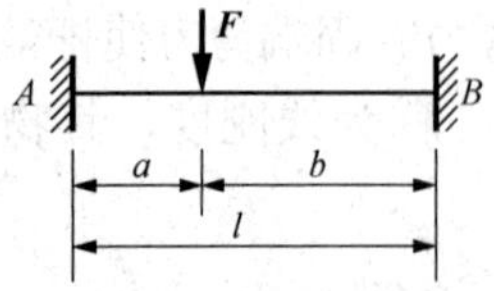 F; A; B; a; b; l	$-\frac{Fab^2}{l^2}$	$+\frac{Fa^2b}{l^2}$	$\frac{Fb^2}{l^2}\left(1+\frac{2a}{l}\right)$	$-\frac{Fa^2}{l^2}\left(1+\frac{2b}{l}\right)$
7	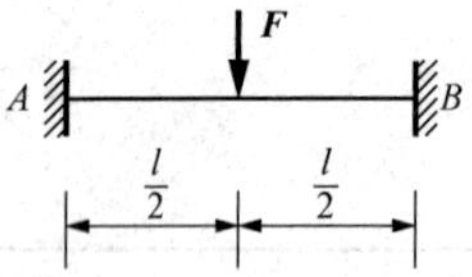 F; A; B; $\frac{l}{2}$; $\frac{l}{2}$	$-\frac{Fl}{8}$	$\frac{Fl}{8}$	$\frac{F}{2}$	$-\frac{F}{2}$
8	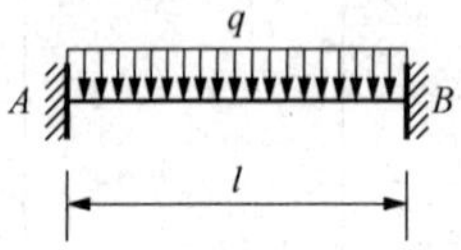 q; A; B; l	$-\frac{ql^2}{12}$	$\frac{ql^2}{12}$	$\frac{ql}{2}$	$-\frac{ql}{2}$
9	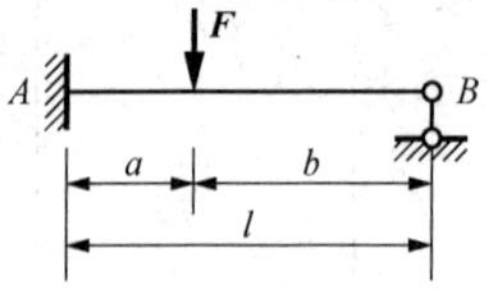 F; A; B; a; b; l	$-\frac{Fab}{2l^2}(1+b)$	0	$\frac{Fb}{2l^3}(3l^2-b^2)$	$-\frac{Fa^2}{2l^3}(3l-a)$
10	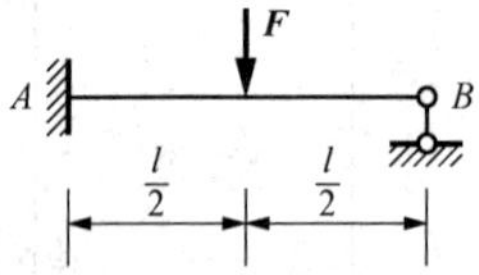 F; A; B; $\frac{l}{2}$; $\frac{l}{2}$	$-\frac{3Fl}{16}$	0	$\frac{11F}{16}$	$-\frac{5F}{16}$
11	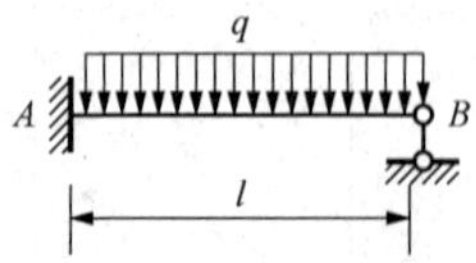 q; A; B; l	$-\frac{ql^2}{8}$	0	$\frac{5ql}{8}$	$-\frac{3ql}{8}$
12	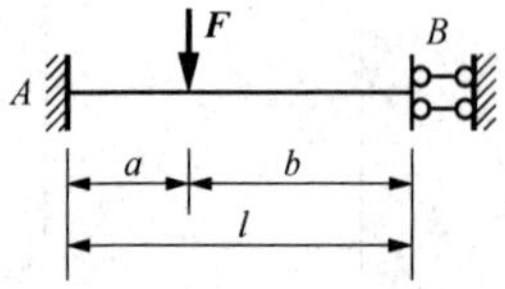 F; A; B; a; b; l	$-\frac{Fa(l+b)}{2l}$	$-\frac{Fa^2}{2l}$	F	0

续表

序号	梁的简图	杆端弯矩		杆端剪力	
		M_{AB}	M_{BA}	$F_{Q,AB}$	$F_{Q,BA}$
13	A、B；F；$\frac{l}{2}$，$\frac{l}{2}$	$-\frac{3Fl}{8}$	$-\frac{Fl}{8}$	F	0
14	A、B；F；l	$-\frac{Fl}{2}$	$-\frac{Fl}{2}$	F	$B_{左}$，F $B_{右}$，0
15	A、B；q；l	$-\frac{ql^2}{3}$	$-\frac{ql^2}{6}$	ql	0
16	A、B；M；l	$\frac{M}{2}$	M	$-\frac{3M}{2l}$	$-\frac{3M}{2l}$

9.9　位移法典型方程及计算案例

本节将举例说明如何建立和求解位移法典型方程。

图 9 - 39 所示的刚架有两个基本未知量，即结点 1、2 处的两个角位移 Z_1、Z_2，而无结点线位移。首先在结点 1、2 处各附加一刚臂形成基本体系［见图 9 - 39（b）］，然后把荷载加在基本体系上，由于各结点处有附加刚臂阻止结点转动，相当于在结点 1、2 处产生了约束力矩 R_{1F}、R_{2F}，如图 9 - 39（c）所示。为了使各杆的内力和变形与原结构一致，我们令附加刚臂 1、2 分别产生角位移 Z_1、Z_2。

我们可以先令基本体系的附加刚臂 1、2 分别产生单位位移，此时各附加刚臂上将分别产生不同的约束力矩，见图 9 - 39（c）、(d)。由于实际结构上 1、2 点处分别产生 Z_1、Z_2 角位移，可把图 9 - 39（c）、(d) 分别扩大 Z_1、Z_2 倍，即分别乘以 Z_1、Z_2。把以上各种因素引起附加刚臂上的约束力矩叠加后应与原结构一致，即把图 9 - 39（c）、(e) 中附加刚臂上

的约束力矩对应叠加应等于零，可列出三个位移法方程为

$$r_{11}Z_1 + r_{12}Z_2 + R_{1F} = 0$$
$$r_{21}Z_1 + r_{22}Z_2 + R_{2F} = 0$$

式中的系数和自由项可由结点隔离体的平衡条件求解，求得各系数及自由项后，代入位移法方程中，即可解出各结点位移 Z_1、Z_2 的值。最后可用叠加法按下式计算各杆端弯矩值并绘出结构的最后弯矩图：

$$M = \overline{M}_1 Z_1 + \overline{M}_2 Z_2 + M_F$$

式中 $\overline{M}_1$、$\overline{M}_2$、M_F——$Z_1=1$、$Z_2=1$ 和荷载单独作用于基本结构上时的弯矩。

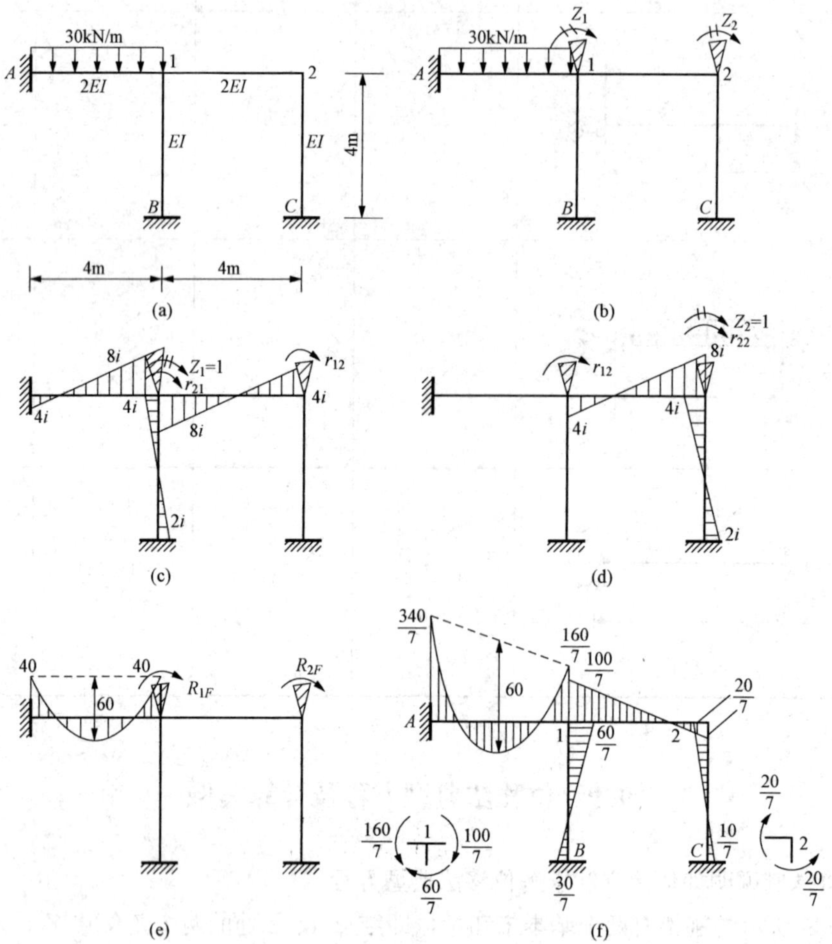

图 9-39 位移法举例

(a) 原结构；(b) 基本体系；(c) $\overline{M}_1$ 图；(d) $\overline{M}_2$ 图；(e) M_F 图（kN·m）；(f) M 图（kN·m）

对于具有 n 个基本未知量的结构，则附加约束（附加刚臂或附加链杆）也有 n 个，由 n 个附加约束上的受力与原结构一致的平衡条件，可建立 n 个位移法方程为

$$r_{11}Z_1 + r_{12}Z_2 + \cdots + r_{1n}Z_n + R_{1F} = 0$$
$$r_{21}Z_1 + r_{22}Z_2 + \cdots + r_{2n}Z_n + R_{2F} = 0$$
$$\cdots$$

$$r_{n1}Z_1 + r_{n2}Z_2 + \cdots + r_{nn}Z_n + R_{nF} = 0$$

上式称为位移法的典型方程。式中的 r_{ii} 称为主系数，其物理意义为基本体系上 $Z_i=1$ 时，附加约束 i 上的反力，它恒为正值；r_{ij} 为副系数，其物理意义为基本体系上 $Z_j=1$ 时，附加约束 i 上的反力，副系数可为正、为负或者为零；由反力互等定理且有 $r_{ij}=r_{ji}$；R_{iF} 称为自由项，其物理意义为荷载作用于基本体系上时，附加约束 i 上的反力，自由项可为正、负或者为零。

【例 9-10】 用位移法画图 9-40（a）所示连续梁的弯矩图。已知 $F=\frac{3}{2}ql$，各杆刚度 EI 为常数。

解 （1）确定基本未知量。此连续梁只有一个刚结点 B，转角位移个数为 1，记作 θ_B，整个梁没有线位移。因此，基本未知量只有 B 结点的角位移 θ_B。

（2）将连续梁拆成两个单杆梁，如图 9-40（b）、（d）所示。

（3）写出转角位移方程。两杆的线刚度相等，有

$$M_{AB} = 2i\theta_B - \frac{1}{8}Fl = 2i\theta_B - \frac{3}{16}ql^2$$

$$M_{BA} = 4i\theta_B + \frac{1}{8}Fl = 4i\theta_B + \frac{3}{16}ql^2$$

$$M_{BC} = 3i\theta_B - \frac{1}{8}ql^2$$

$$M_{CB} = 0$$

（4）考虑刚结点 B 的力矩平衡，由

$$\sum M_B = 0,\ M_{BA} + M_{BC} = 0,$$

$$4i\theta_B + 3i\theta_B + \frac{1}{16}ql^2 = 0$$

解得

$$i\theta_B = \ \frac{1}{112}ql^2$$

负号说明 θ_B 为逆时针。

（5）代回转角位移方程，求出各杆的杆端弯矩为

$$M_{AB} = 2i\theta_B - \frac{1}{8}Fl = -\frac{23}{112}ql^2$$

$$M_{AB} = 2i\theta_B - \frac{3}{16}ql^2 = -\frac{23}{112}ql^2$$

$$M_{BA} = 4i\theta_B + \frac{3}{16}ql^2 = \frac{17}{112}ql^2$$

$$M_{BC} = 3i\theta_B - \frac{1}{8}ql^2 = -\frac{17}{112}ql^2$$

$$M_{CB} = 0$$

（6）根据杆端弯矩求出杆端剪力，并作出弯矩图、剪力图，如图 9-40（e）、（f）所示。

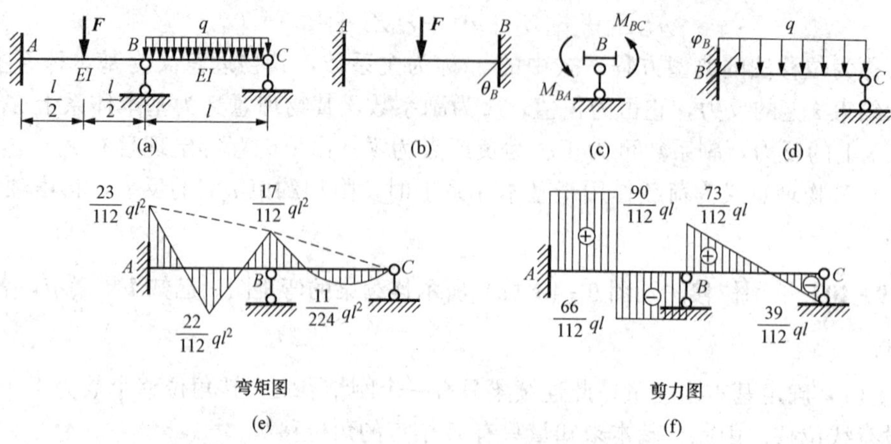

图 9-40 [例 9-10] 内力图

【例 9-11】 用位移法画图 9-41（a）所示刚架的弯矩图。

解 （1）此刚架具有两个角位移，没有结点线位移，称为无侧移刚架。在结点 1 和结点 2 加入附加刚臂，得到图 9-41（b）所示的基本结构。

（2）根据附加刚臂上反力矩应等于零的条件，建立位移法典型方程为

$$r_{11}Z_1+r_{12}Z_2+R_{1P}=0$$

$$r_{21}Z_1+r_{22}Z_2+R_{2P}=0$$

（3）绘出基本结构的 $\overline{M}_1$、$\overline{M}_2$ 和荷载弯矩图 M_P，如图 9-41（c）～（e）所示。计算典型方程中的各系数及自由项。各系数及自由项都是附加刚臂的反力矩，故可取结点 1、2 为脱离体，根据力矩平衡条件 $\sum M=0$ 求出；或者由 $\overline{M}_1$、$\overline{M}_2$ 和 M_P 图结点 1、2 处各杆端弯矩直接读出。

由 $\overline{M}_1$ 图结点 1 处读出：

$$r_{11}=6i+4i+8i=18i$$

由 $\overline{M}_1$ 图结点 2 处读出：

$$r_{21}=4i=r_{12}$$

由 $\overline{M}_2$ 图结点 2 处读出：

$$r_{22}=8i+4i+6i=18i$$

由 M_P 图结点 1 处读出：

$$R_{1P}=\frac{1}{8}ql^2$$

由 M_P 图结点 2 处读出：

$$R_{2P}=0$$

（4）把以上求得的各系数及自由项代入典型方程中，有

$$18iZ_1+4iZ_2+\frac{1}{8}ql^2=0$$

$$4iZ_1+18iZ_2=0$$

联立方程，求得

$$Z_1=-\frac{9ql^2}{1232i},\ Z_2=\frac{ql^2}{616i}$$

（5）按照 $M=\overline{M}_1Z_1+\overline{M}_2Z_2+M_P$ 叠加绘出最终弯矩图，如图 9-41（f）所示。

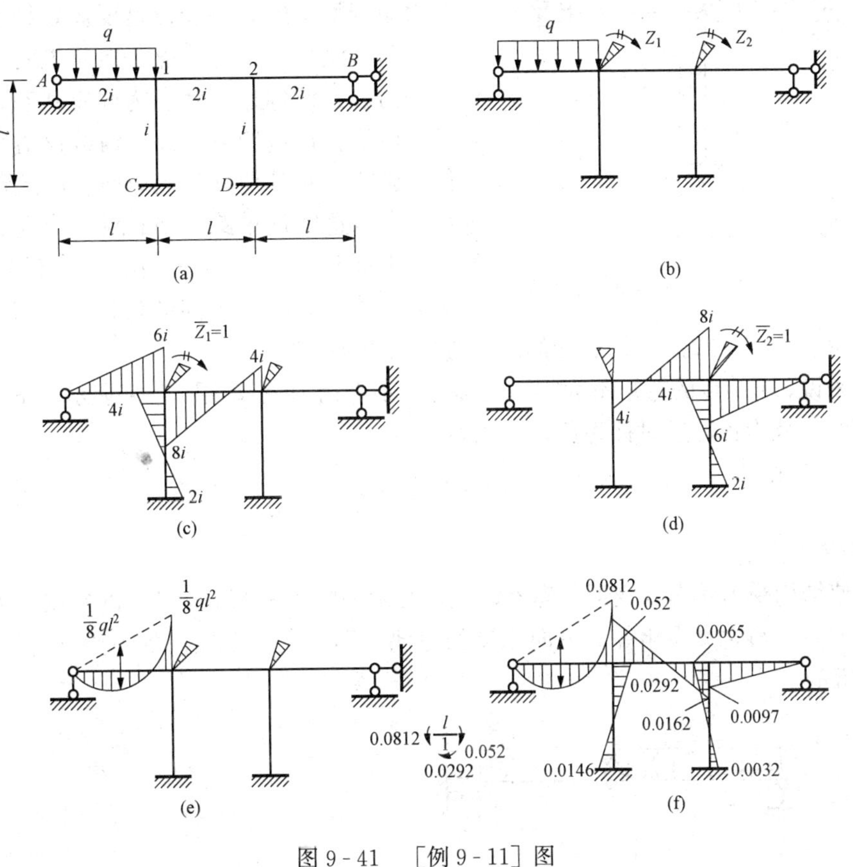

图 9-41　[例 9-11] 图

9.10　力矩分配法

前面介绍的力法和位移法是计算超静定结构的两种方法，它们都需建立和求解典型方程。当基本未知量较多时，解联立方程比较麻烦。为避免解联立方程，人们又寻求出力矩分配法。

力矩分配法是在位移法的基础上发展起来的一种数值解法，它不必计算结点位移，也无需求解联立方程，可以直接通过代数运算得到杆端弯矩，计算时，逐次逼近地计算来代替解联立方程。与力法、位移法相比，计算过程较为简单直观，计算过程不容易出错。力矩分配法的适用对象是连续梁和无结点线位移刚架。在力矩分配法中，内力正、负号的规定同位移法的规定一致。

本节将以一个结点角位移的超静定刚架为例来说明力矩分配法的概念。

图 9-42 所示刚架，在给定荷载作用下，变形曲线如图中虚线所示。对于结点 1 发生的转角 φ 用力矩分配法解算时，首先固定结点 1，得到杆端固端弯矩。然后放松结点 1，使其

恢复转角 φ，得到杆端的分配弯矩和传递弯矩。最后将杆端的固端弯矩与分配弯矩或传递弯矩相加，即得杆端的最终弯矩，有了杆端的最终弯矩便可以绘制弯矩图。

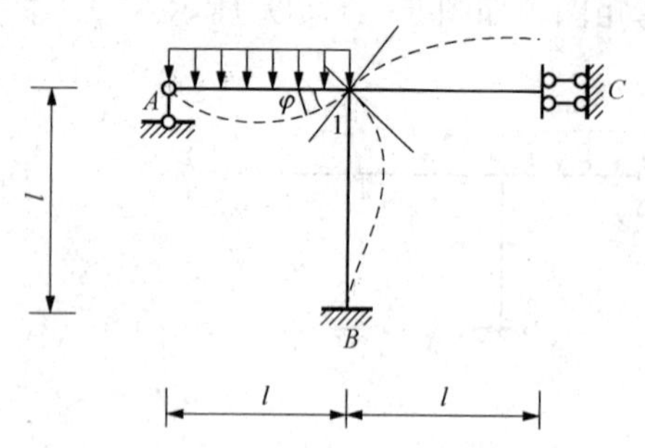

图 9-42 一个结点角位移的超静定刚架

1. 固定结点

力矩分配法的第一步便是要固定结点，即在结点 1 上附加刚臂，这样结点 1 既不能转动，也不能传递内力，我们称这一状态为固定状态。在固定状态下，由于各杆被约束隔离，荷载仅对直接作用的杆件有影响，对其他杆件无影响，因此可以独立地进行研究。这时候单跨梁 A1 两端产生的弯矩即是位移法中提到的固端弯矩。由于单跨梁 1B、1C 不受荷载作用，故不产生固端弯矩。单跨梁 A1 的固端弯矩可由表 9-1 得到，1 结点处的固端弯矩见图 9-43。

一般来说，1 结点的弯矩不为零，故称为“不平衡力矩”，用 M_1^μ 来表示，不平衡力矩的符号规定顺时针为正，逆时针为负，公式为

$$M_1^\mu = M_{1A}^F + M_{1B}^F + M_{1C}^F = \frac{1}{8}ql^2$$

2. 放松结点

为了使结构受力状态与变形状态不改变，必须消除不平衡力矩 M_1^μ 的作用。为此，需要在结点 1 加一个与它大小相等、方向相反的力偶，即加上一个反向的不平衡力矩 $-M_1^\mu$，如图 9-44 所示。

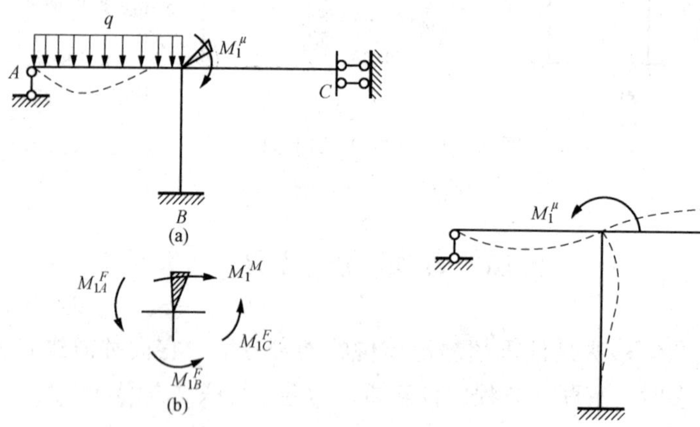

图 9-43 结点处的固端弯矩　　图 9-44 放松结点的刚架

施加反向不平衡力矩相当于放松结点 1，结构恢复原有自然状态，结点 1 转到了原有的 φ 角，此时各单跨梁将产生弯矩。我们将各梁转动端 1 端产生的弯矩称为分配弯矩，以 M_{1A}^μ、M_{1B}^μ、M_{1C}^μ 表示；各梁远端产生的弯矩称为传递弯矩，以 M_{A1}^C、M_{B1}^C、M_{C1}^C 表示。

（1）转动刚度。转动刚度是指杆端对转动的抵抗能力。杆端的转动刚度以 S 表示，在数值上等于使杆端产生单位转角时需要施加的力矩。图 9-45 给出了等截面杆件在 A 端的转动刚度 S_{AB} 的数值。S_{AB} 中第一个脚标表示转动端，第二个脚标表示另端。例如杆件 AB，A 端的转动刚度用 S_{AB} 表示；B 端的转动刚度用 S_{BA} 表示。通常称转动端为近端，另端为远端。

等截面直杆的转动刚度仅与远端约束有关，具体如下：

远端固定为

$$S = 4i(i\text{ 为线刚度})$$

远端铰支为

$$S = 3i$$

远端双滑动支座为

$$S = i$$

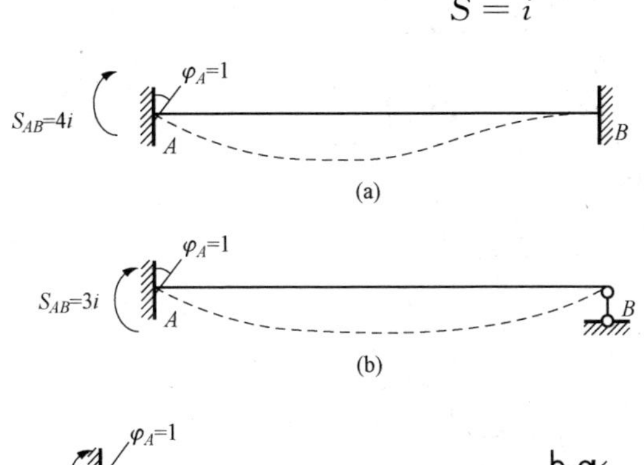

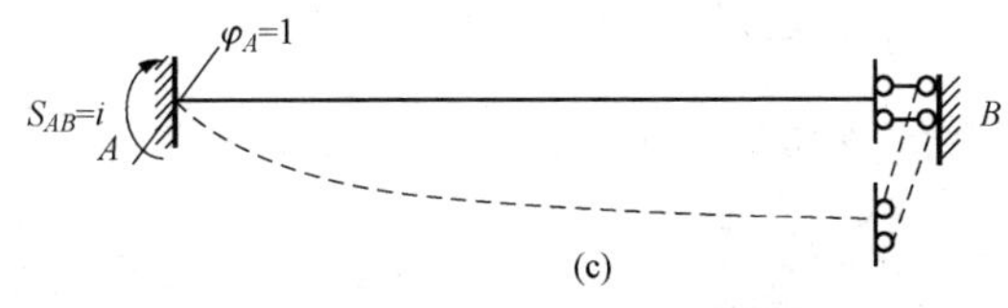

图 9-45　等截面杆件在远端的转动刚度　　　图 9-46　节点弯矩

(2) 分配系数与分配弯矩。从图 9-44 中截取结点 1，受力图示于图 9-48。其中各杆对结点作用的杆端弯矩 M^{μ}_{1A}、M^{μ}_{1B}、M^{μ}_{1C} 设为正向。M^{μ}_{1A}、M^{μ}_{1B}、M^{μ}_{1C} 为放松结点 1 时所产生的各杆近端的弯矩，即前面所说的分配弯矩。

由平衡方程 $\sum M = 0$ 得

$$M^{\mu}_{1A} + M^{\mu}_{1B} + M^{\mu}_{1C} + M^{\mu}_{1} = 0 \tag{9-8}$$

式中

$$\begin{aligned} M^{\mu}_{1A} &= S_{1A}\varphi \\ M^{\mu}_{1B} &= S_{1B}\varphi \\ M^{\mu}_{1C} &= S_{1C}\varphi \end{aligned} \tag{9-9}$$

将式 (9-9) 代入式 (9-8) 得

$$\varphi = -\frac{M^{\mu}_{1}}{S_{1A} + S_{1B} + S_{1C}} = -\frac{M^{\mu}_{1}}{\sum S} \tag{9-10}$$

将式 (9-10) 带回到式 (9-9) 得各杆 1 端的分配弯矩为

$$\left.\begin{aligned} M^{\mu}_{1A} &= -\frac{S_{1A}}{\sum S}M^{\mu}_{1} \\ M^{\mu}_{1B} &= -\frac{S_{1B}}{\sum S}M^{\mu}_{1} \\ M^{\mu}_{1C} &= -\frac{S_{1C}}{\sum S}M^{\mu}_{1} \end{aligned}\right\} \tag{9-11}$$

由式（9-11）可以看出，各杆近端的分配弯矩与该杆近端的转动刚度成正比。

式中 $\frac{S_{1A}}{\sum S}$、$\frac{S_{1B}}{\sum S}$、$\frac{S_{1C}}{\sum S}$ 分别称为 $1A$、$1B$、$1C$ 杆的分配系数，用符号 μ 来表示，写成

$$\left.\begin{aligned}\mu_{1A} &= \frac{S_{1A}}{\sum S}\\ \mu_{1B} &= -\frac{S_{1B}}{\sum S}\\ \mu_{1C} &= -\frac{S_{1C}}{\sum S}\end{aligned}\right\} \tag{9-12}$$

故得结点 1 上各杆的分配系数为

$$\left.\begin{aligned}\mu_{1A} &= \frac{3}{8}\\ \mu_{1B} &= \frac{4}{8}\\ \mu_{1C} &= \frac{1}{8}\end{aligned}\right\}$$

由此可知，结点 1 上各杆分配系数的总和等于 1，即

$$\sum \mu_{ij} = 1$$

将计算得到的分配系数代入即可求得分配弯矩为

$$M_{1A}^{\mu} = -\mu_{1A}M_{1}^{\mu} = \frac{3}{8}\left(-\frac{1}{8}ql^{2}\right) = -\frac{3}{64}ql^{2}$$

$$M_{1B}^{\mu} = -\mu_{1B}M_{1}^{\mu} = \frac{4}{8}\left(-\frac{1}{8}ql^{2}\right) = -\frac{4}{64}ql^{2}$$

$$M_{1C}^{\mu} = -\mu_{1C}M_{1}^{\mu} = \frac{1}{8}\left(-\frac{1}{8}ql^{2}\right) = -\frac{1}{64}ql^{2}$$

（3）传递系数与传递弯矩。在图 9-44 中，当放松结点 1 时，各杆在 1 端产生分配弯矩的同时，也使各杆远端产生弯矩，即前面所说的传递弯矩。各杆的传递弯矩与各杆远端支承情况有关，由表 9-1 可知：

远端固定为

$$M_{ij} = 4i\varphi;\ M_{ji} = 2i\varphi$$

远端铰支座为

$$M_{ij} = 3i\varphi;\ M_{ji} = 0$$

远端定向支座为

$$M_{ij} = i\varphi;\ M_{ji} = -i\varphi$$

为了利用近端弯矩去求远端弯矩，我们将远端弯矩与近端弯矩的比值称为传递系数。传递系数用符号 C 表示，则

$$C = \frac{M_{ij}}{M_{ji}}$$

远端固定端为

$$C = \frac{2i\varphi}{4i\varphi} = \frac{1}{2}$$

远端铰支座为

$$C=\frac{0}{3i\varphi}=0$$

远端定向支座为

$$C=\frac{-i\varphi}{i\varphi}=-1$$

传递弯矩可表示为 $M_{ji}=CM_{ij}^{\mu}$，即传递弯矩等于传递系数乘以分配系数。

对于本例，各杆远端所得传递弯矩为

$$M_{B1}^{C}=-\frac{4ql^2}{64}\times\frac{1}{2}=-\frac{2}{64}ql^2$$

$$M_{A1}^{C}=0$$

$$M_{C1}^{C}=-\frac{ql^2}{64}\times(-1)=\frac{1}{64}ql^2$$

3. 最终弯矩

将第一步固定结点算得的各杆端的固端弯矩与第二步放松结点时相应杆端的分配弯矩或传递弯矩相加即可得出杆端的最终弯矩。

故本例最终的弯矩为

$$M_{1A}=M_{1A}^{F}+M_{1A}^{\mu}=\frac{1}{8}ql^2+\left(-\frac{3}{64}ql^2\right)=\frac{5}{64}ql^2$$

$$M_{A1}=M_{A1}^{F}+M_{A1}^{C}=0+0=0$$

$$M_{1B}=M_{1B}^{F}+M_{1B}^{\mu}=0+\left(-\frac{4}{64}ql^2\right)=-\frac{4}{64}ql^2$$

$$M_{B1}=M_{B1}^{F}+M_{B1}^{C}=0+\left(-\frac{2}{64}ql^2\right)=-\frac{2}{64}ql^2$$

$$M_{1C}=M_{1C}^{F}+M_{1C}^{\mu}=0+\left(-\frac{1}{64}ql^2\right)=-\frac{1}{64}ql^2$$

$$M_{C1}=M_{C1}^{F}+M_{C1}^{C}=0+\left(\frac{1}{64}ql^2\right)=\frac{1}{64}ql^2$$

最终的弯矩如图 9 - 47 所示。

【例 9 - 12】　试用力矩分配法计算两跨连续梁［见图 9 - 48］，并绘制弯矩图。

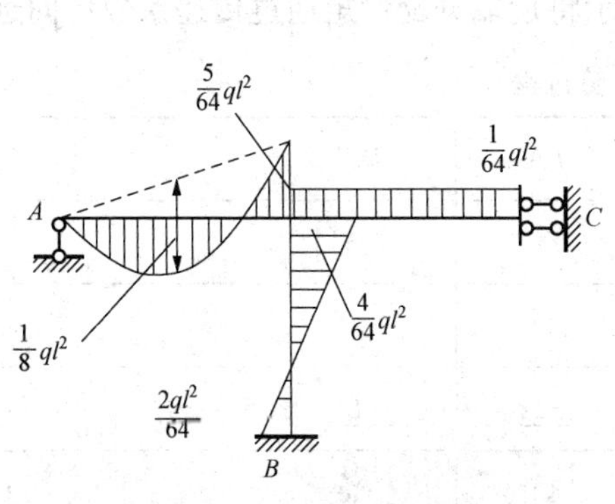

图 9 - 47　最终弯矩图

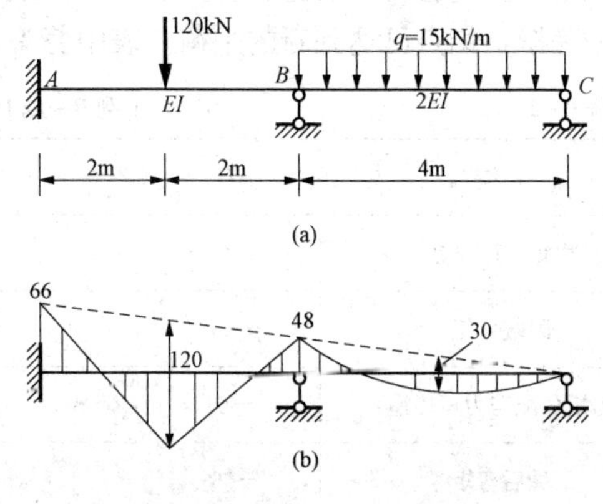

图 9 - 48　［例 9 - 12］图

（a）原结构；（b）*M* 图（kN・m）

解 （1）计算力矩分配系数：

$$S_{BA}=4i_{AB}=\frac{4\times EI}{4}=EI$$

$$S_{BC}=3i_{BC}=\frac{3\times 2EI}{4}=1.5EI$$

$$\mu_{BA}=\frac{S_{BA}}{S_{BA}+S_{BC}}=0.4$$

$$\mu_{BC}=\frac{S_{BC}}{S_{BA}+S_{BC}}=0.6$$

（2）计算固端弯矩和不平衡力矩：

$$M_{AB}^{F}=-\frac{120\text{kN}\times 4\text{m}}{8}=-60\text{kN}\cdot\text{m}$$

$$M_{BA}^{F}=\frac{120\text{kN}\times 4\text{m}}{8}=60\text{kN}\cdot\text{m}$$

$$M_{BC}^{F}=-\frac{15\text{kN/m}\times(4\text{m})^{2}}{8}=-30\text{kN}\cdot\text{m}$$

$$M_{B}^{F}=M_{BA}^{F}+M_{BC}^{F}=30\text{kN}\cdot\text{m}$$

（3）计算分配弯矩：

$$M_{BA}^{\mu}=\mu_{BA}(-M_{B}^{F})=0.4\times(-30\text{kN}\cdot\text{m})=-12\text{kN}\cdot\text{m}$$

$$M_{BC}^{\mu}=\mu_{BC}(-M_{B}^{F})=0.6\times(-30\text{kN}\cdot\text{m})=-18\text{kN}\cdot\text{m}$$

（4）计算传递弯矩：

$$M_{AB}^{C}=C_{BA}M_{BA}^{\mu}=\frac{1}{2}\times(-12\text{kN}\cdot\text{m})=-6\text{kN}\cdot\text{m}$$

$$M_{CB}^{C}=C_{BC}M_{BC}^{\mu}=0$$

（5）计算杆端最后弯矩，绘 M 图：

$$M_{AB}=M_{AB}^{F}+M_{AB}^{C}=-60\text{kN}\cdot\text{m}-6\text{kN}\cdot\text{m}=-66\text{kN}\cdot\text{m}$$

$$M_{BA}=M_{BA}^{F}+M_{BA}^{\mu}=60\text{kN}\cdot\text{m}-12\text{kN}\cdot\text{m}=48\text{kN}\cdot\text{m}$$

$$M_{BC}=M_{BC}^{F}+M_{BC}^{\mu}=-30\text{kN}\cdot\text{m}-18\text{kN}\cdot\text{m}=-48\text{kN}\cdot\text{m}$$

$$M_{CB}=0$$

以上计算过程可列表进行，见表 9-2，表中结点 B 分配弯矩下画一横线表示结点 B 力矩分配完毕，结点已达到新的平衡。表中剪头表示将近端分配弯矩通过传递系数传向远端。

表 9-2 **[例 9-12] 计算过程** kN·m

杆端	*AB*		*BA*	*BC*		*CB*
力矩分配系数			0.4	0.6		
固端弯矩	−60		60	−30		0
力矩分配与力矩传递	−6	←	<u>−12</u>	<u>−18</u>	→	0
最后弯矩	−66		48	−48		0

根据杆端最后弯矩值，绘出 M 图［见图 9-48（b）］注意结点 B 应满足平衡条件，即

$$\sum M_B = 48\text{kN}\cdot\text{m} - 48\text{kN}\cdot\text{m} = 0$$

【例 9-13】　用力矩分配法求图 9-49 所示三跨连续梁的弯矩。

解　分析：利用力矩分配法解只有一个刚结点的连续梁和无侧移的刚架，只需一次分配和传递就可以求出各杆端弯矩，并且得到精确解答。对于多个刚结点的连续梁和无侧移的刚架，用力矩分配法计算时，只要对各刚结点应用基本运算依次轮流分配和传递，经过几轮循环计算后，就可以求出各杆端弯矩。

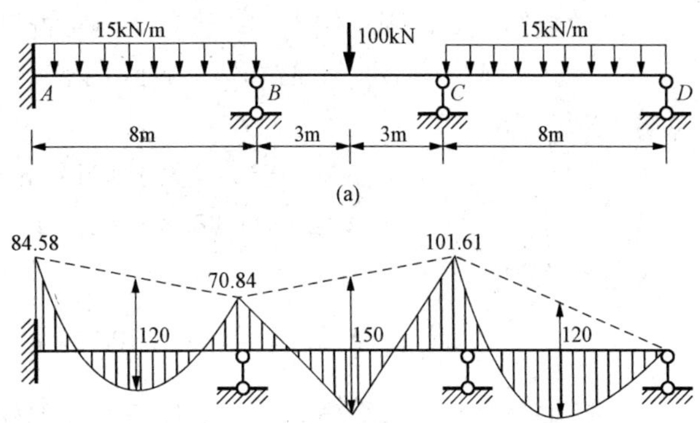

图 9-49　［例 9-13］图

(a) 原结构；(b) M 图（kN·m）

（1）计算力矩分配系数：

令 $EI=1$，则有

$$S_{BA} = 4i_{AB} = 4\times\frac{1}{8} = \frac{1}{2};$$

$$S_{BC} = 4i_{BC} = 4\times\frac{1}{6} = \frac{2}{3}$$

$$S_{CB} = 4i_{CB} = 4\times\frac{1}{6} = \frac{2}{3};$$

$$S_{CD} = 4i_{CD} = 3\times\frac{1}{8} = \frac{3}{8}$$

$$\mu_{BA} = \frac{\frac{1}{2}}{\frac{1}{2}+\frac{2}{3}} = 0.429$$

$$\mu_{BC} = \frac{\frac{2}{3}}{\frac{1}{2}+\frac{2}{3}} = 0.571$$

$$\mu_{CB} = \frac{\frac{2}{3}}{\frac{2}{3}+\frac{3}{8}} = 0.64$$

$$\mu_{CD} = \frac{\frac{3}{8}}{\frac{2}{3}+\frac{3}{8}} = 0.36$$

（2）计算固端弯矩：

$$M_{AB}^F = -\frac{ql^2}{12} = -\frac{15\text{kN/m}\times(8\text{m})^2}{12} = -80\text{kN}\cdot\text{m}$$

$$M_{BA}^F = \frac{ql^2}{12} = 80\text{kN}\cdot\text{m}$$

$$M_{BC}^F = -\frac{Fl}{8} = -\frac{100\text{kN}\times 6\text{m}}{8} = -75\text{kN}\cdot\text{m}$$

$$M_{CB}^{F}=\frac{Fl}{8}=75\text{kN}\cdot\text{m}$$

$$M_{CD}^{F}=-\frac{ql^{2}}{8}=-\frac{15\text{kN/m}\times(8\text{m})^{2}}{8}=-120\text{kN}\cdot\text{m}$$

(3) 放松结点 C，固定结点 B，进行力矩分配和传递，不平衡力矩为

$$M_{C}^{F}=M_{CB}^{F}+M_{CD}^{F}=75\text{kN}\cdot\text{m}-120\text{kN}\cdot\text{m}=-45\text{kN}\cdot\text{m}$$

分配弯矩为

$$M_{CB}^{\mu}=0.64\times45\text{kN}\cdot\text{m}=28.8\text{kN}\cdot\text{m}$$

$$M_{CD}^{\mu}=0.36\times45\text{kN}\cdot\text{m}=16.2\text{kN}\cdot\text{m}$$

传递弯矩为

$$M_{BC}^{C}=\frac{1}{2}\times28.8\text{kN}\cdot\text{m}=14.4\text{kN}\cdot\text{m}$$

(4) 固定结点 C，放松结点 B，进行力矩分配和传递。不平衡力矩为

$$M_{C}^{F}=M_{B}^{F}+M_{B}^{F'}=M_{BA}^{F}+M_{BC}^{F}+M_{BA}^{C}$$

$$=80\text{kN}\cdot\text{m}-75\text{kN}\cdot\text{m}+14.4\text{kN}\cdot\text{m}=19.4\text{kN}\cdot\text{m}$$

分配弯矩为

$$M_{BA}^{\mu}=0.429\times(-19.4\text{kN}\cdot\text{m})=-8.32\text{kN}\cdot\text{m}$$

$$M_{BC}^{\mu}=0.571\times(-19.4\text{kN}\cdot\text{m})=-11.08\text{kN}\cdot\text{m}$$

传递力矩为

$$M_{AB}^{C}=\frac{1}{2}\times(-8.32\text{kN}\cdot\text{m})=-4.16\text{kN}\cdot\text{m}$$

$$M_{CB}^{C}=\frac{1}{2}\times(-11.08\text{kN}\cdot\text{m})=-5.54\text{kN}\cdot\text{m}$$

至此进行了第一轮计算。第二轮计算，重新固定 B 点，放松 C 点，把第一轮计算中 B 点传来的新的不平衡力矩 $M_{C}^{F'}=M_{BC}^{C}=-5.54\text{kN}\cdot\text{m}$ 反号分配、传递，以此进行，直至达到精确值。演算过程如图 9-3 所示。

(5) 将固端弯矩 M_{ij}^{F} 与各轮计算中的分配弯矩 M_{ij}^{μ}、传递弯矩 M_{ij}^{C} 叠加得杆端最后的弯矩 M_{ij}，计算过程见表 9-3。

表 9-3 [例 9-13] 计算过程 kN·m

杆端	AB		BA	BC		CB	CD		DC
力矩分配系数			0.429	0.571		0.64	0.36		
固端弯矩	−80		80	−75		75	−120		
第一轮力矩分配、传递				14.4	←	28.8	16.2	→	0
	−4.16	←	−8.32	−11.08	→	−5.54			
第二轮力矩分配、传递				1.78	←	3.55	1.99	→	0
	−0.38	←	−0.76	−1.02	→	0.51			

续表

杆端	AB	BA	BC	CB	CD	DC
第三轮力矩分配、传递			0.17 ←	0.33	0.18 →	0
	−0.04 ←	−0.07	−0.10 →	−0.05		
第四轮力矩分配、传递			0.02 ←	0.03	0.02 →	0
		−0.01	−0.01			
最后弯矩	−84.58	70.84	−70.84	101.61	−101.61 →	0

（6）由各杆端最后弯矩绘制 M 图，如图 9 - 45（b）所示。

本章小结

掌握力法的基本原理，主要是了解力法的基本未知量、力法的基本体系和力法的基本方程这三个环节。在力法中将超静定结构中的多余联系去掉，代之以多余未知力，得到的静定结构作为基本结构。以多余未知力作为力法的基本未知量。利用基本结构在荷载和多余未知力共同作用下的变形条件建立力法方程，从而求解多余未知力。求得多余未知力后，超静定问题便转化为静定问题，可用平衡条件求解所有未知力。

位移法是以结点位移作为基本未知量，根据静力平衡条件求解基本未知量。计算时将整个结构拆分成单杆，分别计算各个杆件的杆端弯矩。杆件的杆端弯矩由固端弯矩和位移弯矩两部分组成，固端弯矩和位移弯矩可由表获得，根据查表结果写出含有未知量的转角位移方程，接着根据静力平衡条件求解基本未知量，将解得的基本未知量代回转角位移方程就得到了杆端弯矩，最后绘制弯矩图，同时根据弯矩图及静力平衡条件可计算剪力、轴力，并绘制剪力图与轴力图。在计算和绘制弯矩图时，需考虑弯矩的正负号，即杆端弯矩顺时针为正，结点处逆时针为正。

力矩分配法是建立在位移法基础上的一种数值逼近法，不需要求解未知量。对于单结点结构，计算结果是精确结果；对于两个及以上结点的结构，力矩分配法是一种近似计算方法，但其误差是收敛的，换句话说，即可以循环计算直至误差在允许范围内。其计算步骤为：

（1）将各刚结点看成是锁定的（即将结构拆成单杆），查表得各杆固端弯矩。

（2）计算各杆的线刚度 $i=\frac{EI}{l}$、转动刚度 S，确定刚结点处各杆的分配系数 μ，并用结点处总分配系数为 1 进行验算。

（3）计算刚结点处的不平衡力矩 $\sum M^F$，将结点不平衡力矩变号分配得近端位移弯矩。

（4）根据远端约束条件确定 C，计算远端位移弯矩。

（5）依次对各结点循环进行分配、传递计算，当误差在允许范围内时，终止计算，然后将各杆端的固端弯矩与位移弯矩进行代数相加，得出最后的杆端弯矩。

（6）根据最终的杆端弯矩值及位移法下的弯矩正负号规定绘制弯矩图。

课后习题

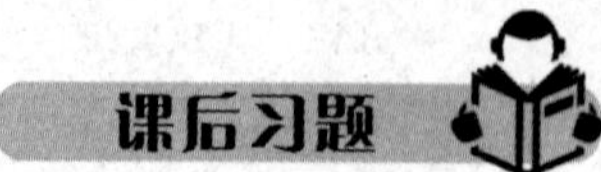

1. 确定图 9 - 50 所示超静定结构的超静定次数。

（1）

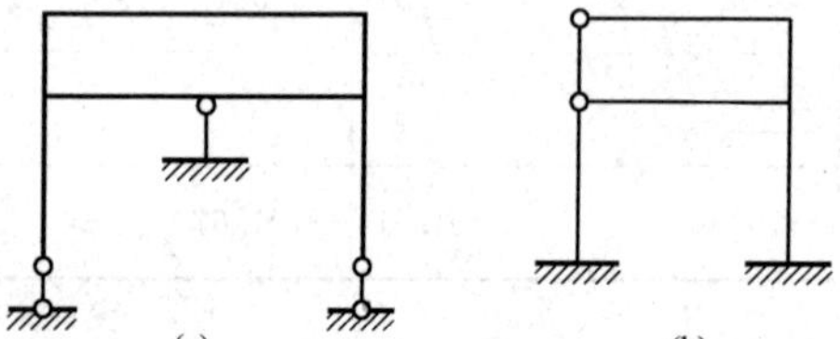

(a)　　(b)

（2）

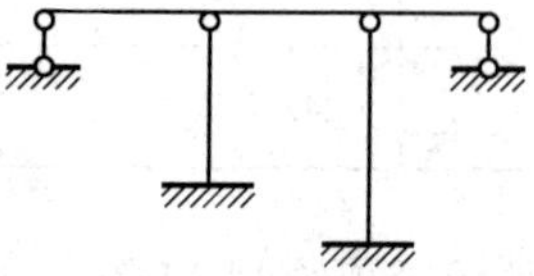

（3）

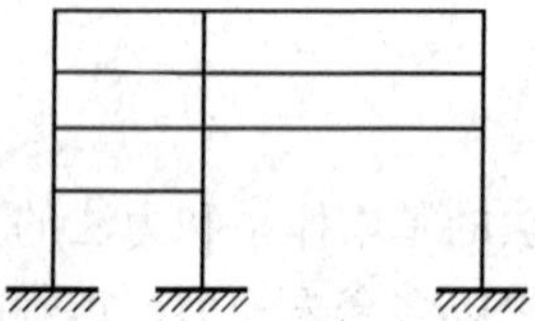

（4）

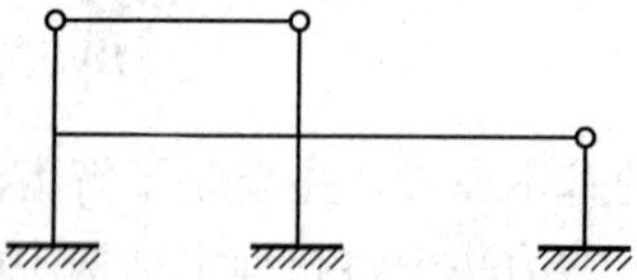

（5）

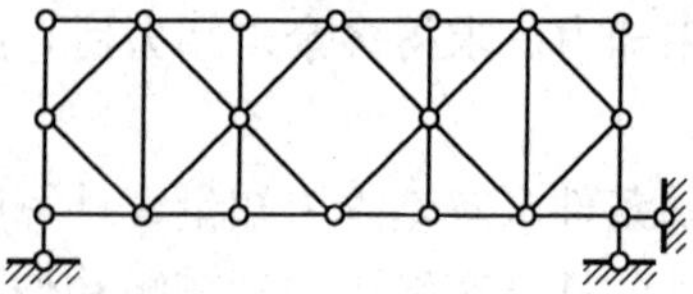

（6）

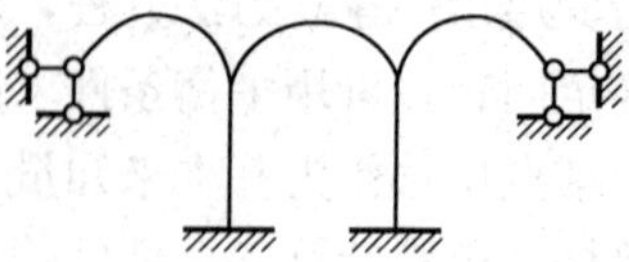

（7）

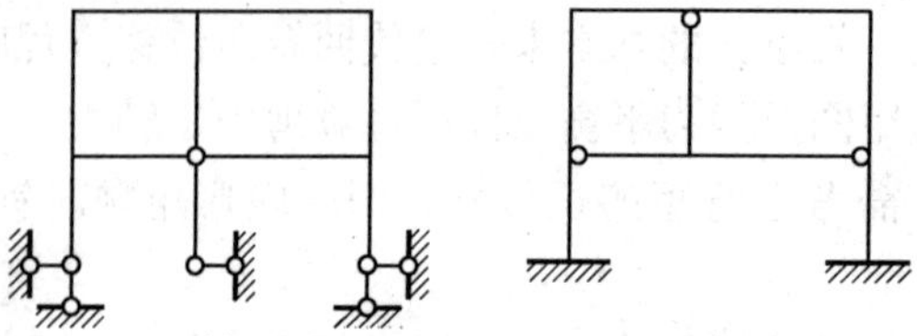

(a)　　(b)

图 9 - 50　习题 1 图

2. ～7. 用力法作图示超静定结构的弯矩图。

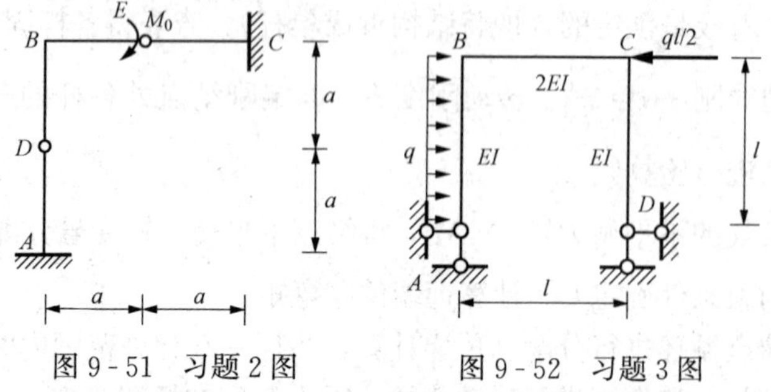

图 9 - 51　习题 2 图

图 9 - 52　习题 3 图

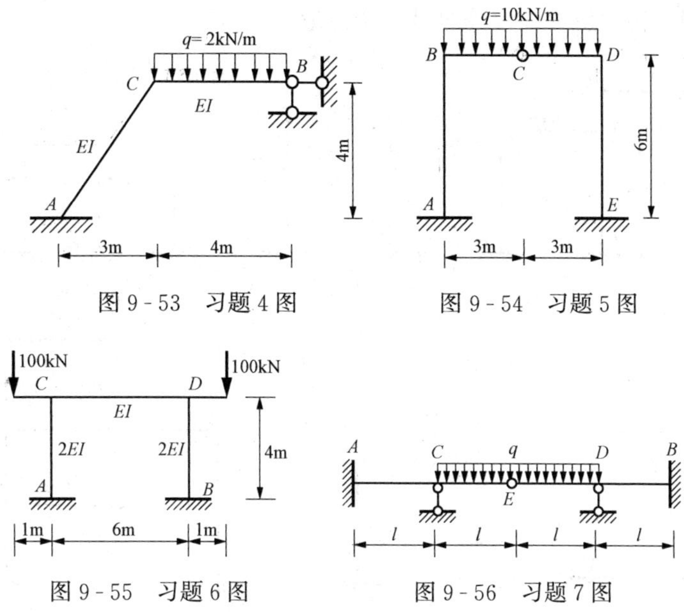

图 9-53　习题 4 图

图 9-54　习题 5 图

图 9-55　习题 6 图

图 9-56　习题 7 图

8. 已知各杆 EI 为常数，用力法计算并作图示对称结构的 M 图。

9. 用力法计算图示结构并作 M 图，已知各杆 EI 为常数。

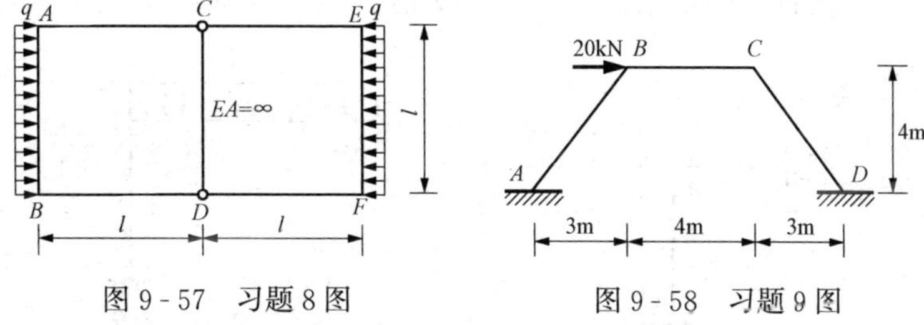

图 9-57　习题 8 图

图 9-58　习题 9 图

10. 用力法计算图示桁架中杆件 1、2、3、4 的内力，已知各杆 EA 为常数。

11. 用力洪求图示桁架杆 BC 的轴力，各杆 EA 相同。

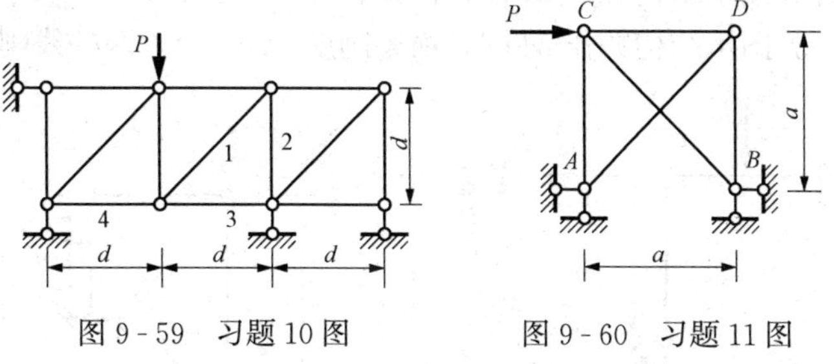

图 9-59　习题 10 图

图 9-60　习题 11 图

12. 用力法计算并作图示结构由支座移动引起的 M 图，已知各杆 EI 为常数。

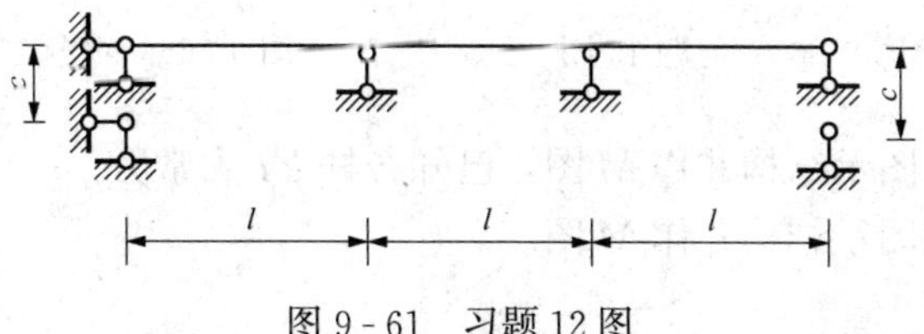

图 9-61　习题 12 图

13. 判断下列结构用位移法计算时基本未知量的数目。

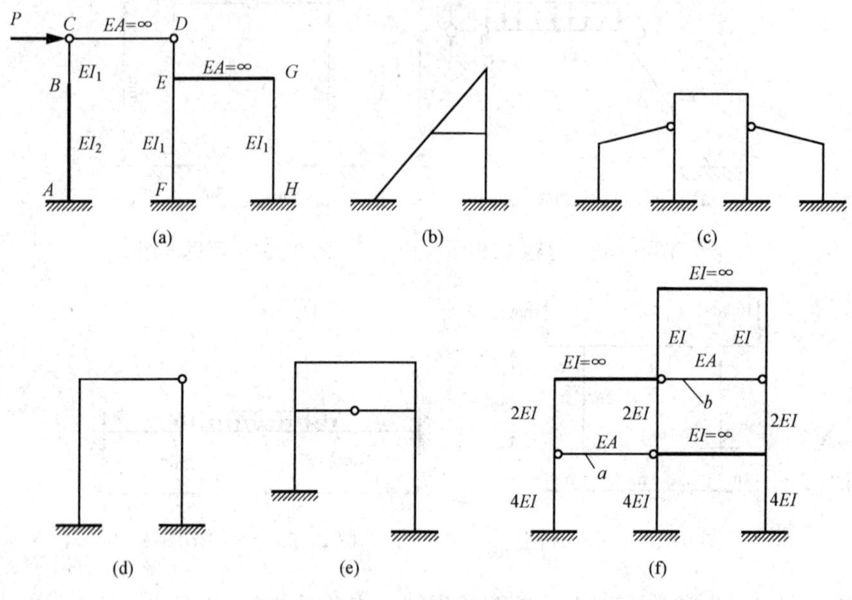

图 9-62 习题 13 图

14. ～15. 用位移法计算图示结构并作 M 图，各杆线刚度均为 i，各杆长均为 l。

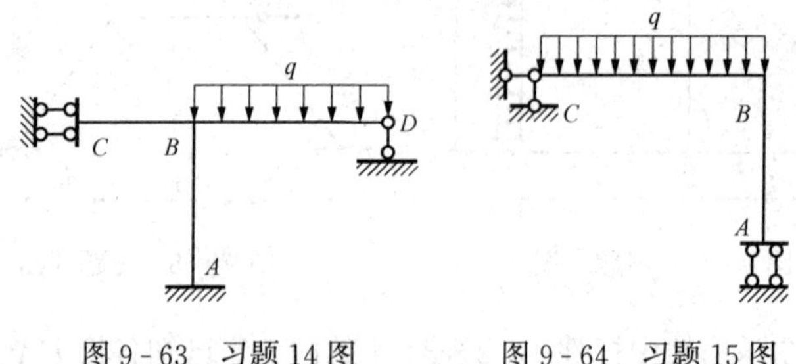

图 9-63 习题 14 图 图 9-64 习题 15 图

16. 用位移法计算图示结构并作 M 图，已知各杆 EI 为常数。

17. 用位移法计算图示结构并作 M 图，横梁刚度 $EA\to\infty$，两柱线刚度 i 相同。

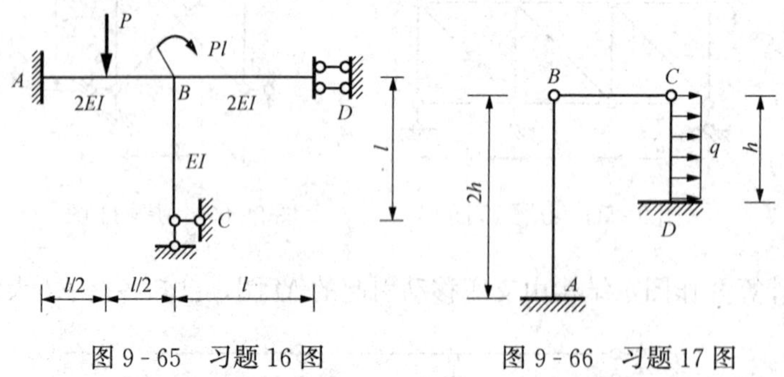

图 9-65 习题 16 图 图 9-66 习题 17 图

18. 用位移法计算图示结构并作 M 图，已知各杆 EI 为常数。

19. 用位移法计算图示结构并作 M 图。

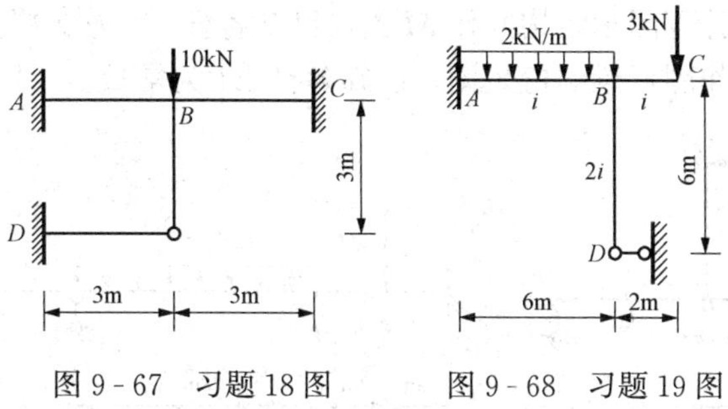

图 9-67　习题 18 图　　图 9-68　习题 19 图

20. 用位移法计算图示结构并作 M 图。

21. 用位移法计算图示结构并作 M 图，已知各杆 EI 为常数。

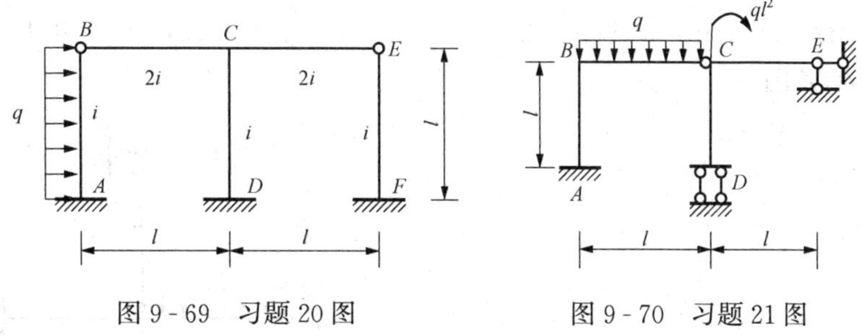

图 9-69　习题 20 图　　图 9-70　习题 21 图

22. 用位移法计算图示结构并作 M 图。

23. 用位移法计算图示结构并作 M 图，设各杆的 EI 相同。

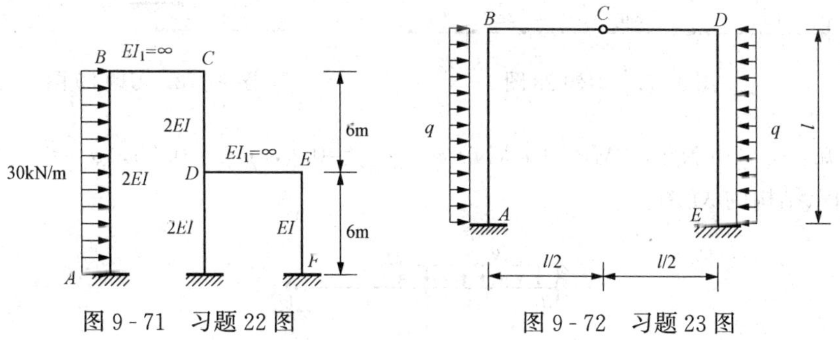

图 9-71　习题 22 图　　图 9-72　习题 23 图

24. 用力矩分配法作图示结构的 M 图，已知 $M_0=15\text{kN}\cdot\text{m}$，$\mu_{BA}=3/7$，$\mu_{BC}=4/7$，$P=24\text{kN}$。

25. 用力矩分配法计算连续梁并求支座 B 的反力。

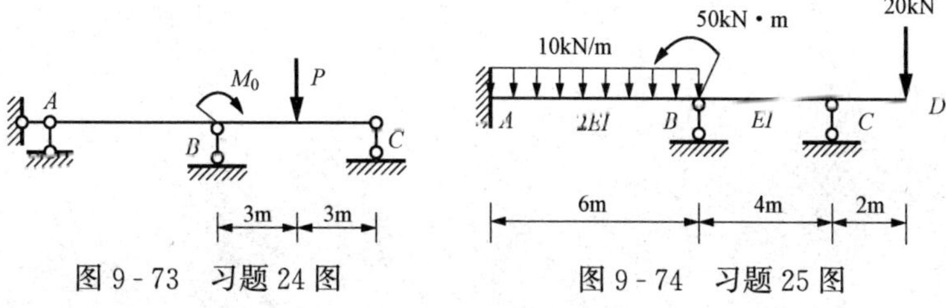

图 9-73　习题 24 图　　图 9-74　习题 25 图

26. 用力矩分配法计算图示结构并作 M 图，已知各杆 EI 为常数。

27. 用力矩分配法作图示梁的弯矩图，已知各杆 EI 为常数。(计算两轮)

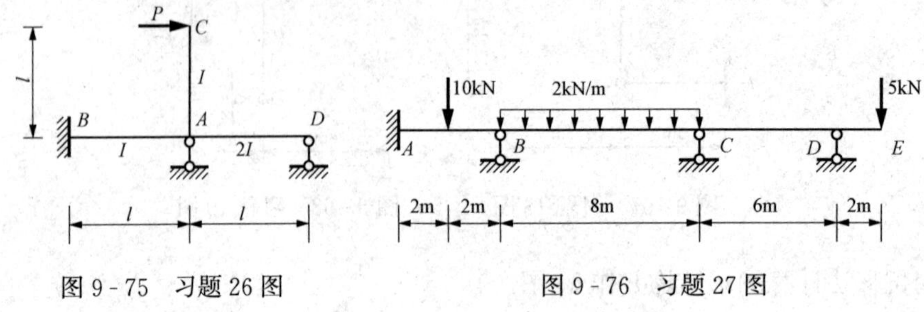

图 9-75　习题 26 图　　　图 9-76　习题 27 图

28. 用力矩分配法作图示连续梁的 M 图。(计算两轮)

29. 已知：$q=20\text{kN/m}$，$\mu_{AB}=0.32$，$\mu_{AC}=0.28$，$\mu_{AD}=0.25$，$\mu_{AE}=0.15$。用力矩分配法作图示结构的 M 图。

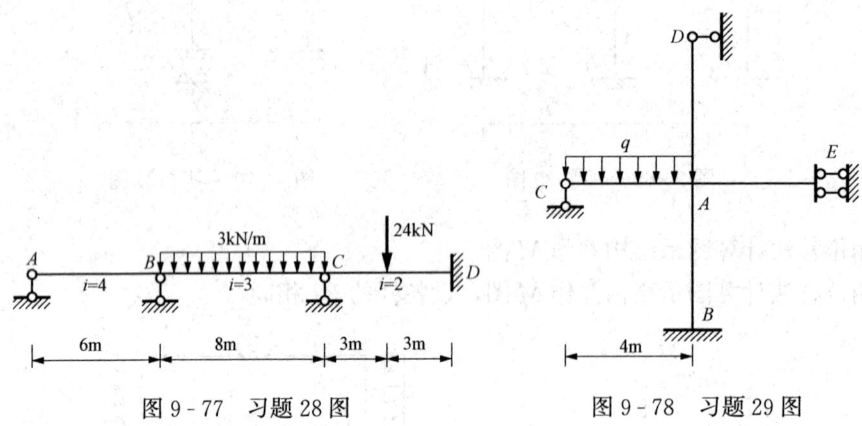

图 9-77　习题 28 图　　　图 9-78　习题 29 图

30. 已知：$q=20\text{kN/m}$，$M_0=100\text{kN}\cdot\text{m}$，$\mu_{AB}=0.4$，$\mu_{AC}=0.35$，$\mu_{AD}=0.25$。用力矩分配法作图示结构的 M 图。

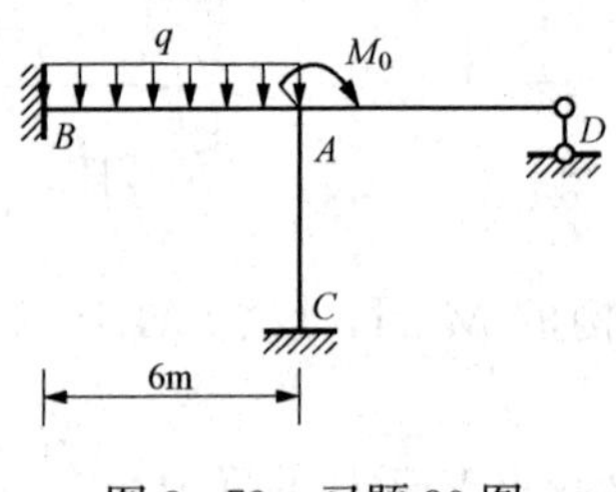

图 9-79　习题 30 图

第 10 章　影　响　线

【要点提示】 在本章将学到有关影响线的基本知识，包括：影响线的概念、用静力法作静定梁的影响线、用机动法作静定梁的影响线、确定静定梁的最不利荷载位置等。要求大家掌握影响线的概念，理解影响线的绘制方法，能熟练绘制静定梁的影响线，能应用影响线讨论荷载的最不利位置。

10.1 影响线的概念

前面各章所讨论的荷载都是固定荷载，不仅荷载的大小和方向不变，而且它们的作用位置也是不变的。但是实际工程中有些结构要承受移动荷载的作用，移动荷载是指荷载的作用点在结构上是移动的，例如在桥梁上行驶的汽车、吊车梁上行驶的吊车等。

由于移动荷载的作用位置是变化的，使得结构的支座反力、截面内力、应力、变形等也是变化的，为此我们需要研究内力的变化范围和变化规律。并且设计时需要以内力的最大值作为设计依据，为此我们需要确定荷载的最不利位置，即当结构某个内力或支座反力达到最大值时荷载的位置。

梁内不同截面处内力的变化规律是各不相同的，即使是在同一截面处，不同内力的变化规律也不相同。因此，作为最基础的研究，可以从单一的移动荷载作用下给定截面上某种量值的变化规律开始，并且取荷载为单位荷载。表示单位移动荷载作用下内力变化规律的图形称为内力影响线，影响线是研究移动荷载作用的基本工具。所谓单位荷载是数值和量纲均为1的量，它可以在实际移动荷载可到达的范围内移动。在求得了某一量值的影响线之后，就可以应用叠加原理，进而求得实际的移动荷载所引起的该量值的变化规律。

10.2 用静力法作简支梁的影响线

静定结构的内力或支座反力影响线有两种基本作法，静定法和机动法。静定法是以荷载的作用位置 x 为变量，通过平衡方程，从而确定所求内力（或支座反力）的影响函数，并作出影响线。

10.2.1 支座反力影响线

图 10-1（a）所示简支梁作用有单位移动荷载 $F_0=1$。取 A 点为坐标原点，以 x 表示荷载作用点的横坐标，下面分析 A 支座反力和 B 支座反力随移动荷载作用点坐标变化而变化的规律，假设支座反力向上为正。

当荷载 F_0 在梁上任意位置 $x(0\leqslant x\leqslant l)$ 时，根据平衡条件 $\sum M_B=0$，得出平衡方程

$$-F_{Ay}\times l+F_0\times(l-x)=0$$

解得

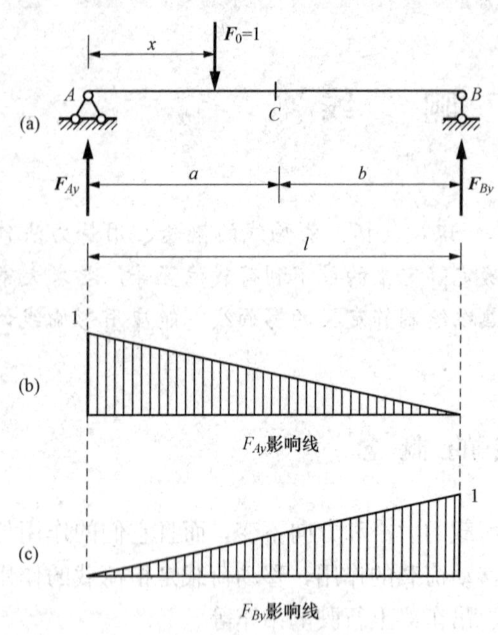

图 10-1 支座影响线

$$F_{Ay}=\frac{l-x}{l}F_0 \quad (0\leqslant x\leqslant l)$$

这就是 F_{Ay} 的影响线方程。由此方程可知 F_{Ay} 的影响线是一条直线。在 A 点，$x=0$，$F_{Ay}=1$，在 B 点，$x=l$，$F_{Ay}=0$。利用这两个竖距便可画出 F_{Ay} 的影响线，如图 10-1（b）所示。

同理 B 支座的支座反力 F_{By} 也可由平衡条件得到

$$F_{By}=\frac{x}{l}F_0 \quad (0\leqslant x\leqslant l)$$

上式表示 F_{By} 关于荷载位置坐标的变化规律，也是一个直线函数关系，由此可以绘出 F_{By} 的影响线，如图 10-1（c）所示。

影响线形象地表明支座反力随荷载 $F_0=1$ 的移动而变化的规律，当荷载 $F_0=1$ 从 A 点开始，逐渐向 B 点移动时，支座反力 F_{By} 则相应地从零开始，逐渐增大，最后达到最大值 1。支座反力 F_{Ay} 从最大值开始逐渐减小，最后达到零。

10.2.2 剪力和弯矩影响线

现在拟作截面 C 的剪力 F_{QC} 的影响线，正负号的规定与第 6 章中的规定相同。当 $F_0=1$ 作用在 C 点以左或以右时，剪力 F_{QC} 具有不同的表达式，应当分别考虑。

当 $F_0=1$ 在截面 C 以左移动时，由隔离体平衡条件可得

$$F_{QC}=-F_{By}=-\frac{x}{l} \quad (0\leqslant x\leqslant a)$$

可见在 AC 段 F_{QC} 的影响线只需将支座反力 F_{By} 的影响线反号便可得到。

当 $F_0=1$ 在截面 C 以左移动时，由隔离体平衡条件可得

$$F_{QC}=F_{Ay}=\frac{l-x}{l} \quad (a\leqslant x\leqslant l)$$

表明在 CB 段 F_{QC} 的影响线和支座反力 F_{Ay} 的影响线相同。由此可以绘出截面 C 处的剪力 F_{QC} 的影响线，如图 10-2 所示。

下面讨论 C 截面的弯矩的影响线，仍分成两种情况分别考虑。

当 F_0 在 AC 段上移动时，即当 $0\leqslant x\leqslant a$ 时，可得

$$M_C=F_{By}\times b=\frac{bx}{l}$$

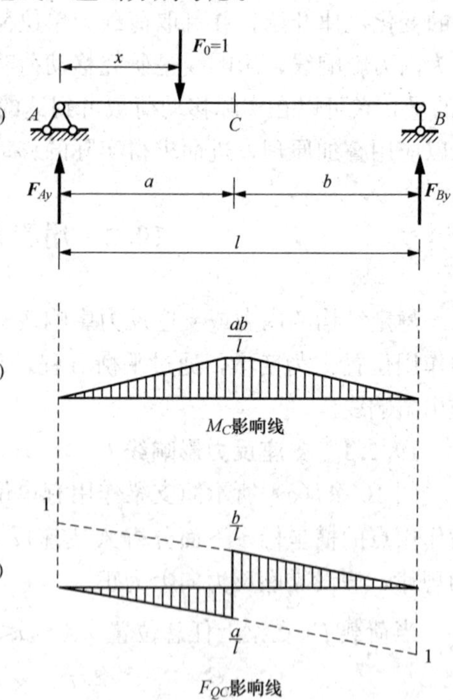

图 10-2 内力影响线

当 F_0 在 CB 段上移动时，即当 $a\leqslant x\leqslant l$ 时，可得

$$M_C = F_{Ay} \times a = a \times \frac{l-x}{l}$$

M_C 的影响线在 AC 段和 CB 段上都为斜直线，如图 10-2（b）所示。

【例 10-1】 作图 10-3（a）所示外伸梁支座反力的影响线。

解 设 A 点为坐标原点，讨论 A 支座反力的影响线。注意到单位力 F 在 AB 段移动时对 B 点的矩的转向与其在 BD 段移动时对 B 点的矩的转向是不同的，因此应分段讨论。

当 $0\leqslant x\leqslant l$ 时，由 $\sum M_B = 0$ 得

$$F_{Ay} = \frac{l-x}{l}$$

当 $l\leqslant x\leqslant l+C$ 时，由 $\sum M_B = 0$，整理后得

$$F_{Ay} = \frac{l-x}{l}$$

显然，两段影响线是同一条直线，作图如图 10-3（b）所示。

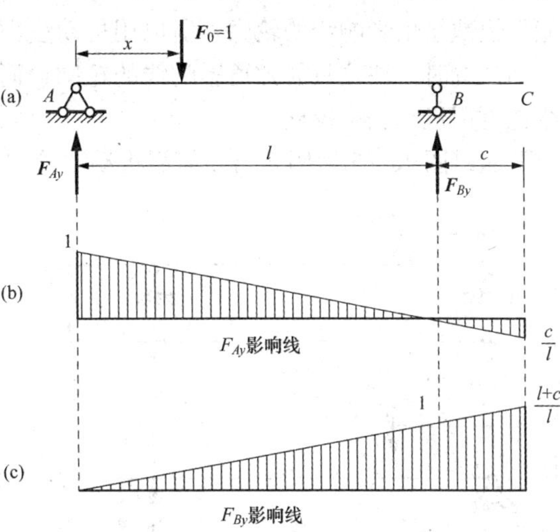

图 10-3 ［例 10-1］图

讨论 B 支座反力的影响线。由 $\sum M_A = 0$，整理后得

$$F_{By} = \frac{x}{l}$$

B 支座的反力影响线如图 10-3（c）所示。

【例 10-2】 作图 10-4（a）所示外伸梁 C 截面的弯矩、剪力影响线。

解

$$F_{Ay} = \frac{l-x}{l}$$

$$F_{By} = \frac{x}{l+c}$$

当 F 位于 C 左侧时

$$M_C = F_{By}b$$

$$F_{QC} = -F_{By}$$

当 F 位于 C 右侧时

$$M_C = F_{Ay}a$$

$$F_{QC} = F_{Ay}$$

C 截面的弯矩、剪力影响线如图 10-4（b）、（c）所示。

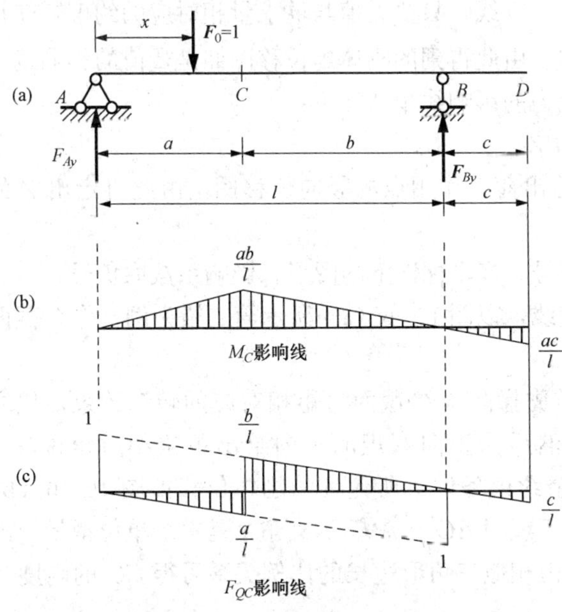

图 10-4 ［例 10-2］图

10.3 机动法作静定梁的影响线

作静定内力或支座反力的影响线，除可采用静力法外，还可采用机动法。机动法的理论依据是虚功原理，把作影响线的静力问题转化为作位移图的几何问题。机动法不需经过计算就能很快地绘出影响线的轮廓，所以用机动法来处理某些问题特别方便（例如，在确定荷载最不利位置时，往往只需知道影响线的轮廓，而无需求出数值）。另外，用静力法作出的影响线也可用机动法来校核。

下面以图 10-5 为例介绍如何用机动法绘制 B 支座的竖向反力影响线。

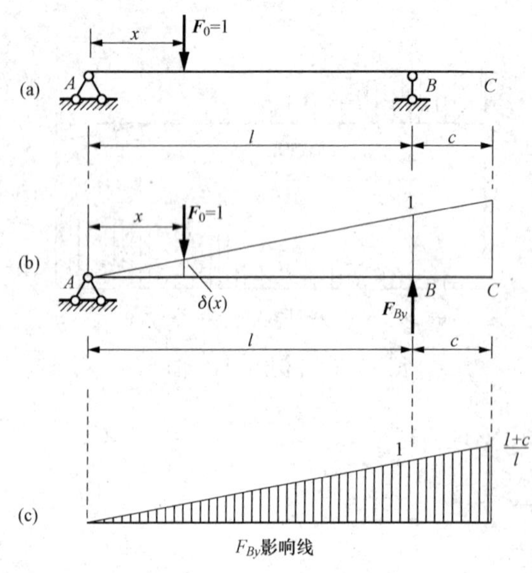

图 10-5　机动法作影响线

先将与 F_{By} 相应的支座链杆撤除，代之以支座反力 F_{By}。此时，体系仍处于平衡状态，但原先的静定结构已转化为具有一个自由度的结构。现令 B 点沿 F_{By} 正方向发生微小的单位虚位移，方向与 F_{By} 的方向相同。此时移动荷载 F_0 作用点也会发生虚位移，其值为 $\delta(x)$，方向与 F_0 的方向相反，列出虚功方程为

$$F_{By}\times 1-F\times\delta(x)=0$$

式中 F 为单位荷载，其值为 1，则 $F_{By}=\delta(x)$ 梁产生单位虚位移时的图形反映出了 F_{By} 的变化规律，所以反力 F_{By} 的影响线完全可以由梁的虚位移图来代替。

从以上分析可知，用机动法绘制影响线，只要去掉与欲求量相对应的约束，使得到的可变体系沿量值的正向发生单位虚位移，由此得到的刚体虚位移图即是量值的影响线。

总结起来，机动法作静定内力或支座反力的影响线步骤如下：

（1）撤去与 Z 相应的约束，代以未知力 Z。

（2）使体系沿 Z 的正方向发生位移，绘出荷载作用点的竖向位移图，由此可定出 Z 的影响线轮廓。

（3）横坐标以上的图形，影响系数取正号；横坐标以下的图形，影响系数取负号。

为了进一步说明怎样用机动法绘制影响线，以图 10-6（a）所示简支梁为例，作 C 截面弯矩、剪力的影响线。

用机动法绘制 C 截面弯矩影响线时，首先撤除与 C 截面弯矩相对应的转动约束，代之以正向弯矩，即将刚结点 C 改为铰结点，然后沿正向弯矩的转向给出单位相对角位移 γ（$\gamma=1$），梁 C 点位移到 C' 点，整个梁在剩余约束条件下所允许的刚体位移如图 10-6（b）所示。作线段 BC' 的延长线交线段 AA'，由于线段 AC' 与 $A'C'$ 的夹角 γ 是一个单位微量，由微分学原理可得线段 AA' 的高度为 a，从而由相似三角形边长的比例关系可得 CC' 的高度为 $\frac{ab}{l}$，根据梁的刚体位移绘出 C 截面弯矩的影响线，如图 10-6（c）所示。

机动法绘制C截面剪力的影响线时，去掉与剪力相对应的约束，把刚结点C变成双滑动约束，用一对正向剪力代替，使C截面沿剪力的正向发生单位相对线位移，整个梁在剩余约束条件下所允许的刚体位移如图10-6（d）所示。由于C点是双滑动约束，C点两侧截面始终平行，且截面与梁轴线始终垂直，因此C点左右两侧的梁段轴线是平行的。从而根据相似三角形边长的比例关系可得CC_1的高度为$\frac{a}{l}$，CC_2的高度为$\frac{b}{l}$，根据梁的刚体位移绘出C截面剪力的影响线，如图10-6（e）所示。

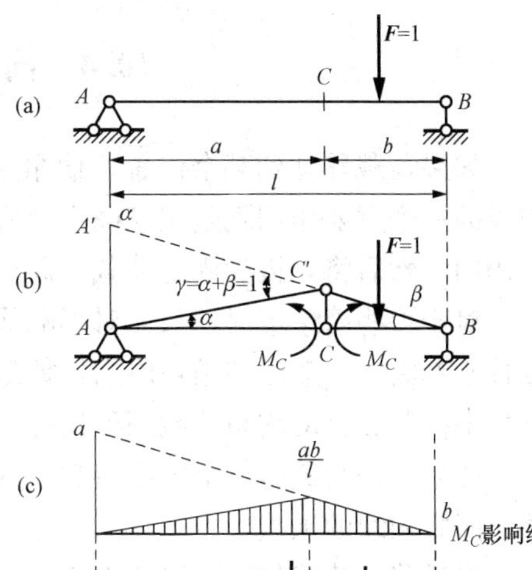

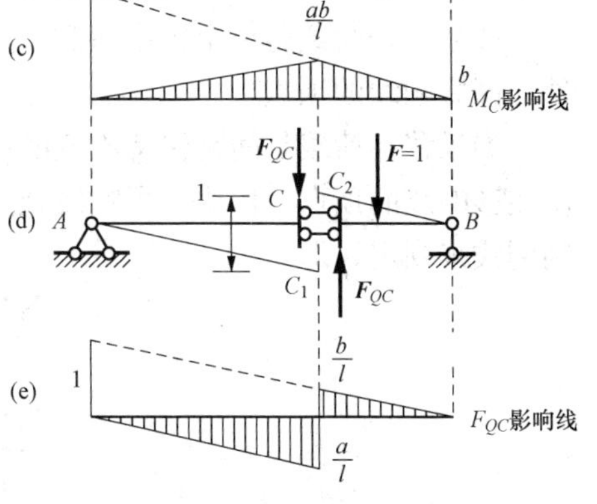

图10-6 机动法绘制影响线

这里所讨论的C截面的内力影响线具有一般性，即对于两支座之间的任意截面，其弯矩、剪力影响线均可照此套用，包括外伸梁也是如此，对于梁外伸段的影响线，只需随着梁轴线延伸即可。

【例10-3】 作图10-7（a）所示外伸梁B截面弯矩的影响线和B左截面剪力的影响线。

解 用机动法绘制B截面弯矩的影响线时，首先撤除与B截面弯矩相对应的转动约束，代之以正向弯矩，即将刚结点B改为铰结点，然后沿正向弯矩的转向给出单位相对角位移，由于AB杆为静定结构，AB段B端截面既不能转动也不能移动，因此B点两侧截面的单位相对角位移由BC段B端截面独自转过一个单位角位移γ（$\gamma=1$），梁C点位移到C'点，整个梁在剩余约束条件下所允许的刚体位移如图10-7（b）所示。根据梁的刚体位移绘出B截面弯矩的影响线，如图10-7（c）所示。

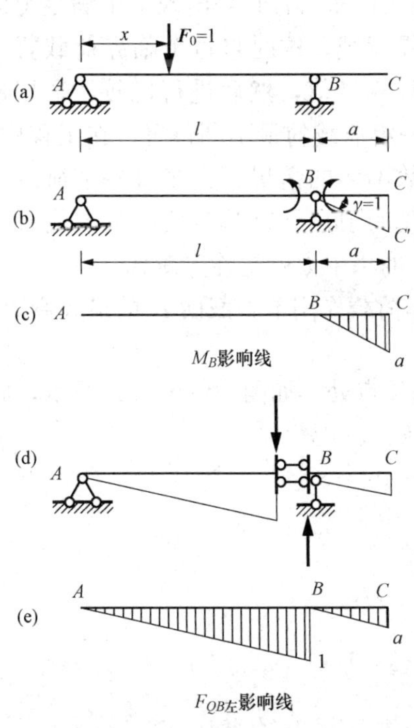

图10-7 ［例10-3］图

机动法绘制B左截面剪力的影响线时，去掉与剪力相对应的约束，在B支座左侧把刚结点B变成双滑动约束，用一对正向剪力代替，使B左截面沿剪力的正向发生单位相对线位移，在滑移过程中，AB段绕A点作刚体转动，该段B端截面既有线位移又有角位移；而BC段B端处有可动铰支座，不允许发生竖向线位移，但允许角位移，因此BC段B端截面可以在原位转过一个角度，与AB段B端截面保持平行关系，从而两梁段轴线位移后仍然平行，整个梁在剩余约束条件下所允许的刚体位移如图10-7（d）所示。根据梁的刚体位移绘出B左截面剪力的影响线，如图10-7（e）所示。

10.4 简支梁的最不利荷载位置

如果荷载移动到某个位置，使量值 Z 达到最大值，则此荷载位置称为最不利位置，影响线的一个重要作用就是用来确定荷载的最不利位置。荷载位置确定后，将荷载按最不利位置作用，然后将其视为固定荷载，即可利用影响线计算其极值。

对于一些简单情况，只需对影响线和荷载特性加以分析和判断，就可定出荷载的最不利位置。判断的一般原则是：应当把数量大、排列密的荷载放在影响线竖距较大的部位。下面分集中荷载和移动均布荷载两种情况来说明。

如果移动荷载是单个集中荷载，则最不利位置是这个集中荷载作用在影响线的竖距最大处，即影响线的顶点。

如果移动荷载是间距保持不变的一组集中荷载，则在最不利位置时必有一个集中荷载作用在影响线的顶点。作用在影响线顶点的荷载称为临界荷载，对于临界荷载可以用下面两个判别式来判定，即

$$\frac{\sum F_{左}+F_K}{a}\geqslant\frac{\sum F_{右}}{b}$$

$$\frac{\sum F_{左}}{a}\leqslant\frac{F_K+\sum F_{右}}{b}$$

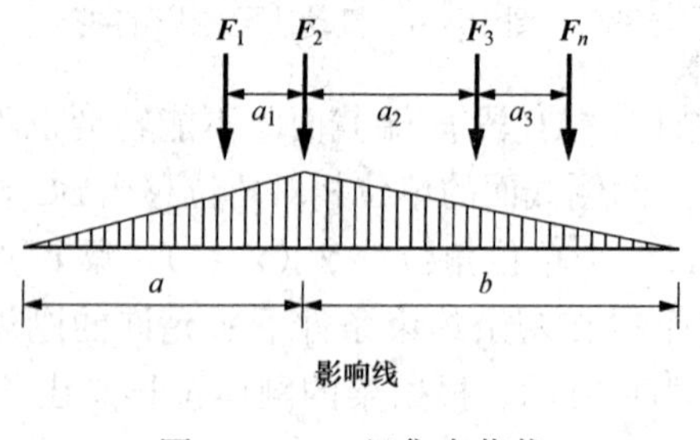

图 10-8 一组集中荷载

满足上面两个式子的 F_K 就是临界荷载，$\sum F_{左}$、$\sum F_{右}$ 分别代表 F_K 以左的荷载总和与 F_K 以右的荷载总和。有时会出现多个满足上面判别式的临界荷载，这时将每个临界荷载置于影响线顶点计算量值，然后进行比较，根据最大量值确定一组荷载的最不利位置。在工程中，对于荷载个数不多的情况，直接将各个荷载分别置于影响线的顶点计算其量值，最大值所对应的荷载位置就是这组荷载的最不利位置，这时位于顶点的集中力就是临界荷载。

【例 10-4】 求图 10-9（a）所示简支梁在图示吊车荷载作用下，截面 K 的最大弯矩。

解 先作 M_K 的影响线，如图 10-9（b）所示。

选 F_2 作为临界荷载 F_K 来考察，将 F_2 置于影响线的顶点处，如图 10-9（c）所示，此时力 F_1 落在梁外，不予考虑，代入临界荷载的判别式，有

$$\frac{F_2}{2.4}>\frac{F_3+F_4}{9.6}$$

$$\frac{0}{2.4}<\frac{F_2+F_3+F_4}{9.6}$$

即

$$\frac{152}{2.4}>\frac{152+152}{9.6}$$

$$\frac{0}{2.4}<\frac{152+152+152}{9.6}$$

F_2 满足判别式，所以是临界荷载。将其他集中荷载分别置于顶点，用同样的方法可以判定都不是临界荷载。所以图 10-9（c）所示 F_2 作用在 K 点时为 M_K 的最不利荷载位置。

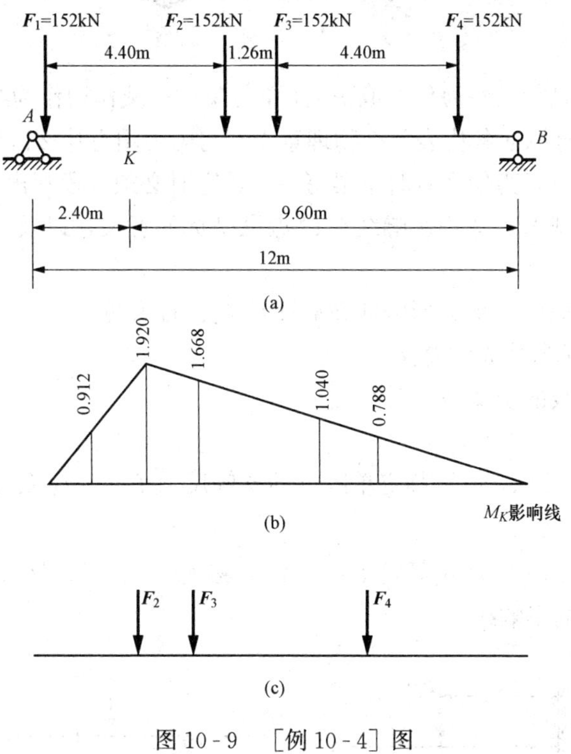

图 10-9 ［例 10-4］图

利用影响线可以求得 M_K 的极值为

$$M_{K\max}=152\times(1.920+1.668+0.788)=665.15\text{kN}\cdot\text{m}$$

本章主要讨论静定内力（反力）影响线的作法和应用。

影响线是影响系数与荷载位置间的关系曲线，它与内力分布图是有区别的。内力图是描述在固定荷载作用下，内力沿结构各个截面的分布，而影响线是描述单位集中荷载在不同位置作用时对结构中某固定处某量的影响。可以通过简支梁内力图与影响线的比较讨论加深对影响线概念的理解。

可应用静力法和机动法两种方法来绘制影响线。静力法作静定内力（反力）影响线时是取隔离体运用平衡方程来求，但应将荷载位置的坐标看作变量。因此，如何选择合适的平衡方程和计算次序，仍应根据结构的几何构造来定。但列平衡方程时要特别注意该方程的适用范围，即对于哪些荷载位置是适用的。一般来说，应该将荷载作用范围分成几段，对不同区段分别列出影响系数、方程。静力法是绘制影响线的基本方法，应正确地掌握和运用。

一、问答题

1. 影响线的定义是什么？为什么取 $P=1$ 单位集中荷载作用作为绘制影响线的基础？影响线的横坐标 x 和纵坐标 y 各代表什么物理意义？与内力图有什么区别？

2. 写影响线方程时，为什么有时全梁写一段，有时必须分段写出？

3. 试说明简支梁截面 C 弯矩影响线在 C 点纵坐标的意义，以及它和 $P=1$ 作用在 C 点时 M 图的区别。

4. 试说明简支梁截面 C 剪力影响线在截面 C 左、右为两平行线的理由，以及在 C 点有突变和突变处两纵坐标所代表的意义。

5. 机动法作影响线的步骤是什么？

二、计算题

1. 用静力法作图 10 - 10 所示静定单跨梁的支座反力 F_A、M_A 及截面 C 的内力 M_C、V_C 的影响线。

2. 用静力法作图 10 - 11 所示静定单跨梁的支座反力 F_A、F_B 及截面 C 和 A 的内力 M_C、V_C、M_A、$V_{A左}$、$V_{A右}$ 的影响线。

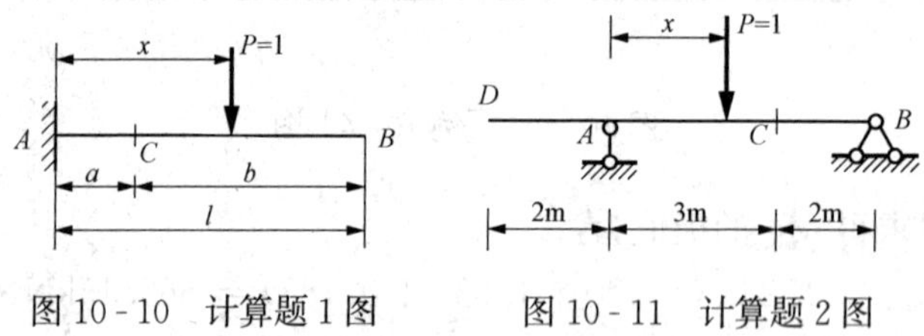

图 10 - 10 计算题 1 图　　图 10 - 11 计算题 2 图

3. 用静力法作图 10 - 12 所示静定单跨梁的支座反力 F_A、F_B 及截面 C 的内力 M_C、V_C、N_C 的影响线。

4. 用机动法作图 10 - 13 所示结构的 M_E、$V_{B左}$、$V_{B右}$ 的影响线。

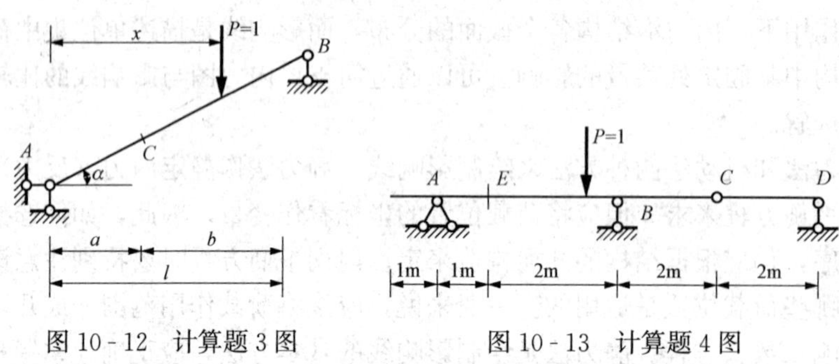

图 10 - 12 计算题 3 图　　图 10 - 13 计算题 4 图

5. 用机动法作图 10 - 14 所示结构的 F_A、F_B、M_E、$V_{E左}$、$V_{E右}$ 的影响线。

6. 利用影响线计算图 10 - 15 所示荷载作用下的 $V_{A左}$、M_B 值。

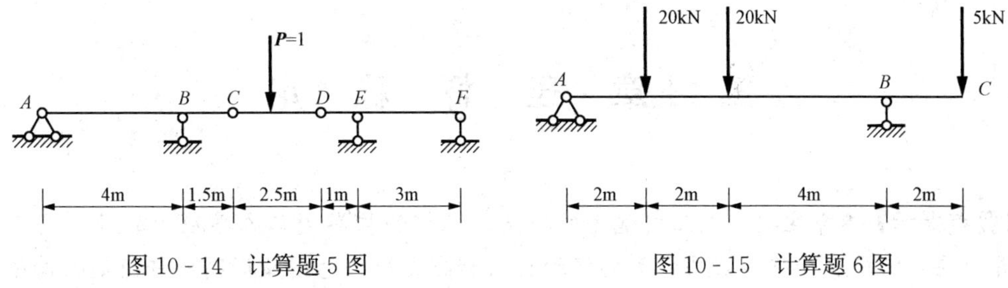

图 10-14　计算题 5 图　　图 10-15　计算题 6 图

7. 利用影响线计算图 10-16 所示荷载作用下的 V_C、M_C 值。

8. 利用影响线计算图 10-17 所示荷载作用下的 V_D、M_E 值。

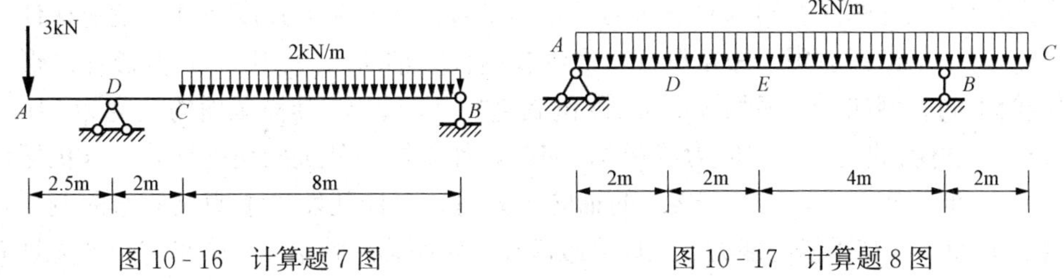

图 10-16　计算题 7 图　　图 10-17　计算题 8 图

9. 求图 10-18 所示结构截面 C 的最大弯矩 M_{Cmax}、V_{Cmax}、V_{Cmin}。

10. 求图 10-19 所示简支梁的绝对最大弯矩，并与跨中截面的最大弯矩做比较。

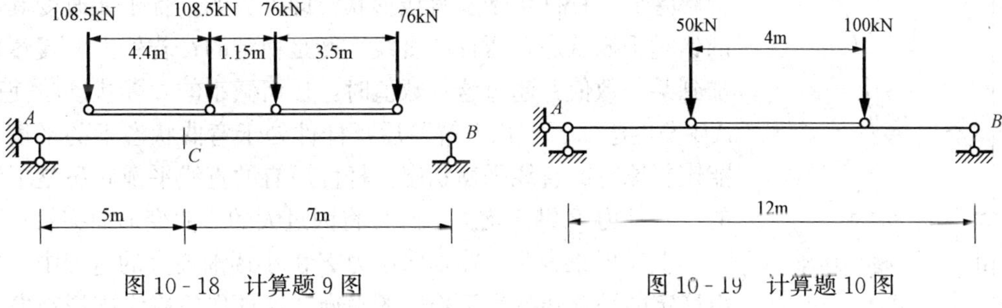

图 10-18　计算题 9 图　　图 10-19　计算题 10 图

第 11 章　压　杆　稳　定

【要点提示】本章主要介绍压杆稳定的概念、压杆的临界力与临界应力的计算及适用条件，并简要介绍中长杆临界应力计算的经验公式和临界应力总图及提高压杆稳定的措施。

11.1　压杆稳定性概念

在前面讨论压杆的强度问题时，认为只要满足直杆受压时的强度条件，就能保证压杆的正常工作。这个结论只适用于短粗压杆，而细长压杆在轴向压力作用下，其破坏的形式与强度问题截然不同。例如，一根长 300mm 的钢制直杆（锯条），其横截面的宽度为 11mm、厚度为 0.6mm，材料的抗压许用应力等于 170MPa，如果按照其抗压强度计算，其抗压承载力应为 1122N。但是实际上，约承受 4N 的轴向压力时，直杆就发生了明显的弯曲变形，丧失了其在直线形状下保持平衡的能力，从而导致破坏。它明确反映了压杆失稳与强度失效不同。

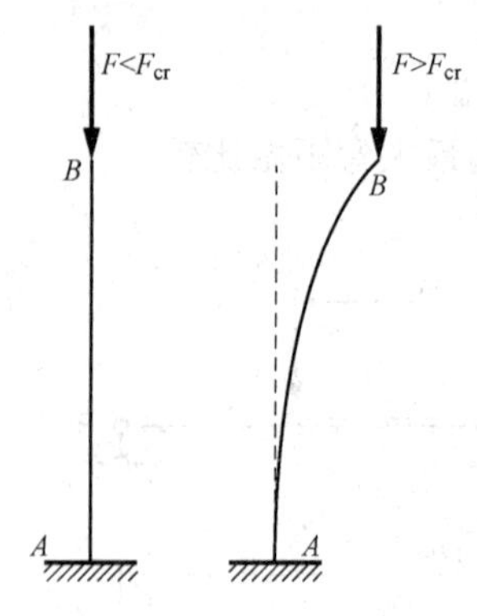

图 11-1　受压杆件

考察图 11-1 所示的等直杆 AB，若 A 端固定，B 端作用沿轴线方向的荷载 F。实验表明，当外力 F 较小时，杆件保持在直线形状的平衡，微小的外界扰动将使杆件发生轻微的弯曲，干扰力解除后，杆件仍恢复直线形状，即外界的干扰不能改变其原有的铅垂平衡状态，压杆的直线平衡是稳定的；若外力 F 慢慢地增加到某一数值并超过这一数值时，任何微小的外界扰动将使杆件 AB 发生弯曲，干扰力解除后，杆件处于弯曲状态下的平衡，不能恢复原有的直线平衡状态，杆件原有的直线平衡状态是不稳定的。若外力 F 继续增大，杆件将因过大的弯曲变形而突然折断。

上述现象表明，在轴向压力 F 由小逐渐增大的过程中，压杆由稳定的平衡转变为不稳定的平衡，这种现象称为压杆丧失稳定性或者压杆失稳。显然压杆是否失稳取决于轴向压力的数值，压杆由直线形状的稳定的平衡过渡到不稳定的平衡时所对应的轴向压力，称为压杆的临界压力或临界力，用 F_{cr} 表示。当压杆所受的轴向压力 F 小于临界力 F_{cr} 时，杆件就能够保持稳定的平衡，这种性能称为压杆具有稳定性；而当压杆所受的轴向压力 F 等于或者大于 F_{cr} 时，杆件就不能保持稳定的平衡而失稳。

11.2　细长压杆的临界荷载

从上面的讨论可知，压杆在临界力作用下，其直线形状的平衡将由稳定的平衡转变为不稳定的平衡，此时即使撤去侧向干扰力，压杆仍然将保持在微弯状态下的平衡。当然，如果压力超过这个临界力，弯曲变形将明显增大。所以，上面使压杆在微弯状态下保持平衡的最小轴向压力，即为压杆的临界力。经验表明，不同约束条件下细长压杆的临界力计算公

式——欧拉公式为

$$F_{cr}=\frac{\pi^2 EI}{(\mu l)^2} \tag{11-1}$$

式中 μl——折算长度，表示将杆端约束条件不同的压杆计算长度 l 折算成两端铰支压杆的长度；

μ——长度系数。

几种不同杆端约束情况下的长度系数 μ 值列于表 11 - 1 中。从表 11 - 1 可以看出，两端铰支时，压杆在临界力作用下的挠曲线为半波正弦曲线；而一端固定、另一端铰支，计算长度为 l 的压杆的挠曲线，其部分挠曲线（$0.7l$）与长为 l 的两端铰支的压杆的挠曲线形状相同，因此在这种约束条件下，折算长度为 $0.7l$。其他约束条件下的长度系数和折算长度可依此类推。

表 11 - 1　　压 杆 长 度 系 数

支承情况	两端铰支	一端固定 一端铰支	两端固定	一端固定 一端自由
μ 值	1.0	0.7	0.5	2
挠曲线形状	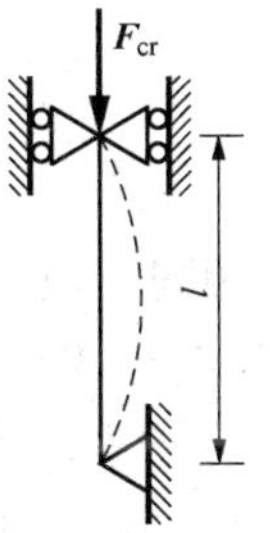 F_{cr}; l	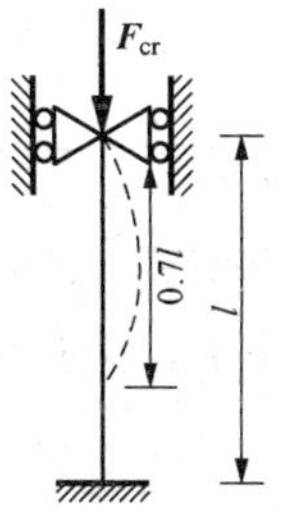 F_{cr}; $0.7l$; l	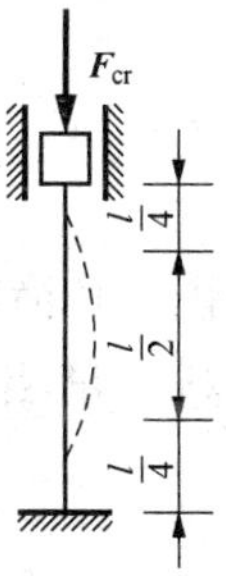 F_{cr}; $\frac{l}{4}$; $\frac{l}{2}$; $\frac{l}{4}$	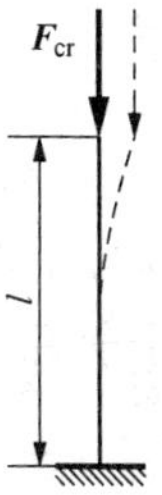 F_{cr}; l

应用式（11 - 1）时，注意以下两点：一是欧拉公式只适用于弹性范围，即只适用于弹性稳定问题；二是公式中的 I 为压杆失稳发生弯曲时，截面对其中性轴的惯性矩。对于各方向具有相同约束条件的情况，$I=I_{min}$；对于不同方向具有不同约束条件的情况，应根据惯性矩和约束条件，首先判断失稳时的弯曲方向，然后确定相应的中性轴和截面惯性矩。

此外，稳定问题与强度问题有以下几点不同：

（1）研究稳定问题时，是根据压杆变形后的状态建立平衡方程的，而研究强度问题时，是忽略小变形，以变形前尺寸建立平衡方程的。

（2）研究稳定问题主要通过理论分析与计算，确定构件所能承受的力 F_{cr}；而研究强度问题中，则是通过理论分析与计算确定构件内部的力（内力与应力），构件所能承受的力（如屈服极限和强度极限）是由实验确定的。

【例 11 - 1】 柴油机的挺杆是钢制空心圆管，内、外径分别为 10mm 和 12mm，杆长 $l=383\text{mm}$，钢材的弹性模量 $E=210\text{GPa}$，可简化为两端铰支的细长压杆，试计算该挺杆的临界压力 F_{cr}。

解 挺杆横截面的惯性矩为

$$I=\frac{\pi}{64}(D^4-d^4)=\frac{\pi}{64}\times[(12\times10^{-3})^4-(10\times10^{-3})^4]=5.27\times10^{-10}\mathrm{m}^4$$

由表 11-1 查得 $\mu=1$，因此可计算出该挺杆的临界压力为

$$F_{cr}=\frac{\pi^2EI}{(\mu l)^2}=\frac{\pi^2\times210\times10^9\times5.27\times10^{-10}}{(383\times10^{-3})^2}=7446\mathrm{N}$$

【例 11-2】 如图 11-2 所示，一端固定、另一端自由的细长压杆，其杆长 $l=2$m，截面形状为矩形，$b=20$mm、$h=45$mm，材料的弹性模量 $E=200$GPa，试计算该压杆的临界力。若把截面改为 $b=h=30$mm，而保持长度不变，则该压杆的临界力又为多大？

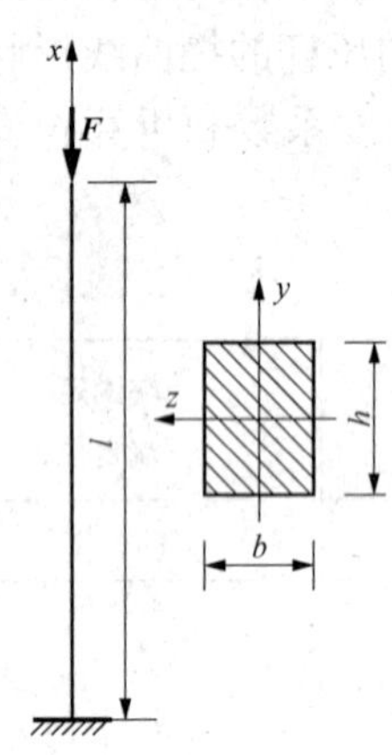

图 11-2 ［例 11-2］图

解 （1）计算截面的惯性矩。由前述可知，该压杆必在 I_y 平面内失稳，故惯性矩为

$$I_y=\frac{hb^3}{12}=\frac{45\times20^3}{12}=3.0\times10^4\mathrm{mm}^4$$

（2）计算临界力。查表 11-1 得 $\mu=2$，因此临界力为

$$F_{cr}=\frac{\pi^2EI}{(\mu l)^2}=\frac{\pi^2\times200\times10^9\times3\times10^{-8}}{(2\times2)^2}=3701\mathrm{N}=3.70\mathrm{kN}$$

（3）当截面改为 $b=h=30$mm 时，压杆的惯性矩为

$$I_y=I_z=\frac{bh^3}{12}=\frac{30^4}{12}=6.75\times10^4\mathrm{mm}^4$$

代入欧拉公式，可得

$$F_{cr}=\frac{\pi^2EI}{(\mu l)^2}=\frac{\pi^2\times200\times10^9\times6.75\times10^{-8}}{(2\times2)^2}=8330\mathrm{N}$$

从以上两种情况分析，其横截面面积相等，支承条件也相同，但是计算得到的临界力后者大于前者。可见在材料用量相同的条件下，选择恰当的截面形式可以提高细长压杆的临界力。

11.3 压杆的临界应力

前面导出了计算压杆临界力的欧拉公式，当压杆在临界力 F_{cr} 作用下处于直线状态的平衡时，其横截面上的压应力等于临界力 F_{cr} 除以横截面面积 A，称为临界应力，用 σ_{cr} 表示，即

$$\sigma_{cr}=\frac{F_{cr}}{A}$$

将式（11-1）代入上式，得

$$\sigma_{cr}=\frac{\pi^2EI}{(\mu l)^2A}$$

若将压杆的惯性矩 I 写成

$$I=i^2A \text{ 或 } i=\sqrt{\frac{I}{A}}$$

式中 i——压杆横截面的惯性半径。

于是临界应力可写为

$$\sigma_{cr}=\frac{\pi^2 Ei^2}{(\mu l)^2}=\frac{\pi^2 E}{\left(\frac{\mu l}{i}\right)^2}$$

令 $\lambda=\frac{\mu l}{i}$，则

$$\sigma_{cr}=\frac{\pi^2 E}{\lambda^2} \quad (11-2)$$

式（11-2）为计算压杆临界应力的欧拉公式，式中 λ 称为压杆的柔度（或称长细比）。柔度 λ 是一个无量纲的量，其大小与压杆的长度系数 μ、杆长 l 及惯性半径 i 有关。由于压杆的长度系数 μ 取决于压杆的支承情况，惯性半径 i 取决于截面的形状与尺寸，因此，从物理意义上看，柔度 λ 综合地反映了压杆的长度、截面的形状与尺寸，以及支承情况对临界力的影响。从式（11-2）还可以看出，如果压杆的柔度值越大，则其临界应力越小，压杆就越容易失稳。

欧拉公式是根据挠曲线近似微分方程导出的，而应用此微分方程时，材料必须服从胡克定理。因此，欧拉公式的适用范围应当是压杆的临界应力 σ_{cr} 不超过材料的比例极限 σ_P，即

$$\sigma_{cr}=\frac{\pi^2 E}{\lambda^2}\leqslant\sigma_P$$

$$\lambda\geqslant\pi\sqrt{\frac{E}{\sigma_P}}$$

若设 λ_P 为压杆的临界应力达到材料的比例极限时的柔度值，即

$$\lambda_P=\pi\sqrt{\frac{E}{\sigma_P}} \quad (11-3)$$

则欧拉公式的适用范围为

$$\lambda\geqslant\lambda_P \quad (11-4)$$

式（11-4）表明，当压杆的柔度不小于 λ_P 时，才可以应用欧拉公式计算临界力或临界应力。这类压杆称为大柔度杆或细长杆，欧拉公式只适用于较细长的大柔度杆。从式（11-3）可知，λ_P 的值取决于材料性质，不同的材料都有自己的 E 值和 σ_P 值，所以不同材料制成的压杆，其 λ_P 也不同。例如 Q235 钢，$\sigma_P=200$MPa，$E=200$GPa，由（11-3）即可求得 $\lambda_P=100$。

【例 11-3】 某施工现场脚手架搭设有两种形式，第一种搭设是有扫地杆形式，如图 11-3（a）所示，第二种搭设是无扫地杆形式，如图 11-3（b）所示。压杆采用外径为 48mm、内径为 41mm 的焊接钢管，材料的弹性模量 $E=200$GPa，排距为 1.8m。现比较两种情况下压杆的临界应力。

解 （1）第一种情况的临界应力。由于一端固定、一端铰支，因此 $\mu=0.7$，计算杆长 $l=1.8$m。

$$i=\sqrt{\frac{I}{A}}=\sqrt{\frac{\frac{\pi D^4}{64}(1-\alpha^4)}{\frac{\pi D^2}{4}(1-\alpha^2)}}$$

$$=\frac{D}{4}\sqrt{1+\alpha^2}=\frac{48}{4}\times\sqrt{1+\left(\frac{41}{48}\right)^2}=15.78\text{mm}$$

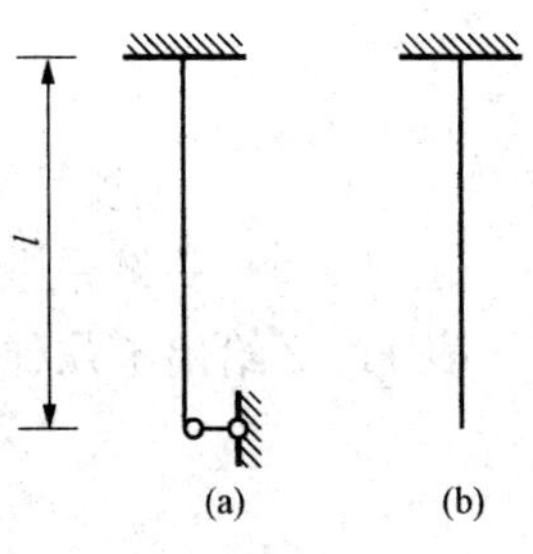

图 11-3 ［例 11-3］图

柔度为

$$\lambda=\frac{\mu l}{i}=\frac{0.7\times1800}{15.78}=79.85<\lambda_c=123$$

所以压杆为中粗杆，其临界应力为

$$\sigma_{cr1}=240-0.00682\lambda^2=196.5\text{MPa}$$

(2) 第二种情况的临界应力。由于一端固定、一端自由，因此 $\mu=2$，计算杆长 $l=1.8$m。

惯性半径

$$i=\sqrt{\frac{I}{A}}=15.78\text{mm}$$

柔度为

$$\lambda=\frac{\mu l}{i}=\frac{2\times1800}{15.78}=228.1>\lambda_c=123$$

所以是大柔度杆，可应用欧拉公式，其临界应力为

$$\sigma_{cr2}=\frac{\pi^2E}{\lambda^2}=\frac{3.14^2\times2\times10^5}{228.1^2}=37.94\text{MPa}$$

(3) 比较两种情况下压杆的临界应力。

$$\frac{\sigma_{cr1}-\sigma_{cr2}}{\sigma_{cr1}}\times100\%=\frac{196.5-37.94}{196.5}\times100\%=80.6\%$$

上述比较说明有、无扫地杆的脚手架搭设是完全不同的情况，在施工过程中要注意这一类问题。

11.4 压杆的稳定计算

工程中的压杆往往需要根据稳定性的条件校核其是否安全或者设计其安全工作时需要的尺寸或截面形状。这一类问题统称为稳定性设计。其要求是：横截面上的应力不能超过压杆的临界应力许用值 $[\sigma_{cr}]$，即失效准则为

$$\sigma=\frac{F}{A}\leqslant[\sigma_{cr}] \tag{11-5}$$

稳定安全系数为 n_{st}，其值一般要高于强度安全系数。这是因为一些难以避免的因素，如杆件的初弯曲、压力偏心、材料不均匀和支座缺陷等都严重地影响压杆的稳定，降低了临界压力。而同样的这些因素，对杆件强度的影响却不那么严重。

为了计算上的方便，将临界应力的允许值，写成如下形式：

$$[\sigma_{cr}]=\frac{\sigma_{cr}}{n_{st}}=\varphi[\sigma] \tag{11-6}$$

式中 $[\sigma]$ ——强度计算时的许用应力；

φ——折减系数，其值小于 1。

表 11-2 给出了几种材料的折减系数 φ 与柔度 λ 的值。供学习中使用。

表 11-2 折减系数 φ 与柔度 λ 表

λ	φ			λ	φ		
	Q235 钢	16 锰钢	木材		Q235 钢	16 锰钢	木材
0	1.000	1.000	1.000	110	0.536	0.384	0.248
10	0.995	0.993	0.971	120	0.466	0.325	0.208
20	0.981	0.973	0.932	130	0.401	0.279	0.178
30	0.958	0.940	0.883	140	0.349	0.242	0.153
40	0.927	0.895	0.822	150	0.306	0.213	0.133
50	0.888	0.840	0.751	160	0.272	0.188	0.117
60	0.842	0.776	0.668	170	0.243	0.168	0.104
70	0.789	0.705	0.575	180	0.218	0.151	0.093
80	0.731	0.627	0.470	190	0.197	0.136	0.083
90	0.669	0.546	0.370	200	0.180	0.124	0.075
100	0.604	0.462	0.300				

应用压杆的稳定条件，可以对以下三个方面的问题进行计算：

1. 稳定校核

稳定校核即已知压杆的几何尺寸、所用材料、支承条件及承受的压力，验算是否满足式(11-5)的稳定条件。将式(11-6)代入式(11-5)得

$$\sigma = \frac{F}{A} \leqslant \varphi[\sigma] \tag{11-7}$$

对于这类问题，一般应首先计算出压杆的长细比 λ，根据 λ 查出相应的折减系数 φ，再按照式(11-7)进行校核。

2. 计算稳定时的许用荷载

计算稳定时的许用荷载即已知压杆的几何尺寸、所用材料及支承条件，按稳定条件计算其能够承受的许用荷载 F 值。

对于这类问题，一般也要首先计算出压杆的长细比 λ，根据 λ 查出相应的折减系数 φ，再按照下式进行计算，即

$$F \leqslant A\varphi[\sigma] \tag{11-8}$$

3. 截面设计

截面设计即已知压杆的长度、所用材料、支承条件及承受的压力 F，按照稳定条件计算压杆所需的截面尺寸。

$$A = \frac{F}{\varphi[\sigma]} \tag{11-9}$$

这类问题，一般采用"试算法"。这是因为在稳定条件(11-9)中，折减系数 φ 是根据压杆的长细比 λ 查表得到的，而在压杆的截面尺寸尚未确定之前，压杆的长细比 λ 不能确定，所以也就不能确定折减系数 φ。因此，只能采用试算法，首先假定一折减系数 φ 值(0~1)，由稳定条件计算所需要的截面面积 A，然后计算出压杆的长细比 λ，根据压杆的长细比 λ 查表得到折减系数 φ，再按照式(11-9)验算是否满足稳定条件。如果不满足稳定条件，则应重新假定折减系数 φ 值，重复上述过程，直到满足稳定条件为止。

【例 11-4】 下端固定、上端铰支、长 $l=4\text{m}$ 压杆，由两根 10 号槽钢焊接而成，如图 11-4 所示。已知杆的材料是 Q235 钢，强度许用应力 $[\sigma]=170\text{MPa}$，试按照折减系数法求压杆的许可荷载。

解 查附录型钢表可得到 10 号槽钢的各个参数，并应用平行移轴公式得

$$I_z = 2\times 198.3\times 10^{-8} = 396.6\times 10^{-8}\text{m}^4$$

$$I_y = 2\times(25.6\times 10^{-8} + 12.74\times 10^{-4}\times 32.8^2\times 10^{-6})\times 198.3\times 10^{-8} = 325.3\times 10^{-8}\text{m}^4$$

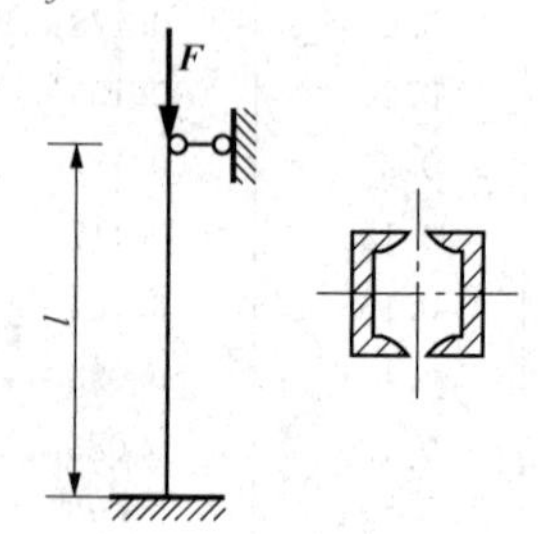

图 11-4 ［例 11-4］图

惯性半径为

$$i=\sqrt{\frac{I_y}{A}}=\sqrt{\frac{325.3}{2\times 12.748}}=3.573\text{cm}$$

柔度为

$$\lambda=\frac{\mu l}{i}=\frac{0.7\times 4}{0.03573}=78.4$$

查折减系数表，并用插值法得到 $\varphi=0.740$。

故压杆的许可荷载为

$$F=\varphi A[\sigma]=0.740\times 2\times 12.748\times 10^{-4}\times 170\times 10^{6}=321\text{kN}$$

11.5 提高压杆稳定性的措施

由以上各节的讨论可知，压杆的临界应力或临界压力的大小直接反映了压杆稳定性的高低。提高压杆稳定性的关键，在于提高压杆的临界压力或临界应力，而影响压杆临界应力或临界压力的因素有压杆的截面形状、长度和约束条件、材料的性质等。因而，我们从这几方面入手，讨论如何提高压杆的稳定性。

1. 合理选择材料

欧拉公式告诉我们，大柔度杆的临界应力与材料的弹性模量成正比。所以选择弹性模量较高的材料，就可以提高大柔度杆的临界应力，也就提高了其稳定性。但是，对于钢材而言，各种钢的弹性模量大致相同，所以选用高强度钢并不能明显提高大柔度杆的稳定性。而中粗杆的临界应力则与材料的强度有关，采用高强度钢材可以提高这类压杆抵抗失稳的能力。

2. 选择合理的截面形状

增大截面的惯性矩，可以增大截面的惯性半径，降低压杆的柔度，从而提高压杆的稳定性。在压杆的横截面面积相同的条件下，应尽可能使材料远离截面形心轴，以取得较大的轴惯性矩，从这个角度出发，空心截面要比实心截面合理，如图 11-5 所示。在工程实际中，若压杆的截面是用两根槽钢组成的，则应采用如图 11-6 所示的布置方式，可以取得较大的惯性矩或惯性半径。

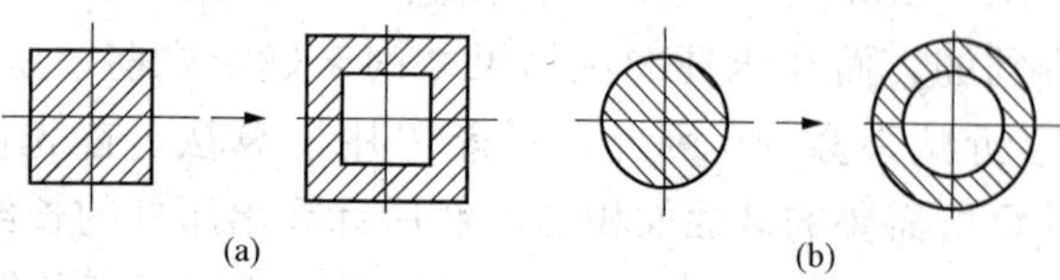

图 11-5 不同的截面形状

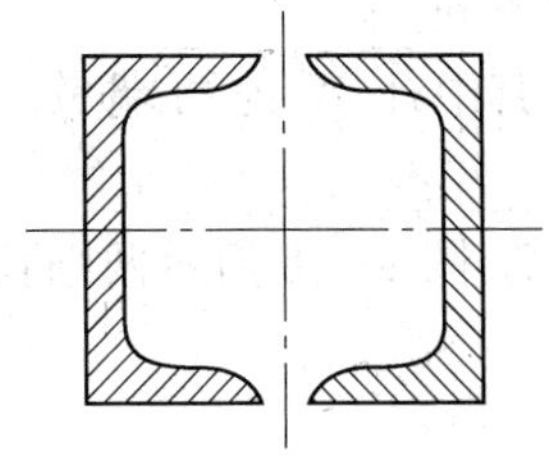

图 11-6 槽钢的组成方式

另外，由于压杆总是在柔度较大（临界力较小）的纵向平面内首先失稳，因此应注意尽可能使压杆在各个纵向平面内的柔度都相同，以充分发挥压杆的稳定承载力。

3. 改善约束条件、减小压杆长度

根据欧拉公式可知，压杆的临界力与其计算长度的平方成反比，而压杆的计算长度又与其约束条件有关。因此，改善约束条件，可以减小压杆的长度系数和计算长度，从而增大临界力。在相同条件下，从表 11-1 可知，自由支座最不利，铰支座次之，固定支座最有利。

减小压杆长度的另一种方法是在压杆的中间增加支承，把一根变为两根甚至几根。

本章小结

学习本章内容，首先要理解稳定的概念。理想压杆在扰动作用下，直线平衡构形转变为弯曲平衡构形，扰动去除后，不能恢复到直线平衡构形的过程称为失稳。失稳是一种平衡状态的突然改变，这是稳定问题区别强度和刚度问题的主要特征。

其次，须熟练掌握稳定问题的求解过程：

（1）计算可能失稳平面内的柔度系数，通常不同失稳平面内的柔度系数不同。

（2）按最大的柔度系数判断压杆的类型：细长杆、中长杆或短粗杆。

（3）计算临界应力及临界力。

（4）稳定性校核。

最后，要了解提高压杆承载能力的措施：

（1）合理选择材料。

（2）选择合理的截面形状。

（3）改善约束条件、减小压杆长度。

一、填空题

1. 决定压杆柔度的因素是________。

2. 若两根细长压杆的惯性半径 $i=\sqrt{\dfrac{I}{A}}$ 相等，当________相同时，它们的柔度相等。

3. 若两根细长压杆的柔度相等，当________相同时，它们的临界应力相等。

4. 两端铰支的圆截面压杆，若 $\lambda_P=100$，则压杆的长度与横截面直径之比 $\dfrac{L}{d}$ 在________时，才能应用欧拉公式。

5. 大柔度压杆和中柔度压杆一般是因________而失效，小柔度压杆是因________而失效。

6. 图 11-7 所示两根大柔度杆 A、B，其材料、杆长和横截面形状、大小都相同，杆端约束不同。

其中杆 A 为两端铰支，杆 B 为一端固定、一端自由。那么两杆临界力之比应为：________。

7. 图 11-8 所示两细长压杆 A、B 的材料和横截面均相同，其中________杆的临界力较大。

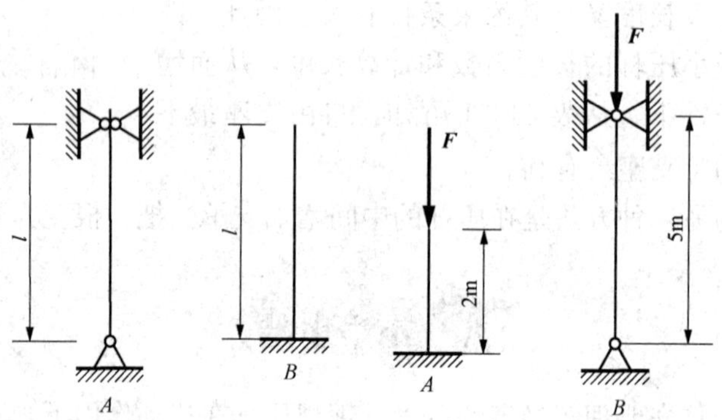

图 11-7 填空题 6 图　　图 11-8 填空题 7 图

二、计算题

1. 有一长 $l=300\text{mm}$，截面宽 $b=6\text{mm}$、高 $h=10\text{mm}$ 的压杆，两端铰接，压杆材料为 Q235 钢，$E=200\text{GPa}$，试计算压杆的临界应力和临界力。

2. 一根两端铰支的钢杆，所受最大压力 $P=47.8\text{kN}$。其直径 $d=45\text{mm}$，长度 $l=703\text{mm}$。钢材的 $E=210\text{GPa}$，$\sigma_P=280\text{MPa}$，$\lambda_2=43.2$。计算临界压力的公式有：①欧拉公式；②直线公式 $\sigma_{cr}=461-2.568\lambda$（MPa）。试：

（1）判断此压杆的类型。

（2）求此杆的临界压力。

3. 托架如图 11-9 所示，在横杆端点 D 处受到 $P=30\text{kN}$ 的力作用。已知斜撑杆 AB 两端受柱形约束（柱形铰销钉垂直于托架平面），为空心圆截面，外径 $D=50\text{mm}$、内径 $d=36\text{mm}$，材料为 A3 钢，$E=210\text{GPa}$、$\sigma_P=200\text{MPa}$、$\sigma_s=235\text{MPa}$、$\sigma_b=304\text{MPa}$。若安全稳定系数 $n_w=2$，试校杆 AB 的稳定性。

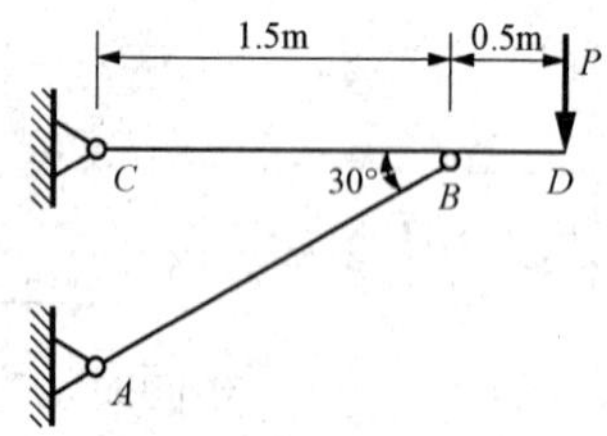

图 11-9 计算题 3 图

附录　型钢规格及截面特性表

表 1　　**热扎普通槽钢规格及截面特性表**

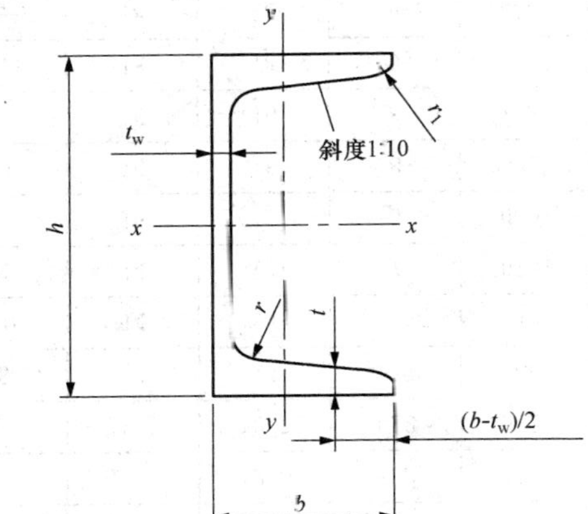

I——截面惯性矩；W——截面抵弯矩

型号规格	尺寸（mm）						截面面积（mm^2）	表面面积（m^2/m）	单位质量（kg/m）	x—x			y—y		
	h	b	t_w	t	r	r_1				I_x（cm^4）	W_x（cm^3）	i_x（cm）	I_y（cm^4）	W_y（cm^3）	i_y（cm）
C10	100	48	5.3	8.5	8.5	4.2	1275	0.3746	10	198	39.7	3.95	25.6	7.8	1.41
C14A	140	58	6	9.5	9.5	4.8	1852	0.4921	14.53	564	80.5	5.52	53.2	13	1.7
C14C	140	60	8	9.5	9.5	4.8	2132	0.4961	16.73	609	87.1	5.35	61.1	14.1	1.69
C16	160	65	8.5	10	10	5	2516	0.5545	19.75	935	117	6.1	83.4	17.6	1.82
C16A	160	63	6.5	10	10	5	2196	0.5505	17.24	866	108	6.28	73.3	16.3	1.83
C18	180	70	9	10.5	10.5	5.2	2930	0.6128	23	1370	152	6.84	111	21.5	1.95
C18A	180	68	7	10.5	10.5	5.2	2570	0.6088	20.17	1270	141	7.04	98.6	20	1.96

续表

型号规格	尺寸（mm）						截面面积（mm^2）	表面面积（m^2/m）	单位质量（kg/m）	x—x			y—y		
	h	b	t_w	t	r	r_1				I_x（cm^4）	W_x（cm^3）	i_x（cm）	I_y（cm^4）	W_y（cm^3）	i_y（cm）
C20	200	75	9	11	11	5.5	3284	0.6722	25.77	1910	191	7.64	144	25.9	2.09
C20A	200	73	7	11	11	5.5	2884	0.6682	22.63	1780	178	7.86	128	24.2	2.11
C22	220	79	9	11.5	11.5	5.8	3625	0.7277	28.45	2570	234	8.42	176	30.1	2.21
C22A	220	77	7	11.5	11.5	5.8	3185	0.7237	24.99	2390	218	8.67	158	28.2	2.23
C25A	250	78	7	12	12	6	3492	0.7874	27.41	3370	270	9.82	176	30.6	2.24
C25B	250	80	9	12	12	6	3992	0.7914	31.33	3530	282	9.41	196	32.7	2.22
C25C	250	82	11	12	12	6	4492	0.7954	25.26	3690	295	9.07	218	35.9	2.21
C28A	280	82	7.5	12.5	12.5	6.2	4003	0.8619	31.42	4760	340	10.9	218	35.7	2.33
C28B	280	84	9.5	12.5	12.5	6.2	4562	0.8659	35.82	5130	366	10.6	242	37.9	2.3
C28C	280	86	11.5	12.5	12.5	6.2	5123	0.8699	40.21	5500	393	10.4	268	40.3	2.29
C32A	320	88	8	14	14	7	4861	0.9640	38.08	7600	475	12.5	305	46.5	2.5
C32B	320	90	10	14	14	7	5491	0.9680	43.1	8140	509	12.2	336	49.2	2.47
C32C	320	92	12	14	14	7	6131	0.9720	48.13	8690	543	11.9	374	52.6	2.47
C36A	360	96	9	16	16	8	6091	1.0727	47.81	11900	660	14	455	63.5	2.73
C36B	360	98	11	16	16	8	6811	1.0767	53.46	12700	703	13.6	497	66.9	2.7
C36C	360	100	13	16	16	8	7531	1.0807	59.11	13400	746	13.4	536	70	2.67
C40A	400	100	10.5	18	18	9	7507	1.1649	58.92	17600	879	15.3	592	78.8	2.81
C40B	400	102	12.5	18	18	9	8307	1.1689	65.29	18600	932	15	640	82.5	2.78
C40C	400	104	14.5	18	18	9	9107	1.1729	71.48	19700	986	14.7	688	86.2	2.75
C5	50	37	4.5	7	7	3.5	692.8	0.2337	5.43	26	10.4	1.94	8.3	3.55	1.1
C6.3	63	40	4.8	7.5	7.5	3.8	845.1	0.2708	6.63	50.8	16.1	2.45	11.9	4.5	1.19
C8	80	43	5	8	8	4	1025	0.3159	8.04	101	25.3	3.15	16.6	5.79	1.27

表 2　　**热扎普通工字钢规格及截面特性表**

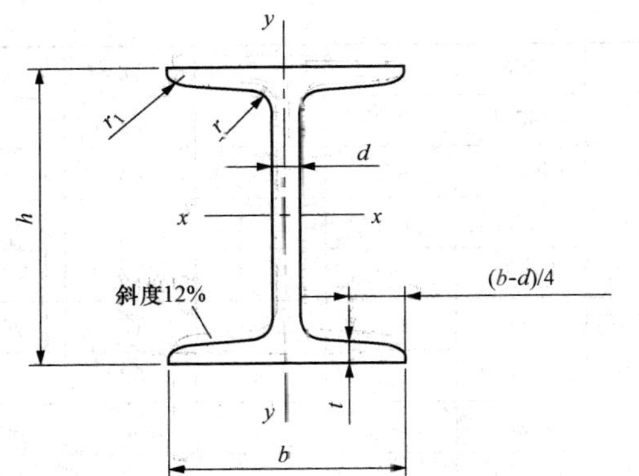

I——截面惯性矩；W——截面抵弯矩

型号规格	尺寸（mm）						截面面积 (mm^2)	表面面积 (m^2/m)	单位质量 (kg/m)	$x—x$			$y—y$		
	h	b	d	t	r	r_1				I_x (cm^4)	W_x (cm^3)	i_x (cm)	I_y (cm^4)	W_y (cm^3)	i_y (cm)
I10	100	68	4.5	7.6	6.5	3.3	1434.5	0.4518	11.26	245	49	4.14	33	9.72	1.52
I14	140	80	5.5	9.1	7.5	3.8	2151.6	0.5759	16.89	712	102	5.76	64.4	16.1	1.73
I16	160	88	6	9.9	8	4	2613.1	0.6456	20.51	1130	141	6.58	93.1	21.2	1.89
I18	180	94	6.5	10.7	8.5	4.3	3075.6	0.7077	24.14	1660	185	7.36	122	26	2
I20A	200	100	7	11.4	9	4.5	3557.8	0.7697	27.92	2370	237	8.15	158	31.5	2.12
I20B	200	102	9	11.4	9	4.5	3957.8	0.7737	31.06	2500	250	7.96	169	33.1	2.06
I22A	220	110	7.5	12.3	9.5	4.8	4212.8	0.8473	33.07	3400	309	8.99	225	40.9	2.31
I22B	220	112	9.5	12.3	9.5	4.8	4652.8	0.8513	36.52	3570	325	8.78	239	42.7	2.27
I25A	250	116	8	13	10	5	4854.1	0.9293	38.1	5020	402	10.2	280	48.3	2.4
I25B	250	118	10	13	10	5	5354.1	0.9333	42.03	5280	423	9.94	309	52.4	2.4
I28A	280	122	8.5	13.7	10.5	5.3	5540.4	1.0115	43.49	7110	508	11.3	345	56.6	2.5
I28B	280	124	10.5	13.7	10.5	5.3	6100.4	1.0155	47.88	7480	534	11.1	379	61.2	2.49

续表

型号规格	尺寸（mm）						截面面积（mm^2）	表面面积（m^2/m）	单位质量（kg/m）	$x-x$			$y-y$		
	h	b	d	t	r	r_1				I_x（cm^4）	W_x（cm^3）	i_x（cm）	I_y（cm^4）	W_y（cm^3）	i_y（cm）
I32A	320	130	9.5	15	11.5	5.8	6715.6	1.1200	52.71	11100	692	12.8	460	70.8	2.62
I32B	320	132	11.5	15	11.5	5.8	7355.6	1.1240	57.74	11690	726	12.6	502	76	2.61
I32C	320	134	13.5	15	11.5	5.8	7995.6	1.1280	62.76	12200	760	12.3	544	81.2	2.61
I36A	360	136	10	15.8	12	6	7648	1.2220	60.03	15890	875	14.4	552	81.2	2.69
I36B	360	138	12	15.8	12	6	8368	1.2260	65.68	16500	919	14.1	582	84.3	2.64
I36C	360	140	14	15.8	12	6	9088	1.2300	71.34	17300	962	13.8	612	87.4	2.6
I40A	400	142	10.5	16.5	12.5	6.3	8611.2	1.3241	67.59	21700	1090	15.9	660	93.2	2.77
I40B	400	144	12.5	16.5	12.5	6.3	9411.2	1.3281	73.87	22800	1140	15.6	692	96.2	2.71
I40C	400	146	14.5	16.5	12.5	6.3	10211.2	1.3321	80.15	23900	1190	15.2	727	99.6	2.65
I45A	450	150	11.5	18	13.5	6.8	10244.6	1.4527	80.42	32200	1430	17.7	855	114	2.89
I45B	450	152	13.5	18	13.5	6.8	11144.6	1.4567	87.48	33800	1500	17.4	894	118	2.84
I45C	450	154	15.5	18.9	13.5	6.8	12044.6	1.4607	94.55	35300	1570	17.1	938	122	2.79
I50A	500	158	12	20	14	7	11930.4	1.5824	93.65	46500	1860	19.7	1120	142	3.07
I50B	500	160	14	20	14	7	12930.4	1.5864	101.5	48600	1940	19.4	1170	146	3.01
I50C	500	162	16	20	14	7	13930.4	1.5904	109.35	50600	2080	19	1220	151	2.96
I56A	560	166	12.5	21	14.5	7.3	13543.5	1.7323	196.31	65600	2340	22	1370	165	3.18
I56B	560	168	14.5	21	14.5	7.3	14663.5	1.7363	115.1	68500	2450	21.6	1490	174	3.16
I56C	560	170	16.5	21	14.5	7.3	15783.5	1.7403	123.9	71400	2550	21.3	1560	183	3.16
I63A	630	176	13	22	15	7.5	15465.8	1.9098	121.4	93900	2980	24.5	1700	193	3.31
I63B	630	178	15	22	15	7.5	16725.8	1.9138	131.29	98100	3160	24.2	1810	204	3.29
I63C	630	180	17	22	15	7.5	17985.8	1.9178	141.18	102000	3300	23.8	1920	214	3.27

表 3

热扎角钢规格及截面特性表

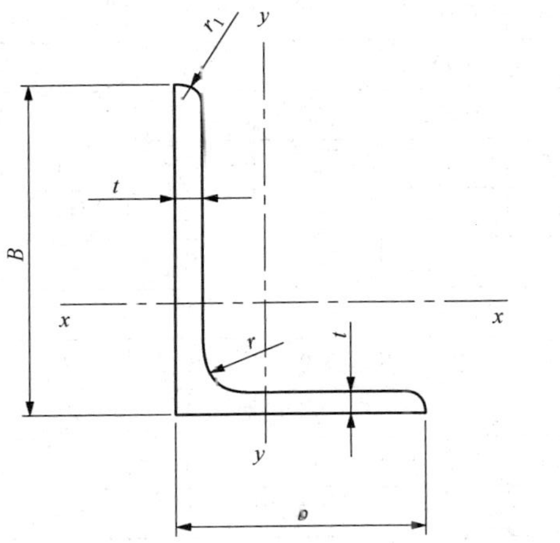

I——截面惯性矩；W——截面抵弯矩

型号规格	尺寸（mm）					截面面积（mm²）	表面面积（m²/m）	单位质量（kg/m）	x—x			y—y		
	B	b	t	r	r_1				I_x（cm⁴）	W_x（cm³）	i_x（cm）	I_y（cm⁴）	W_y（cm³）	i_y（cm）
L100×10	100	100	10	10	5	1926.1	0.376	15.12	179.51	25.06	3.05	179.51	25.06	3.05
L100×12	100	100	12	12	6	2280	0.371	17.90	208.9	29.48	3.03	208.9	29.48	3.03
L100×14	100	100	14	14	7	2625.6	0.366	20.61	236.53	33.73	3	236.53	33.73	3
L100×6	100	100	6	6	3	1193.2	0.385	9.37	114.95	15.68	3.1	114.95	15.68	3.1
L100×63×10	100	63	10	10	5	1546.7	0.302	12.14	153.81	23.32	3.15	47.12	9.98	1.74
L100×63×6	100	63	6	6	3	961.7	0.311	7.55	99.06	14.64	3.21	30.94	6.35	1.79
L100×63×7	100	63	7	7	3.5	1111.1	0.309	8.72	113.45	16.88	3.2	35.36	7.29	1.78
L100×63×8	100	63	8	8	4	1258.4	0.307	9.88	127.37	19.08	3.18	39.39	8.21	1.77
L100×7	100	100	7	7	3.5	1379.6	0.383	10.83	131.86	18.1	3.09	131.86	18.1	3.09
L100×8	100	100	8	8	4	1563.8	0.381	12.28	148.24	20.47	3.08	148.24	20.47	3.08
L100×80×10	100	80	10	10	5	1716.7	0.336	13.48	166.87	24.24	3.12	94.65	16.12	2.35

续表

型号规格	尺寸（mm）					截面面积（mm^2）	表面面积（m^2/m）	单位质量（kg/m）	$x-x$			$y-y$		
	B	b	t	r	r_1				I_x（cm^4）	W_x（cm^3）	i_x（cm）	I_y（cm^4）	W_y（cm^3）	i_y（cm）
L100×80×8	100	80	8	8	4	1394.4	0.341	10.95	137.92	19.81	3.14	78.58	13.21	2.37
L110×10	110	110	10	10	5	2126.1	0.416	16.69	242.19	30.6	3.38	242.19	30.6	3.38
L110×12	110	110	12	12	6	2520	0.411	19.78	282.55	36.05	3.35	282.55	36.05	3.35
L110×14	110	110	14	14	7	2905.6	0.406	22.81	320.71	41.31	3.32	320.71	41.31	3.32
L110×7	110	110	7	7	3.5	1519.6	0.423	11.93	177.16	22.05	3.41	177.16	22.05	3.41
L110×70×10	110	70	10	10	5	1716.7	0.336	13.48	208.39	28.54	3.48	65.88	12.48	1.96
L110×70×8	110	70	8	8	4	1394.4	0.341	10.95	172.04	23.3	3.51	54.87	10.25	1.98
L110×8	110	110	8	8	4	1723.8	0.421	13.53	199.46	24.95	3.4	199.46	24.95	3.4
L125×10	125	125	10	10	5	2437.3	0.476	19.13	361.67	39.97	3.85	361.67	39.97	3.85
L125×12	125	125	12	12	6	2891.2	0.471	22.70	423.16	41.17	3.83	423.16	41.17	3.83
L125×14	125	125	14	14	7	3336.7	0.466	26.19	481.65	54.16	3.8	481.65	54.16	3.8
L125×8	125	125	8	8	4	1975	0.481	15.50	297.03	32.52	3.88	297.03	32.52	3.88
L125×80×10	125	80	10	10	5	1971.2	0.386	15.47	312.04	37.33	3.98	100.67	16.56	2.26
L125×80×12	125	80	12	12	6	2335.1	0.381	18.33	364.41	44.01	3.95	116.67	19.43	2.24
L125×80×7	125	80	7	7	3.5	1409.6	0.393	11.07	227.98	26.86	4.02	74.42	12.01	2.3
L125×80×8	125	80	8	8	4	1598.9	0.391	12.55	256.77	30.41	4.01	83.49	13.56	2.28
L140×10	140	140	10	10	5	2737.3	0.536	21.49	514.65	50.58	4.34	514.65	50.58	4.34
L140×12	140	140	12	12	6	3251.2	0.531	25.52	603.68	59.8	4.31	603.68	59.8	4.31
L140×14	140	140	14	14	7	3756.7	0.526	29.49	688.81	68.75	4.28	688.81	68.75	4.28
L140×90×10	140	90	10	10	5	2226.1	0.436	17.47	445.5	47.31	4.47	140.03	21.22	2.56
L140×90×12	140	90	12	12	6	2640	0.431	20.72	521.59	55.87	4.44	169.79	24.95	2.54
L140×90×8	140	90	8	8	4	1803.8	0.441	14.16	365.64	38.48	4.5	120.69	17.34	2.59

续表

型号规格	尺寸（mm）					截面面积（mm^2）	表面面积（m^2/m）	单位质量（kg/m）	$x-x$			$y-y$		
	B	b	t	r	r_1				I_x（cm^4）	W_x（cm^3）	i_x（cm）	I_y（cm^4）	W_y（cm^3）	i_y（cm）
L160×10	160	160	10	10	5	3150.2	0.616	24.73	779.53	66.7	4.98	779.53	66.7	4.98
L160×100×10	160	100	10	10	5	2531.5	0.496	19.87	668.69	62.13	5.14	205.03	26.56	2.85
L160×100×12	160	100	12	12	6	3005.4	0.491	23.59	784.91	73.49	5.11	239.06	31.28	2.82
L160×100×14	160	100	14	14	7	3470.9	0.486	27.25	896.3	84.56	5.08	271.2	35.83	2.8
L160×12	160	160	12	12	6	3744.1	0.611	29.39	916.58	78.98	4.95	916.58	78.98	4.95
L160×14	160	160	14	14	7	4329.6	0.606	33.99	1048.36	90.95	4.92	1048.36	90.95	4.92
L160×16	160	160	16	16	8	4906.7	0.601	38.52	1175.08	102.63	4.89	1175.08	102.63	4.89
L180×110×10	180	110	10	10	5	2837.3	0.556	22.27	956.25	78.96	5.8	278.11	32.49	3.13
L180×110×12	180	110	12	12	6	3371.2	0.551	26.46	1124.72	93.53	5.78	325.03	38.32	3.1
L180×110×14	180	110	14	14	7	3896.7	0.546	30.59	1286.91	107.76	5.75	369.55	43.97	3.08
L180×12	180	180	12	12	6	4224.1	0.691	33.16	1321.35	100.82	5.59	1321.35	100.82	5.59
L180×14	180	180	14	14	7	4889.6	0.686	38.38	1514.48	116.25	5.56	1514.48	116.25	5.56
L180×16	180	180	16	16	8	5546.7	0.681	43.54	1700.99	131.13	5.54	1700.99	131.13	5.54
L180×18	180	180	18	18	9	6195.5	0.676	48.63	1875.12	145.64	5.5	1875.12	145.64	5.5
L200×125×12	200	125	12	12	6	3791.2	0.621	29.76	1570.9	116.73	9.44	483.16	49.99	3.57
L200×125×14	200	125	14	14	7	4386.7	0.616	34.44	1800.97	134.65	6.41	550.83	57.44	3.54
L200×125×16	200	125	16	16	8	4973.9	0.611	39.05	2023.35	152.18	6.38	615.44	64.69	3.52
L200×125×18	200	125	18	18	9	5552.6	0.606	43.59	2238.3	169.33	6.35	677.19	71.74	3.49
L200×14	200	200	14	14	7	5464.2	0.766	42.89	2103.55	144.7	6.2	2103.55	144.7	6.2
L200×16	200	200	16	16	8	6201.3	0.761	48.68	2366.15	163.65	6.18	2366.15	163.65	6.18
L200×18	200	200	18	18	9	6930.1	0.756	54.40	2620.64	182.22	6.15	2620.64	182.22	6.15
L200×20	200	200	20	20	10	7650.5	0.751	60.06	2867.3	200.42	6.12	2867.3	200.42	6.12

续表

型号规格	尺寸（mm）					截面面积（mm^2）	表面面积（m^2/m）	单位质量（kg/m）	$x-x$			$y-y$		
	B	b	t	r	r_1				I_x（cm^4）	W_x（cm^3）	i_x（cm）	I_y（cm^4）	W_y（cm^3）	i_y（cm）
L200×24	200	200	24	24	12	9066.1	0.742	71.17	3338.25	236.17	6.07	3338.25	236.17	6.07
L25×16×3	25	16	3	3	1.5	116.2	0.075	0.91	0.7	0.43	0.78	0.22	0.19	0.44
L25×16×4	25	16	4	4	2	149.9	0.072	1.18	0.88	0.55	0.77	0.27	0.24	0.43
L25×3	25	25	3	3	1.5	143.2	0.093	1.12	0.82	0.46	0.76	0.82	0.46	0.76
L25×4	25	25	4	4	2	185.9	0.090	1.46	1.03	0.59	0.74	1.03	0.59	0.74
L30×3	30	30	3	3	1.5	174.9	0.113	1.37	1.46	0.68	0.91	1.46	0.68	0.91
L30×4	30	30	4	4	2	227.6	0.110	1.79	1.84	0.87	0.9	1.84	0.87	0.9
L40×3	40	40	3	3	1.5	235.9	0.153	1.85	3.59	1.23	1.23	3.59	1.23	1.23
L40×4	40	40	4	4	2	308.6	0.150	2.42	4.6	1.6	1.22	4.6	1.6	1.22
L40×5	40	40	5	5	2.5	379.1	0.148	2.98	5.53	1.96	1.21	5.53	1.96	1.21
L45×28×3	45	28	3	3	1.5	214.9	0.139	1.69	4.45	1.47	1.44	1.34	0.62	0.79
L45×28×4	45	28	4	4	2	280.6	0.136	2.20	5.69	1.91	1.42	1.7	0.8	0.78
L45×4	45	45	4	4	2	348.6	0.170	2.74	6.65	2.05	1.38	6.65	2.05	1.38
L45×5	45	45	5	5	2.5	429.2	0.168	3.37	8.04	2.51	1.37	8.04	2.51	1.37
L50×32×4	50	32	4	4	2	317.7	0.154	2.49	8.02	2.39	1.59	2.58	1.06	0.9
L50×4	50	50	4	4	2	389.7	0.190	3.06	9.26	2.56	1.54	9.26	2.56	1.54
L50×5	50	50	5	5	2.5	480.3	0.188	3.77	11.21	3.13	1.53	11.21	3.13	1.53
L50×6	50	50	6	6	3	568.8	0.185	4.47	13.05	3.68	1.52	13.05	3.68	1.52
L56×3	56	56	3	3	1.5	334.3	0.217	2.62	10.19	2.48	1.75	10.19	2.48	1.75
L56×36×4	56	36	4	4	2	359	0.174	2.82	11.45	3.03	1.79	3.76	1.37	1.02
L56×36×5	56	36	5	5	2.5	441.5	0.172	3.47	13.86	3.71	1.77	4.49	1.65	1.01
L56×4	56	56	4	4	2	439	0.214	3.45	13.18	3.24	1.73	13.18	3.24	1.73

续表

型号规格	尺寸（mm）					截面面积（mm^2）	表面面积（m^2/m）	单位质量（kg/m）	$x-x$			$y-y$		
	B	b	t	r	r_1				I_x（cm^4）	W_x（cm^3）	i_x（cm）	I_y（cm^4）	W_y（cm^3）	i_y（cm）
L56×5	56	56	5	5	2.5	541.5	0.212	4.25	16.02	3.97	1.72	16.02	3.97	1.72
L63×4	63	63	4	4	2	497.8	0.242	3.91	19.03	4.13	1.96	19.03	4.13	1.96
L63×40×5	63	40	5	5	2.5	499.3	0.194	3.92	20.02	4.74	2	6.31	2.71	1.12
L63×40×6	63	40	6	6	3	590.8	0.191	4.64	23.36	5.59	1.96	7.29	2.43	1.11
L63×5	63	63	5	5	2.5	614.3	0.240	4.82	23.17	5.08	1.94	23.17	5.08	1.94
L63×6	63	63	6	6	3	728.8	0.237	5.72	27.12	6	1.93	27.12	6	1.93
L63×8	63	63	8	8	4	951.5	0.233	7.47	34.46	7.75	1.9	34.46	7.75	1.9
L70×45×4	70	45	4	4	2	454.7	0.220	3.57	23.17	4.86	2.26	7.55	2.17	1.29
L70×45×5	70	45	5	5	2.5	560.9	0.218	4.40	27.95	5.92	2.23	9.13	2.65	1.28
L70×45×6	70	45	6	6	3	664.7	0.215	5.22	32.54	6.95	2.21	10.62	3.12	1.26
L70×45×7	70	45	7	7	3.5	765.7	0.213	6.01	37.22	8.03	2.2	12.01	3.57	1.25
L70×5	70	70	5	5	2.5	687.5	0.268	5.40	32.21	6.32	2.16	32.21	6.32	2.16
L70×6	70	70	6	6	3	816	0.265	6.41	37.77	7.48	2.15	37.77	7.48	2.15
L70×7	70	70	7	7	3.5	942.4	0.263	7.40	43.09	8.59	2.14	43.09	8.59	2.14
L75×10	75	75	10	10	5	1412.6	0.276	11.09	71.98	13.64	2.26	71.98	13.64	2.26
L75×5	75	75	5	5	2.5	741.2	0.288	5.82	39.97	7.32	2.33	39.97	7.32	2.33
L75×50×5	75	50	5	5	2.5	612.5	0.238	4.81	34.86	6.83	2.39	12.61	3.3	1.44
L75×50×6	75	50	6	6	3	726	0.235	5.70	41.12	8.12	2.38	14.7	3.88	1.42
L75×50×8	75	50	8	8	4	946.7	0.231	7.43	52.39	10.52	2.35	18.53	4.99	1.4
L75×6	75	75	6	6	3	879.7	0.285	6.91	46.95	8.64	2.31	46.95	8.64	2.31
L75×7	75	75	7	7	3.5	1016	0.283	7.98	53.57	9.93	2.3	53.57	9.93	2.3
L75×8	75	75	8	8	4	1150.3	0.281	9.03	59.96	11.2	2.28	59.96	11.2	2.28

续表

型号规格	尺寸（mm）					截面面积（mm^2）	表面面积（m^2/m）	单位质量（kg/m）	x—x			y—y		
	B	b	t	r	r_1				I_x（cm^4）	W_x（cm^3）	i_x（cm）	I_y（cm^4）	W_y（cm^3）	i_y（cm）
L80×10	80	80	10	10	5	1512.6	0.296	11.87	88.43	15.64	2.42	88.43	15.64	2.42
L80×6	80	80	6	6	3	939.7	0.305	7.38	57.35	9.87	2.47	57.35	9:87	2.47
L80×7	80	80	7	7	3.5	1086	0.303	8.53	65.58	11.37	2.46	65.58	11.37	2.46
L80×8	80	80	8	8	4	1230.3	0.301	9.66	73.49	12.83	2.44	73.49	12.83	2.44
L90×10	90	90	10	10	5	1716.7	0.336	13.48	128.58	20.07	2.74	128.58	20.07	2.74
L90×56×6	90	56	6	6	3	855.7	0.277	6.72	71.03	11.74	2.88	21.42	4.96	1.58
L90×56×8	90	56	8	8	4	1118.3	0.273	8.78	91.03	15.27	2.85	27.15	6.41	1.56
L90×6	90	90	6	6	3	1063.7	0.345	8.35	82.77	12.61	2.79	82.77	12.61	2.79
L90×7	90	90	7	7	3.5	1230.1	0.343	9.66	94.83	14.54	2.78	94.83	14.54	2.78
L90×8	90	90	8	8	4	1394.4	0.341	10.95	106.47	16.42	2.76	106.47	16.42	2.76

部分习题答案

第 1 章

（略）

第 2 章

（略）

第 3 章

1. 主矢 $F_R=1000\text{kN}$，主矩 $M_A=20\text{kN}\cdot\text{m}$
2. $F_A=5\text{kN}$，$F_C=7.07\text{kN}$
3. $F_{BC}=20\text{kN}$，$F_{AB}=34.64\text{kN}$
4. （a）$F_{Ay}=1.83\text{kN}$，$F_B=1.67\text{kN}$
   （b）$F_{Ay}=-F_B=2\text{kN}$
   （c）$F_{Ax}=7.07\text{kN}$，$F_{Ay}=12.07\text{kN}$，$M_A=38.28\text{kN}\cdot\text{m}$
   （d）$F_{Ay}=42\text{kN}$，$F_B=2\text{kN}$
   （e）$F_{Ax}=3\text{kN}$，$F_{Ay}=1.25\text{kN}$，$F_B=0.75\text{kN}$
   （f）$F_{Ay}=15\text{kN}$，$F_B=15\text{kN}$
5. （a）$F_{Ax}=-F$，$F_{Ay}=3qa-5F/6$，$F_B=3qa+5F/6$
   （b）$F_{Ax}=qa/2$，$F_{Ay}=qa$，$F_B=qa/2$
6. （a）$F_{Ay}=100\text{kN}$
   （b）$F_{Ax}=ql$
7. （a）$F_{Cy}=100\text{kN}$
   （b）$F_{Ax}=45\text{kN}$

第 4 章

1. （a）$x_C=0$，$y_C=-4.0\text{mm}$
   （b）$x_C=3.18\text{mm}$，$y_C=0$
2. （a）$S_x=24\times10^3\text{mm}^3$
   （b）$S_x=42.25\times10^3\text{mm}^3$
3. （a）$I_x=5.788\times10^{10}\text{mm}^4$
   （b）$I_x=9.05\times10^7\text{mm}^4$
4. $I_x=\dfrac{bh^3}{4}$
5. $I_x=3.3\text{m}^4$
6. $I_x=I_y=190.3a^4$

第 5 章

1. 无多余约束的几何不变体系
2. 几何可变体系
3. 有两个多余约束的几何不变体系

4. 有两个多余约束的几何不变体系
5. 瞬变体系
6. 无多余约束的几何不变体系
7. 无多余约束的几何不变体系
8. 无多余约束的几何不变体系
9. 瞬变体系
10. 无多余约束的几何不变体系
11. 图（a）无多余约束的几何不变体系
    图（b）无多余约束的几何不变体系
    图（c）瞬变体系
12. 无多余约束的几何不变体系
13. 瞬变体系

第6章

1. 图（a）$F_{N1}=F$，$F_{N2}=0$，$F_{N3}=F$
   图（b）$F_{N1}=40\text{kN}$，$F_{N2}=10\text{kN}$，$F_{N3}=-10\text{kN}$
   图（c）$F_{N1}=-2F$，$F_{N2}=0$，$F_{N3}=2F$
   图（d）$F_{N1}=-10\text{kN}$，$F_{N2}=-30\text{kN}$，$F_{N3}=10\text{kN}$
2. 图（a）$F_{NCG}=-41.7\text{kN}$，$F_{NGE}=-8.3\text{kN}$，$F_{NCD}=25\text{kN}$，$F_{NDE}=-15\text{kN}$，$F_{NBE}=-6.7\text{kN}$，$F_{NCA}=-33.3\text{kN}$，$F_{NDA}=-33.3\text{kN}$，$F_{NDB}=+33.3\text{kN}$，$F_{NAB}=-20\text{kN}$
   图（b）$F_{N12}=-2F$，$F_{N24}=-4F$，$F_{N14}=2\sqrt{2}F$，$F_{N13}=2F$
   图（c）$F_{NEF}=26.67\text{kN}$
   图（d）$F_{NCH}=F_{NDH}=0$
3. 图（a）$F_{N1}=-3.75F$，$F_{N2}=3.33F$，$F_{N3}=0.5F$，$F_{N4}=0.65F$
   图（b）$F_{Na}=-60\text{kN}$，$F_{Nb}=37.27\text{kN}$，$F_{Nc}=37.71\text{kN}$，$F_{Nd}=-66.66\text{kN}$
   图（c）$F_{N1}=3.75\text{kN}$，$F_{N2}=12.5\text{kN}$，$F_{N3}=-11.25\text{kN}$
   图（d）$F_{N1}=150\text{kN}$，$F_{N2}=-32.32\text{kN}$，$F_{N3}=-124.20\text{kN}$
4. 图（a）$T_1=3\text{kN}\cdot\text{m}$，$T_2=-3\text{kN}\cdot\text{m}$，$T_3=-1\text{kN}\cdot\text{m}$
   图（b）$T_1=6\text{kN}\cdot\text{m}$，$T_2=1\text{kN}\cdot\text{m}$，$T_3=3\text{kN}\cdot\text{m}$
5. BA 段：$T_1=1.59\text{kN}\cdot\text{m}$；$AC$ 段：$T_2=-0.796\text{kN}\cdot\text{m}$
6. 图（a）$F_{S1}=4\text{kN}$，$F_{S2}=0$
   $M_1=-4\text{kN}\cdot\text{m}$，$M_2=0$
   图（b）$F_{S1}=0$，$F_{S2}=-2\text{kN}$，$F_{S3}=-2\text{kN}$
   $M_1=2\text{kN}\cdot\text{m}$，$M_2=2\text{kN}\cdot\text{m}$，$M_3=0$
   图（c）$F_{S1}=2qa$，$F_{S2}=2qa$，$F_{S3}=qa$
   $M_1=-2.5qa^2$，$M_2=-0.5qa^2$，$M_3=0$
   图（d）$F_{S1}=30\text{kN}$，$F_{S2}=0$，$F_{S3}=-30\text{kN}$
   $M_1=15\text{kN}\cdot\text{m}$，$M_2=30\text{kN}\cdot\text{m}$，$M_3=15\text{kN}\cdot\text{m}$
   图（e）$F_{S1}=\frac{b}{a+b}F$，$F_{S2}=-\frac{ab}{a+b}F$

$M_1=\frac{ab}{a+b}F$，$M_2=\frac{b}{a+b}F$

图（f）$F_{S1}=0.25\text{kN}$，$F_{S2}=-0.75\text{kN}$

$M_1=1.625\text{kN}\cdot\text{m}$，$M_2=1.5\text{kN}\cdot\text{m}$

图（g）$F_{S1}=3\text{kN}$，$F_{S2}=0$，$F_{S3}=0$

$M_1=6\text{kN}\cdot\text{m}$，$M_2=6\text{kN}\cdot\text{m}$，$M_3=6\text{kN}\cdot\text{m}$

7. 图（a）$F_{SA}=23\text{kN}$，$M_C=26\text{kN}\cdot\text{m}$

图（b）$F_{SC}=1.5qa$，$M_C^L=3qa^2$，$M_C^R=-qa^2$

图（c）$F_{SA}^R=28\text{kN}$，$M_A=-20\text{kN}\cdot\text{m}$，$M_{max}=19.2\text{kN}\cdot\text{m}$

图（d）$F_{SA}=\frac{1}{2}q_0l$，$M_{AB}=\frac{1}{6}q_0l^2$

8. 图（a）$F_{S,max}=23.5\text{kN}$，$M_{max}=23.5\text{kN}\cdot\text{m}$

图（b）$F_{S,max}=90\text{kN}$，$M_{max}=162.5\text{kN}\cdot\text{m}$

图（c）$F_{S,max}=50\text{kN}$，$M_{max}=50\text{kN}\cdot\text{m}$

图（d）$F_{S,max}=20\text{kN}$，$M_{max}=20\text{kN}\cdot\text{m}$

9. （略）

10. 图（a）$M_{AB}=30\text{kN}\cdot\text{m}$（左侧受拉）

图（b）$M_{CB}=40\text{kN}\cdot\text{m}$，$F_{SBA}=-6\text{kN}$

图（c）$M_{CB}=36\text{kN}\cdot\text{m}$，$F_{SCB}=-4\text{kN}$，$F_{NCB}=-4\text{kN}$

图（d）$M_{BA}=-12\text{kN}\cdot\text{m}$，$F_{SBA}=-4\text{kN}$，$F_{NBA}=7.5\text{kN}$

图（e）$M_{CB}=56\text{kN}\cdot\text{m}$

图（f）$M_{DC}=60\text{kN}\cdot\text{m}$

第 7 章

1. $\sigma_{1-1}=-25\text{MPa}$，$\sigma_{2-2}=25\text{MPa}$

2. 1∶4

3. $F_{max}=130.32\text{kN}$

4. 满足强度要求

5. $d_1\geqslant 84$，$d_2\geqslant 74.4$

6. $\sigma_a=-6.56\text{MPa}$，$\sigma_b=-4.69\text{MPa}$，$\sigma_c=0\text{MPa}$，$\sigma_d=4.69\text{MPa}$，$\sigma_e=6.56\text{MPa}$

7. 满足强度要求

8. $F_{max}=6.48\text{kN}$

9. 满足要求

10. $[F]_{max}=26.2\text{kN}$

第 8 章

1. （略）

2. $\varphi_{AD}=0.051\text{rad}$

3. 强度、刚度满足要求

4. $\theta_B=\frac{1}{EI}\left(\frac{1}{2}Fl^2+Ml\right)$，$\omega_B=\frac{1}{EI}\left(\frac{1}{3}Fl^3+\frac{Ml^2}{2}\right)$

5. $\omega_C=\dfrac{19ql^4}{1920EI}$，$\theta_A=\dfrac{ql^3}{40EI}$，$\theta_B=-\dfrac{ql^3}{30EI}$

6. $\Delta_{CV}=\dfrac{5ql^4}{384EI}\downarrow$

7. $\Delta_{CV}=\dfrac{ql^4}{128EI}$

8. $\Delta_{BH}=\dfrac{25ql^4}{48EI}\rightarrow$

9. $\Delta_{CV}=\dfrac{ql^4}{128EI}\downarrow$

第9章

1. （1）4，3；（2）3；（3）21；（4）6；（5）1；（6）7；（7）5，6

2. $M_{CE}=\dfrac{7}{8}M_0$（上部受拉）

3. $X_1=\dfrac{ql}{28}$（←）（有侧支座水平反力）

4. $M_{CB}=2.06\text{kN}\cdot\text{m}$（上侧受拉）

5. （略）

6. $M_{CA}=\dfrac{600}{7}\text{kN}\cdot\text{m}$（右侧受拉）

7. （略）

8. 四角处弯矩值：$M=\dfrac{ql^2}{20}$（外侧受拉）

9. $M_{CB}=11.822\text{kN}\cdot\text{m}$（上侧受拉）

10. $N_1=\sqrt{2}P/2$，$N_2=-P/2$，$N_3=0$，$N_4=P/2$

11. $X_1=N_{CB}=-0.789P$

12. $M_{AB}=\dfrac{6EI}{5l^2}c$

13. 图（a）4；图（b）4；图（c）9；图（d）5；图（e）7；图（f）7

14. $M_{BD}=\dfrac{5ql^2}{64}$（上侧受拉）

15. $M_{BC}=\dfrac{ql^2}{32}$（上侧受拉）

16. $M_{BA}=\dfrac{69Pl}{104}$（上侧受拉）

17. $M_{DC}=\dfrac{17qh^2}{40}$（左侧受拉）

18. $M_{AB}=\dfrac{20}{3}\text{kN}\cdot\text{m}$（上侧受拉）

19. $M_{BA}=\dfrac{120}{7}\text{kN}\cdot\text{m}$（下侧受拉）

20. $M_{AB}=\dfrac{11}{56}ql^2$（左侧受拉）

21. $M_{AB}=\frac{ql^2}{28}$（右侧受拉）
22. $M_{AB}=546\text{kN}\cdot\text{m}$（左侧受拉）
23. （略）
24. $M_{BA}=18\text{kN}\cdot\text{m}$（上侧受拉）
25. $R_B=8\text{kN}$
26. $M_{AD}=\frac{3Pl}{5}$（下侧受拉）
27. $M_{AB}=1.67\text{kN}\cdot\text{m}$（下侧受拉），$M_{BC}=11.67\text{kN}\cdot\text{m}$（上侧受拉），$M_{CD}=3.63\text{kN}\cdot\text{m}$（上侧受拉）
28. （略）
29. （略）
30. （略）

第 10 章

一、填空题

（略）

二、计算题

1. $\overline{F}_A=1$，$\overline{M}_A=-x$

$$\overline{M}_C=\begin{cases}0\\-(x-a)\end{cases}$$

$$\overline{V}_C=\begin{cases}0 & (0\leqslant x\leqslant a)\\1 & (a\leqslant x\leqslant l)\end{cases}$$

2. $\overline{F}_A=1$（A 点的值）；
   $\overline{F}_B=1$（B 点的值）。
   $\overline{M}_C=1.2$（C 点的值）；
   $\overline{V}_C=-\frac{3}{5}$（$C$ 左的值）。
   $\overline{M}_A=-2$（D 点的值）；
   $\overline{V}_{A左}=-1$（A 左的值）；
   $\overline{V}_{A右}=+1$（A 右的值）。
3. $\overline{F}_A=\overline{F}_A^0$，$\overline{F}_B=\overline{F}_B^0$，$\overline{M}_C=\overline{M}_C^0$
   $\overline{V}_C=\overline{V}_C^0\cos\alpha$，$\overline{N}_C=-\overline{V}_C^0\sin\alpha$
   上角标加“0”者为平梁有关量值。
4. $\overline{M}_E=\frac{2}{3}$（$E$ 点）
   $\overline{V}_{B左}=-1$（B 左）
   $\overline{V}_{B右}=+1$（B 右）
5. $\overline{F}_A=\frac{1.5}{4}$
   $\overline{F}_B=\frac{5.5}{4}$（以上为 C 点的值）

$\overline{M}_E=-m$，$\overline{V}_{E左}=-1$

$\overline{V}_{E右}=\dfrac{1}{3}$（以上为 D 的值）

6. $M_E=55\text{kN}\cdot\text{m}$，$V_{D左}=23.75\text{kN}$

7. $V_C=7.15\text{kN}$，$M_C=6.8\text{kN}\cdot\text{m}$

8. $V_D=3.5\text{kN}$，$M_E=14\ \text{kN}\cdot\text{m}$

9. $M_{C\max}=614\text{kN}\cdot\text{m}$，$V_{C\max}=109.8\text{kN}$，$V_{C\min}=-44.33\text{kN}$

10. 绝对最大弯矩为 355.6kN·m，跨中截面最大弯矩为 350kN·m

第 11 章

一、填空题

1. 杆端约束情况、杆长、横截面的形状和尺寸

2. μl（相当长度）

3. 材料

4. ≥25

5. 失稳，强度不足

6. $\sigma_{cr,A}/\sigma_{cr,B}=4/1$

7. A

二、计算题

1. $\sigma_{cr}=65.8\text{MPa}$，$F_{cr}=3.95\text{kN}$

2. （1）中柔度杆

（2）$P_{cr}=152\text{kN}$

3. 可以安全工作

参 考 文 献

[1] 卢光斌. 土木工程力学. 北京：机械工业出版社，2003.

[2] 蒋沧如. 理论力学 [M]. 武汉：武汉理工大学出版社，2004.

[3] 包世华. 结构力学. 北京：中央广播电视大学出版社，1993.

[4] 李廉锟. 结构力学. 北京：高等教育出版社，2006.

[5] 杨力彬. 建筑力学. 北京：机械工业出版社，2004.

[6] 龙驭球. 结构力学. 北京：高等教育出版社，1979.

[7] 李永光. 建筑力学与结构. 北京：机械工业出版社，2003.

[8] 清华大学理论力学教研组. 理论力学：上册. 4 版. 北京：高等教育出版社，1995.

[9] 石立安. 建筑力学. 武汉：华中科技大学出版社，2006.

[10] 于英. 建筑力学. 2 版. 北京：中国建筑工业出版社，2007.

[11] 刘寿梅. 建筑力学. 北京：高等教育出版社，2002.

[12] 沈养中. 工程力学. 3 版. 北京：高等教育出版社，2008.

[13] 王焕定. 章梓茂，景瑞. 结构力学 (I). 北京：高等教育出版社，1999.

[14] 孙训方. 材料力学. 4 版. 北京：高等教育出版社，2002.

[15] 沈养中. 理论力学. 北京：科学出版社，2002.

[16] 王玉龙. 土建力学基础. 武汉：武汉大学出版社，2006.

[17] 武建华. 材料力学. 重庆：重庆大学出版社，2002.